U0151630

数学证明是怎样的一项数学活动？

萧文强◎著

09

数学科学文化理念传播丛书

（第一辑）

PROOF AND PROVING IN MATHEMATICS:
WHAT KIND OF ACTIVITY IS IT?

大连理工大学出版社
Dalian University of Technology Press

图书在版编目(CIP)数据

数学证明是怎样的一项数学活动？/ 萧文强著. --
大连 ：大连理工大学出版社，2023.1
（数学科学文化理念传播丛书. 第一辑）
ISBN 978-7-5685-4083-4

Ⅰ. ①数… Ⅱ. ①萧… Ⅲ. ①证明论 Ⅳ.
①O141.2

中国版本图书馆 CIP 数据核字(2022)第 250852 号

数学证明是怎样的一项数学活动?
SHUXUE ZHENGMING SHI ZENYANG DE YIXIANG SHUXUE HUODONG?

大连理工大学出版社出版
地址:大连市软件园路 80 号　邮政编码:116023
发行:0411-84708842　传真:0411-84701466　邮购:0411-84708943
E-mail:dutp@dutp.cn　URL:https://www.dutp.cn
辽宁新华印务有限公司印刷　大连理工大学出版社发行

幅面尺寸:185mm×260mm　印张:14.25　字数:228 千字
2023 年 1 月第 1 版　2023 年 1 月第 1 次印刷

责任编辑:王　伟　责任校对:周　欢
封面设计:冀贵收

ISBN 978-7-5685-4083-4　定价:69.00 元

数学科学文化理念传播丛书·第一辑

编 写 委 员 会

总　序

一、数学科学的含义及其在学科分类中的定位

20 世纪 50 年代初，我曾就读于东北人民大学(现吉林大学)数学系，记得在二年级时，有两位老师[①]在课堂上不止一次地对大家说："数学是科学中的女王，而哲学是女王中的女王."

对于一个初涉高等学府的学子来说，很难认知其言真谛. 当时只是朦胧地认为，大概是指学习数学这一学科非常值得，也非常重要. 或者说与其他学科相比，数学可能是一门更加了不起的学科. 到了高年级时，我开始慢慢意识到，数学与那些研究特殊的物质运动形态的学科(诸如物理、化学和生物等)相比，似乎真的不在同一个层面上. 因为数学的内容和方法不仅要渗透到其他任何一个学科中去，而且要是真的没有了数学，则无法想象其他任何学科的存在和发展了. 后来我终于知道了这样一件事，那就是美国学者道恩斯(Douenss)教授，曾从文艺复兴时期到 20 世纪中叶所出版的浩瀚书海中，精选了 16 部名著，并称其为"改变世界的书". 在这 16 部著作中，直接运用了数学工具的著作就有 10 部，其中有 5 部是属于自然科学范畴的，它们分别是：

(1) 哥白尼(Copernicus)的《天体运行》(1543 年)；

(2) 哈维(Harvery)的《血液循环》(1628 年)；

(3) 牛顿(Newton)的《自然哲学之数学原理》(1729 年)；

(4) 达尔文(Darwin)的《物种起源》(1859 年)；

(5) 爱因斯坦(Einstein)的《相对论原理》(1916 年).

另外 5 部是属于社会科学范畴的，它们是：

---

① 此处的"两位老师"指的是著名数学家徐利治先生和著名数学家、计算机科学家王湘浩先生. 当年徐利治先生正为我们开设"变分法"和"数学分析方法及例题选讲"课程，而王湘浩先生正为我们讲授"近世代数"和"高等几何".

(6) 潘恩(Paine)的《常识》(1760 年);

(7) 史密斯(Smith)的《国富论》(1776 年);

(8) 马尔萨斯(Malthus)的《人口论》(1789 年);

(9) 马克思(Max)的《资本论》(1867 年);

(10) 马汉(Mahan)的《论制海权》(1867 年).

在道恩斯所精选的 16 部名著中,若论直接或间接地运用数学工具的,则无一例外. 由此可以毫不夸张地说,数学乃是一切科学的基础、工具和精髓.

至此似已充分说明了如下事实:数学不能与物理、化学、生物、经济或地理等学科在同一层面上并列. 特别是近 30 年来,先不说分支繁多的纯粹数学的发展之快,仅就顺应时代潮流而出现的计算数学、应用数学、统计数学、经济数学、生物数学、数学物理、计算物理、地质数学、计算机数学等如雨后春笋般地产生、存在和发展的事实,就已经使人们去重新思考过去那种将数学与物理、化学等学科并列在一个层面上的学科分类法的不妥之处了. 这也是多年以来,人们之所以广泛采纳"数学科学"这个名词的现实背景.

当然,我们还要进一步从数学之本质内涵上去弄明白上文所说之学科分类上所存在的问题,也只有这样才能使我们在理性层面上对"数学科学"的含义达成共识.

当前,数学被定义为从量的侧面去探索和研究客观世界的一门学问. 对于数学的这样一种定义方式,目前已被学术界广泛接受. 至于有如形式主义学派将数学定义为形式系统的科学,更有如形式主义者柯亨(Cohen)视数学为一种纯粹的在纸上的符号游戏,以及数学基础之其他流派所给出之诸如此类的数学定义,可谓均已进入历史博物馆,在当今学术界,充其量只能代表极少数专家学者之个人见解. 既然大家公认数学是从量的侧面去探索和研究客观世界,而客观世界中任何事物或对象又都是质与量的对立统一,因此没有量的侧面的事物或对象是不存在的. 如此从数学之定义或数学之本质内涵出发,就必然导致数学与客观世界中的一切事物之存在和发展密切相关. 同时也决定了数学这一研究领域有其独特的普遍性、抽象性和应用上的极端广泛性,从而数学也就在更抽象的层面上与任何特殊的物质运动形式息息相关.由此可见,数学与其他任何研究特殊的物质运动形态的学科相比,要高出一个层面.在此或许可以认为,这也就是本人少时所闻之“数学是科学中的女王”一语的某种肤浅的理解.

再说哲学乃是从自然、社会和思维三大领域,即从整个客观世界的存在及其存在方式中去探索科学世界之最普遍的规律性的学问,因而哲学是关于整个客观世界的根本性观点的体系,也是自然知识和社会知识的最高概括和总结.因此哲学又要比数学高出一个层面.

这样一来,学科分类之体系结构似应如下图所示:

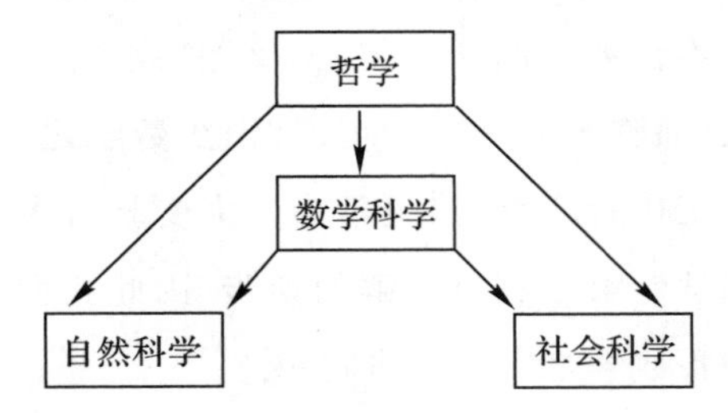

如上直观示意图的最大优点是凸显了数学在科学中的女王地位,但也有矫枉过正与骤升两个层面之嫌.因此,也可将学科分类体系结构示意图改为下图所示:

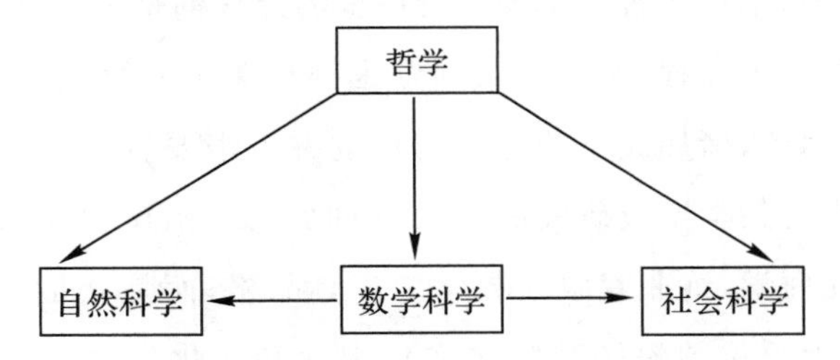

如上示意图则在于明确显示了数学科学居中且与自然科学和社会科学相并列的地位,从而否定了过去那种将数学与物理、化学、生物、经济等学科相并列的病态学科分类法.至于数学在科学中之“女王”地位,就只能从居中角度去隐约认知了.关于学科分类体系结构之如上两个直观示意图,究竟哪一个更合理,在这里就不多议了,因为少时耳闻之先入为主,往往会使一个人的思维方式发生偏差,因此留给本丛书的广大读者和同行专家去置评.

二、数学科学文化理念与文化素质原则的内涵及价值

数学有两种品格,其一是工具品格,其二是文化品格.对于数学之工具品格而言,在此不必多议.由于数学在应用上的极端广泛性,因而在人类社会发展中,那种挥之不去的短期效益思维模式必然导致数学之工具品格愈来愈突出和愈来愈受到重视.特别是在实用主义观点日益强化的思潮中,更会进一步向数学纯粹工具论的观点倾斜,所以数学之工具品格是不会被人们淡忘的.相反地,数学之另一种更为重要的文化品格,却已面临被人淡忘的境况.至少数学之文化品格在今天已不为广大教育工作者所重视,更不为广大受教育者所知,几乎到了只有少数数学哲学专家才有所了解的地步.因此我们必须古识重提,并且认真议论一番数学之文化品格问题.

所谓古识重提指的是:古希腊大哲学家柏拉图(Plato)曾经创办了一所哲学学校,并在校门口张榜声明,不懂几何学的人,不要进入他的学校就读.这并不是因为学校所设置的课程需要几何知识基础才能学习,相反地,柏拉图哲学学校里所设置的课程都是关于社会学、政治学和伦理学一类课程,所探讨的问题也都是关于社会、政治和道德方面的问题.因此,诸如此类的课程与论题并不需要直接以几何知识或几何定理作为其学习或研究的工具.由此可见,柏拉图要求他的弟子先行通晓几何学,绝非着眼于数学之工具品格,而是立足于数学之文化品格.因为柏拉图深知数学之文化理念和文化素质原则的重要意义.他充分认识到立足于数学之文化品格的数学训练,对于陶冶一个人的情操,锻炼一个人的思维能力,直至提升一个人的综合素质水平,都有非凡的功效.所以柏拉图认为,不经过严格数学训练的人是难以深入讨论他所设置的课程和议题的.

前文指出,数学之文化品格已被人们淡忘,那么上述柏拉图立足于数学之文化品格的高智慧故事,是否也被人们彻底淡忘甚或摒弃了呢?这倒并非如此.在当今社会,仍有高智慧的有识之士,在某些高等学府的教学计划中,深入贯彻上述柏拉图的高智慧古识.列举两个典型示例如下:

例 1,大家知道,从事律师职业的人在英国社会中颇受尊重.据悉,英国律师在大学里要修毕多门高等数学课程,这既不是因为英国的法律条文一定要用微积分去计算,也不是因为英国的法律课程要以高深的数学知识为基础,而只是出于这样一种认识,那就是只有通过严格的数学训练,才能使之具有坚定不移而又客观公正的品格,并使之形成一种严格而精确的思维习惯,从而对他取得事业的成功大有益助.这就是说,他们充分认识到数学的学习与训练,绝非实用主义的单纯传授知识,而深知数学之文化理念和文化素质原则,在造就一流人才中的决定性作用.

例 2,闻名世界的美国西点军校建校超过两个世纪,培养了大批高级军事指挥员,许多美国名将也毕业于西点军校.在该校的教学计划中,学员除了要选修一些在实战中能发挥重要作用的数学课程(如运筹学、优化技术和可靠性方法等)之外,还要必修多门与实战不能直接挂钩的高深的数学课.据我所知,本丛书主编徐利治先生多年前访美时,西点军校研究生院曾两次邀请他去做"数学方法论"方面的讲演.西点军校之所以要学员必修这些数学课程,当然也是立足于数学之文化品格.也就是说,他们充分认识到,只有经过严格的数学训练,才能使学员在军事行动中,把那种特殊的活力与高度的灵活性互相结合起来,才能使学员具有把握军事行动的能力和适应性,从而为他们驰骋疆场打下坚实的基础.

然而总体来说,如上述及的学生或学员,当他们后来真正成为哲学大师、著名律师或运筹帷幄的将帅时,早已把学生时代所学到的那些非实用性的数学知识忘得一干二净.但那种铭刻于头脑中的数学精神和数学文化理念,仍会长期地在他们的事业中发挥着重要作用.亦就是说,他们当年所受到的数学训练,一直会在他们的生存方式和思维方式中潜在地起着根本性的作用,并且受用终身.这就是数学之文化品格、文化理念与文化素质原则之深远意义和至高的价值所在.

三、"数学科学文化理念传播丛书"出版的意义与价值

有现象表明,教育界和学术界的某些思维方式正深陷于纯粹实用

主义的泥潭,而且急功近利、短平快的病态心理正在病入膏肓.因此,推出一套旨在倡导和重视数学之文化品格、文化理念和文化素质的丛书,一定会在扫除纯粹实用主义和诊治急功近利病态心理的过程中起到一定的作用,这就是出版本丛书的意义和价值所在.

那么究竟哪些现象足以说明纯粹实用主义思想已经很严重了呢?详细地回答这一问题,至少可以写出一本小册子来.在此只能举例一二,点到为止.

现在计算机专业的大学一、二年级学生,普遍不愿意学习逻辑演算与集合论课程,认为相关内容与计算机专业没有什么用.那么我们的教育管理部门和相关专业人士又是如何认知的呢?据我所知,南京大学早年不仅要给计算机专业本科生开设这两门课程,而且要开设递归论和模型论课程.然而随着思维模式的不断转移,不仅递归论和模型论早已停开,逻辑演算与集合论课程的学时也在逐步缩减.现在国内坚持开设这两门课的高校已经很少了,大部分高校只在离散数学课程中给学生讲很少一点逻辑演算与集合论知识.其实,相关知识对于培养计算机专业的高科技人才来说是至关重要的,即使不谈这是最起码的专业文化素养,难道不明白我们所学之程序设计语言是靠逻辑设计出来的?而且柯特(Codd)博士创立关系数据库,以及施瓦兹(Schwartz)教授开发的集合论程序设计语言 SETL,可谓全都依靠数理逻辑与集合论知识的积累.但很少有专业教师能从历史的角度并依此为例去教育学生,甚至还有极个别的专家教授,竟然主张把“计算机科学理论”这门硕士研究生学位课取消,认为这门课相对于毕业后去公司就业的学生太空洞,这真是令人瞠目结舌.特别是对于那些初涉高等学府的学子来说,其严重性更在于他们的知识水平还不了解什么有用或什么无用的情况下,就在大言这些有用或那些无用的实用主义想法.好像在他们的思想深处根本不知道高等学府是培养高科技人才的基地,竟把高等学府视为专门培训录入、操作与编程等技工的学校.因此必须让教育者和受教育者明白,用多少学多少的教学模式只能适用于某种技能的培训,对于培养高科技人才来说,此类纯粹实用主义的教学模式是十分可悲的.不仅误人子弟,而且任其误入歧途继续陷落下去,必将直接危害国家和社会的发展前程.

另外，现在有些现象甚至某些评审规定，所反映出来的心态和思潮就是短平快和急功近利，这样的软环境对于原创性研究人才的培养弊多利少. 杨福家院士说：①

“费马大定理是数学上一大难题，360多年都没有人解决，现在一位英国数学家解决了，他花了9年时间解决了，其间没有写过一篇论文. 我们现在的规章制度能允许一个人9年不出文章吗？

“要拿诺贝尔奖，都要攻克很难的问题，不是灵机一动就能出来的，不是短平快和急功近利就能够解决问题的，这是异常艰苦的长期劳动.”

据悉，居里夫人一生只发表了7篇文章，却两次获得诺贝尔奖. 现在晋升副教授职称，都要求在一定年限内，在一定级别杂志上发表一定数量的文章，还要求有什么奖之类的，在这样的软环境里，按照居里夫人一生中发表文章的数量计算，岂不只能当个老讲师？

清华大学是我国著名的高等学府，1952年，全国高校进行院系调整，在调整中清华大学变成了工科大学. 直到改革开放后，清华大学才开始恢复理科并重建文科. 我国各层领导开始认识到世界一流大学均以知识创新为本，并立足于综合、研究和开放，从而开始重视发展文理科. 11年前，清华人立志要奠定世界一流大学的基础，为此而成立清华高等研究中心. 经周光召院士推荐，并征得杨振宁先生同意，聘请美国纽约州立大学石溪分校聂华桐教授出任高等中心主任. 5年后接受上海《科学》杂志编辑采访，面对清华大学软环境建设和我国人才环境的现状，聂华桐先生明确指出②：

“中国现在推动基础学科的一些办法，我的感觉是失之于心太急. 出一流成果，靠的是人，不是百年树人吗？培养一流科技人才，即使不需百年，却也绝不是短短几年就能完成的. 现行的一些奖励、评审办法急功近利，凑篇数和追指标的风气，绝不是真心献身科学者之福，也不是达到一流境界的灵方. 一个作家，您能说他发表成百上千篇作品，就能称得上是伟大文学家了吗？画家也是一样，真正的杰出画家也只凭

---

① 王德仁等，杨福家院士“一吐为快——中国教育5问”，扬子晚报，2001年10月11日A8版.

② 刘冬梅，营造有利于基础科技人才成长的环境——访清华大学高等研究中心主任聂华桐，科学，Vol. 154，No. 5，2002年.

少数有创意的作品奠定他们的地位.文学家、艺术家和科学家都一样,质是关键,而不是量.

"创造有利于学术发展的软环境,这是发展成为一流大学的当务之急."

面对那些急功近利和短平快的不良心态及思潮,前述杨福家院士和聂华桐先生的一番论述,可谓十分切中时弊,也十分切合实际.

大连理工大学出版社能在审时度势的前提下,毅然决定立足于数学文化品格编辑出版"数学科学文化理念传播丛书",不仅意义重大,而且胆识非凡.特别是大连理工大学出版社的刘新彦和梁锋等不辞辛劳地为丛书的出版而奔忙,实是智慧之举.还有88岁高龄的著名数学家徐利治先生依然思维敏捷,不仅大力支持丛书的出版,而且出任丛书主编,并为此而费神思考和指导工作,由此而充分显示徐利治先生在治学领域的奉献精神和远见卓识.

序言中有些内容取材于"数学科学与现代文明"[①]一文,但对文字结构做了调整,文字内容做了补充,对文字表达也做了改写.

朱梧槚

2008年4月6日于南京

① 1996年10月,南京航空航天大学校庆期间,名誉校长钱伟长先生应邀出席庆典,理学院名誉院长徐利治先生应邀在理学院讲学,老友朱剑英先生时任校长,他虽为著名的机械电子工程专家,但从小喜爱数学,曾通读《古今数学思想》巨著,而且精通模糊数学,又是将模糊数学应用于多变量生产过程控制的第一人.校庆期间钱伟长先生约请大家通力合作,撰写《数学科学与现代文明》一文,并发表在上海大学主办的《自然杂志》上.当时我们就觉得这个题目分量很重,要写好这个题目并非轻而易举之事.因此,徐利治、朱剑英、朱梧槚曾多次在一起研讨此事,分头查找相关文献,并列出提纲细节,最后由朱梧槚执笔撰写,并在撰写过程中,不定期会面讨论和修改补充,终于完稿,由徐利治、朱剑英、朱梧槚共同署名,分为上、下两篇,作为特约专稿送交《自然杂志》编辑部,先后发表在《自然杂志》1997,19(1):5-10与1997,19(2):65-71.

新版序言

一九八五年孟夏，我前往广州市华南师范大学参加第二届全国组合数学会议，甫抵埗那个下午便认识了徐利治教授。我在香港大学修读大学本科期间，已经从书本上知道徐教授的名字，但有幸亲炙教益，始于那个下午。嗣后以书信往来，我不时向徐教授讨教，他还邀我参加由他主编的“数学方法论丛书”(江苏教育出版社)的写作计划。《数学证明》约于一九八九年二月脱稿，成为丛书第二辑其中一册。二十多年后再得到徐教授支持，该书重刊，作为由他主编的“数学科学文化理念传播丛书”(大连理工大学出版社)其中一册，其后添加了两篇附录，在二〇一六出版了修订本。二〇一九年三月得悉徐老先生将近百岁高龄安详离世，忆及当年知遇之恩，不胜怀念，谨以此书新版献给徐老先生，以表敬意。

去年九月收到大连理工大学出版社王伟编辑来函，她建议为《数学证明》出一个新版本，问我有没有材料要加进书中。于我而言，此乃大喜讯，马上想到这两三年间发表了两篇与《数学证明》颇见关连的文章，正好作为附录，以更突显《数学证明》亟欲传达的思想。其实，心目中我还有第五篇附录，是一篇正在盘算写作的文章，讨论何谓理解数学。这项课题吊诡之处，在于“理解”数学可是一桩颇难理解、更难具体量化的事情！即使我们弄通了某条定理的证明当中每一步逻辑推导，是否就是理解了那条定理呢？甚至即使我们已经验证了某个结果，是否就是明白了那个结果为何成立呢？或者这样说，是否就是触摸到那个结果成立的关键所在呢？有没有一种恍然大悟的感觉呢？然而，过去一段日子，不少突发事件令我未能专心致志写作该文，搁下了便难以重拾，无法及时向编辑交稿，只好打消这个念头，期诸来日吧！

再者,如果我们追求的是理解数学,那么对于数学证明这项活动,是否应该重视它蕴含的探索成分呢?解决了一个问题后,又想到另一个关连的问题,多方面审视,多角度思考。因此,在教学上我们亦应该摆脱视数学证明仅为一种“礼教”,要求学生依从规定的步骤去做;应该利用进行数学证明这项活动,鼓励并引领学生探索、提问、实验、思考,活跃他们的思想。即使偶尔“破格”又何妨!只要到了作出断言时严谨说理,清晰叙事,绝不含糊其词就是了(见附录4)。

交了添加的附录文稿后,编辑又提出另一个主意,就是把书名改一改;“数学证明”书名虽然算是四平八稳,却略嫌单调。起初想过在原书名后面加上副标题,很感激王伟女士及刘新彦女士从旁点拨,想出好几个副标题;较为惬意的一个是《数学证明:古今东西面面观》,但忽然想到“东西”有另外一种解法,令人感觉怪怪的!也曾想过把“东西”改成“中西”,但又觉得不贴切,因为书中举出众多例子,除中国与西方诸国的例子外,也有巴比伦、伊斯兰地区、印度等地的例子,并非仅“中”及“西”而已。我也想过另一个副标题,是“数学证明是怎样的一项数学活动?”;原版的第二章,正是要讨论这个问题。最后,伟和新彦建议,不如索性就把这个副标题用作书名,既符合三十多年前写作此书的原意,也较原书名没有那么单调。这个建议很有道理,我欣然接纳,于是此书便以这个新名字与读者见面了。

萧文强

2023 年 1 月 26 日

香港

再版序言

22年前得到徐利治教授的鼓励和支持，我着手写作《数学证明》这本小书，并于1990年作为徐教授主编的“数学方法论丛书”(江苏教育出版社)第二辑其中一册出版了.22年后竟然又再得到徐教授的支持，把这本小书重刊，作为他主编的“数学科学文化理念传播丛书”(大连理工大学出版社)其中的一册，令我满怀高兴，更心存感激.

说来凑巧，台湾九章出版社的孙文先先生对这本小书也十分支持，他建议出版一个修订本，并于去年冬天出版了.读者如今看到的，就是那个修订本，内容与初版大致上没有很大更改，只是添加了某些20年前犹未曾晓得的数学结果(称作“后记”).

说来惭愧，20年后的再版，本应有所更新，我却做不到.尤其初版序言后面提及好几项本拟纳入写作计划却没有谈论的题材，当时期诸来日做整理，如今仍然没有兑现！除了学问没有长进这个主要原因外，我只能推说20年来的时间工夫，忙在别的方面吧.

不过，有几项与数学证明这个主题很有关系的工作不妨一提，或者可以说明重版此书与数学科学文化理念有何关系.

(一)我最近写了一篇文章，题为“Proof as a Practice of Mathematical Pursuit in a Cultural, Socio-political and Intellectual Context”(《在文化、政治、社会、知识的层面观看证明这项数学活动》)，将刊登于德国数学教育学报 *Zentralbatt für Didaktik der Mathematik* 上.文章采用四个例子说明题目标示的主题，意在显示数学乃人类文化活动之一环，它的发展也就难免受到别的文化活动的影响，亦难免为别的文化活动带来影响.因此，在教学上，我们不应无视这些方面而仅将数学视为一种技能去传授.那四个例子是：

(1)在15、16世纪之交，弥漫于西欧航海探索年代的冒险奋进精神,给科学和数学研究注入新思维.

(2)中国三国魏晋南北朝时代的政治局势与哲学思潮,带来"士"这个阶层的群体自觉和个体自觉(按照历史学家余英时先生提出的说法),孕育了当时中国数学家的治学态度和方式的转变,代表者如刘徽及祖冲之父子.

(3)通过西汉时代的著述《淮南子》的量天之术,对道家思想于中国古代数学带来的影响做了一些说明.

(4)古希腊欧几里得(Euclid)的经典巨著《原本》(*Elements*)在西方文化有其特殊的重要地位,该书在17世纪初传入中国后,对中国文化的影响又是怎样的.

(二)去年正好是《原本》翻译成中文的四百周年.际此盛会,为了纪念这一桩中西数学交融的重要历史事件,2007年11月在中国台湾举行的一次会议上我做了一个讲演,写成了《'欧先生'来华四百年》一文,刊登于2007年12月的《科学文化评论》第4卷第6期(12-30页),当中自然要提及数学证明这个观念在古代东西方的异同.

(三)第19届国际数学教育委员会专题研究(ICMI Study)定为"Proof and Proving in Mathematics Education"(证明在数学教育),工作会议于2009年5月中旬在台北市举行,数学证明在东西方文化的异同以及由此衍生对课堂上教学的启示是会议的一项议题.

最后,我想起俄罗斯数学教育家沙雷金(И. Ф. Шарыгин)的一句话:"数学境界内的生活理想,乃基于证明,而这是最崇高的一种道德概念."这句话正好呼应《数学证明》书中(1.5节)引用法国数学名家韦伊(André Weil)的另一句话:"严谨之于数学家,犹如道德之于一般人."

萧文强

2008年3月22日

序言

有一则关于18世纪瑞士数学家欧拉(L. Euler)的“小道新闻”,经由贝尔(E. T. Bell)的通俗读物《大数学家》(九章出版社,1998年)而广为流传. 它叙述了欧拉与法国哲学家狄德罗(D. Diderot)辩论的经过. 据云俄国女皇对狄德罗在她的宫廷内散播无神论极为不满,但又不便面斥,便请欧拉想个办法把他赶走. 有一天,狄德罗应邀进宫听一位数学家证明神的存在,他欣然前往. 那时欧拉走到他的跟前,一本正经地以严肃而郑重的口吻对狄德罗说:“尊贵的先生,$\frac{a+b^n}{n}=x$,故神存在. 请回应吧!”狄德罗哑口无言,四周响起嘲弄的笑声,令他十分难堪,于是,他请求女皇准许他回法国去. 这则“小道新闻”的可信程度极低,很难想象欧拉会说出这种无稽之谈,但它是一个生动的例子,说明什么叫作“恐吓证明法”(Proof by Intimidation). 这种证明可谓一文不值,它既无核实作用,更无说明作用,只有迷信权威的人才会被这种证明吓唬住.

除了上述那种所谓证明可以不予理会以外,数学证明是一个十分有意思的话题,因此,我选了这个话题与读者一起探讨. 本书所指的数学证明,意义是颇广泛的,读下去你便知道为什么我这么说了. 以下十章的内容,请读者随自己口味选读,大部分章节内容是互相独立的,但总的脉络,可由目录窥见. 每节对读者的数学背景知识的要求不尽相同,对一部分读者来说,某些节的内容或嫌过深,不易明白,甚至会出现不熟悉的术语. 不过,若只求大致了解,则不会构成太大的障碍. 总的来说,若具备中学程度数学的知识,应能看明白大部分数学内容;若具备大学程度的数学知识,应能看明白全部内容.

在序言里,我想说一些很少有作者会在序言里说的话,即告诉读者这本书并不讨论什么.但不讨论的,绝对不表示不重要,只表示作者本人的无知.首先,这本书没有教读者怎样去证明数学定理,或者是证明数学定理有什么诀窍.我假定读者已经做过不少数学证明,对证明这项数学活动有一定程度的认识.其次,这本书也没有从逻辑的角度讨论何谓数学证明.要认真讨论这个技术味道很浓的问题,非我力能胜任,亦不符合这套丛书的编写宗旨.最后,这本书也没有正面接触数学证明的哲学意义,尽管任何关于数学的哲学必须对数学证明有所交代.好了,做过上述的消极声明后,我应该补充说,要讨论数学证明,不可能完全避开上述的三个范围,因此读者在以下章节的字里行间还是会见到它们的影子.

读者会问,那么这本书究竟谈些什么?当我最初下笔的时候,我曾想过采用一个奇特的书名——《证明乃证明乎?》.后来觉得那是标新立异,哗众取宠,也就打消了这个念头.写完后却想到另一个较贴切的书名——《从历史上的数学文献观看数学证明》,但由于冗长,也没采用.实际上,这个冗长的书名才比较如实地反映了本书的内容.这个构思其实潜伏了很久,正好借着写作本书予以整理.说来话长,15 年前我在美国一所大学里教书,有一天系主任匆匆跑来告诉我有位同事跌伤了腿,得休养一段日子,要我代他的课.原来没有人愿担那门课.当时我是系里年资最浅的一员,“苦差”自然落在我的肩上!不过,焉知非福,这份“苦差”对我来说竟成了最好的学习机会,更是影响了我对数学的整体看法,甚至使我对数学产生了更强烈的信念和热爱.为什么没有人愿担那门课呢?原来那门课美其名为“数学欣赏”,实则是厌恶数学的人被逼修的数学课.它只是为了让学生取得足够的学分毕业(美国的大学教育主张通识教育,不论主修何科,规定学生必须选修若干文史科目与数理科目等).上课的第一天,一百五十多名学生劈头便嚷:“我们又不需要使用数学,学它做什么?”顿时令我哑口无言!这促使我开始从一个不需要使用数学作为工具的人的眼光去想这个问题.通过大量阅读与反复思量,我认识到哲学的反思与历史的反思的重要,尤其从数学史获得不少启发,这就是我对数学史产生浓厚兴趣的原因.在 1976 年,我把自己当时一些犹未成熟的想法写成两篇文章,题为《厌恶数学的人的数学课》(“Mathematics for Math-haters”,

发表于 *International Journal of Mathematical Education in Science and Technology*,1977(8):17-21)和《数学发展史给我们的启发》(发表于《抖擞》双月刊,1976(17):46-53).之后基于这些想法陆续写了一些文章,并撰写了一本小册子《为什么要学习数学——数学发展史给我们的启发》(学生时代出版社,1978年.修订本,九章出版社,1995年).到了1984年重新整理自己的思想,写成了《历史、数学、教师》({History of [(Mathematics)} Teachers][①],原文没发表,法译文刊登于 *Bulletin de L'association des Professeurs Mathématiques*,1985(354):304-319),又在1986年写成《谁需要数学史》(发表于《数学通报》,1987:42-44).这两篇文章可说是我十年来学习与反思的汇报.就在这个时候,徐利治教授来函提及编写"数学方法论丛书"的计划,并问我愿不愿意也写一本.这是一项非常有意义的计划,我虽自知能力有限,但觉得应该尽力支持,并且写书正是督促自己好好学习的机会.近代英国作家查斯特顿(G. K. Chesterton)说过:"值得做的事即使做不好也值得做(If a thing is worth doing,it is worth doing badly)."本着这句话的精神,我答应了徐教授为"数学方法论丛书"写一本.在这里我要向他道谢,给我这个学习的机会和持续不断的鼓励.不过,我错估了自己的工作效率与可供写作的时间,以致把交稿期限一拖再拖,谨在此向江苏教育出版社的何震邦先生和王建军先生衷心致歉,幸得两位编辑的体谅及帮助,我才能安心完成书稿.话虽如此,真正下笔那段日子,回想起来也是挺紧张的.在日常的教学及研究中挤出时间,一有空便埋首写作,大部分时间都磨在系里工作间.在这方面,我也得感激妻子凤洁及恒儿对我的体谅和支持.还有多位这些年来在数学及哲学问题上给我指点和提供资料的中外师友(包括那些只在书信往来上交流意见的朋友,甚至只曾读其书无缘当面讨教的作者),亦一并在此向他们表示谢意.

最后,我想提及几个本拟纳入写作计划结果却没有谈论的题材.第一个是机械化证明.最先引起我兴趣的是吴文俊教授著的《几何定理机器证明的基本原理》(科学出版社,1984年),后来蒙吴教授在

---

①这是作者的一个小幽默,意为:{History of Mathematics},(mathematics),[History of Mathematics Teachers].——编者注

1988年春寄赠文集(《吴文俊文集》,山东教育出版社,1986年),更被其主题吸引了.他说:“作为数学两种主流的公理化思想与机械化思想,对数学的发展都曾起过巨大的作用,理应兼收并蓄,不可有所偏废.”尤其他指出,中国古代数学,乃是机械化体系的代表,与古希腊数学之演绎推理典范,其实各具特色,各为数学发展做出了巨大的贡献.这点更增进了我的兴趣.与此有密切关系者是第二个题材,就是20世纪60年代后期由已故美国数学家毕晓普(E. Bishop)倡导的构造性数学.毕晓普继承了由克罗内克(L. Kronecker)至布劳威尔(L. E. J. Brouwer)诸人发展起来的数学哲学直观主义流派,但打破了前人仅限于批判经典数学的框架,指出经典数学并非无用而只是未臻完善,有待且可以进行数学上的修补.这也带引我们至第三个题材,即数学的两种面目——理论方面与算法方面,两者之间的关联与相互作用.这是很值得探讨的问题,在电子计算机介入数学领域后,这个问题显得更有意思也更趋迫切了.1988年8月在匈牙利举行的第六届国际数学教育会议上,著名的匈牙利数学家罗瓦兹(L. Lovász)做了一个题为《算法化数学:旧事新谈》的大会报告,指出了算法思想将为数学教育带来新观点并产生影响.另一篇值得参考的文献是一个正反双方辩论的论坛,题为《算法方式顶呱呱!》(刊登于*College Mathematics Journal*,1985(16):2-18).第四个题材与前述三个还是有关的,就是算法的复杂性理论.讨论某种算法是否有效,对某种问题是否存在有效的算法.第五个题材是较近期的发展,叫作“零知识证明”(Zero-knowledge Proof),我还是在1986年夏天在美国伯克利举行的国际数学家会议上初次听到的.说来像很玄妙,这种证明不把证明公布却仍能说服对方的确证明了命题!在电脑专家的圈子里,这是个热门话题.以上种种,都是我在构思期间、写作期间和学习过程中碰到的材料,但只能浅尝,未能深入理解.我总想找些时间多学一点,但至今办不到,只好把它们定作学习目标,继续探索吧.

数学上有种方法叫逐步逼近法,就是逐步接近解答.就某种意义来说,本书是运用这种方法进行了第一步逼近,写下了一些个人这些年来的学习笔记.还有更多有待学习和思考的问题,只好期诸来日.本书希望表达的一个主题,是学习与理解是连绵不断没有终结的过程,在写作期间我深切体会到这一点！未做的希望做下去，已做的现在摆出来，就是以下十章的内容. 错漏自是难免，还望读者不吝赐教，指出这些错漏，批评斧正.

萧文强

1989 年 2 月

香港

目　录

一　证明的由来

什么叫作证明,《辞海》是这样解释的:“根据已知真实的判断来确定某一判断的真实性的思维形式.”

实际上,在日常生活里,我们常常不自觉地运用了“证明”.让我们来看两则出自《韩非子》的故事.

狗猛酒酸

> 宋国有个卖酒的人,买卖公道,待客恭敬,酿酒醇美,酒帘醒目,但酒卖不出去,都变酸了.后来有位长者对店主说:“是你的狗太凶猛啦!”原来,人家都怕店主的狗.有的人家让小孩子拿钱提壶来打酒,那只狗迎上去就咬人,谁还敢来呢?

这是混合采用了穷举法和演绎法.酒卖不出的原因本来可能有好几个,但经逐一排除,只剩下一个.再经推理,即导致合理的解释.

棘刺母猴

> 燕王供养了一位自称能在棘刺尖上雕母猴的卫国人,并想看他表演.谁料这客人只顾吃喝玩乐,还说若国王要看棘刺母猴,必须半年不进后宫,不喝酒,不吃肉,而且要待至雨停日出,似明似暗的一刹那才能看到.燕王拿他没法,只好一直供养他.后来有位铁匠对燕王说:“我是打刀的,我知道刻东西需用小刀,而且刻的东西一定要比刀刃大方行,如果棘刺尖儿容纳不下刀刃,就不能在上面雕刻了.请国王瞧瞧客人的刻刀,不就知道他有没有说谎吗?”于是国王问客人取刻刀看,客人借辞回家取刀趁机溜

走了!

这是采用了反证法.要在棘刺尖上刻母猴,必须有刀刃比棘刺尖儿还小的刻刀.如果没有这样的刀,便没法在棘刺尖上雕母猴了.

1.1 证明的作用是什么

上面的两则故事,看似平淡无奇,但与数学证明凭据的道理一般无异.不过,我们可以把数学上的证明描述得更为精确,就是以一些基本概念和基本公设为基础,使用合乎逻辑的推理去确定判断是否正确.

数学的判断,叫作命题.通常的命题是假言判断,即肯定或否定对象在一定条件下具有某种属性的判断.它的一般形式是:“若某对象具有性质 A,则它亦具有性质 B.”更简单一些,可写成“若 A,则 B.”这里的“若 A”叫作命题的条件或前提,“则 B”叫作命题的结论或终结.很多时候,条件和结论并不是那么分明的.但若需要时,我们总可以把它写成那种标准形式.

例如,欧几里得(Euclid)的《原本》(*Elements*)卷一第十五条定理:“两直线相交,它们所成的对顶角相等.”前一句是条件,后一句是结论.我们也可把它改写成:“若两角成对顶角,则此两角相等.”就更像上面的形式了.有时,一个命题其实由几个命题组成,就像《原本》卷一第二十九条定理:“两条平行线被第三条直线所截,则内错角相等、同位角相等、同旁内角互补.”这里包含三个命题,其条件都是“若两条平行线被第三条直线所截”,结论分别是“内错角相等”“同位角相等”“同旁内角互补”.有时,命题的措词并非像上面的形式,但稍微更改字眼,便可变成那种形式.例如,《九章算术》卷一第三十二题注:“半周半径相乘得积步.”可改写成:“若 R 和 l 是圆的半径和周长,则圆的面积等于$\frac{1}{2}Rl$.”有时,命题的条件包含了不少背景知识,但当作已知条件,索性略而不提.例如《原本》卷九第二十条定理:“有无穷多个质数.”它的条件中包含了质数的定义和整数的基本性质,结论是存在无穷多个质数.这类识别技巧,并非本书想讨论的主要题材,读者对此亦一定已熟习,所以我们不妨只讨论“若 A,则 B”这种形式的命题.证实了命题是正确的,它便成为定理,或称命题成立.在证实的过程中,我们只依靠基本概念、基本公设及以前证实了的命题，推导手法必须合乎逻辑，这个过程便是证明.

我们在中小学读书时，一定碰到过无数大大小小的证明，也一定做过无数大大小小的证明，对于什么是数学证明，理应不会陌生吧. 对于一位数学工作者来说，证明更是这门学科特有的一项标记. 1881 年，美国数学家皮尔斯(B. Peirce)甚至给数学下了这样一个定义："数学是产生必要的结论的科学."这个定义几乎把数学与证明等同了起来！但你有没有想过，数学证明究竟起了什么作用？它是否真的确立了无可置疑的结论？它是事后的装扮功夫抑或它能导致新的发现？数学功夫是否就等于证明众多的定理？数学证明这项独特的思想方法是怎样发展起来的？

我提出这些问题，并非说我就能解答这些问题. 而且若要认真解答其中有些问题，将无可避免涉足哲学的范围，那更是我力所不及的. 至少在目前的学习阶段，我还未能做一个较使人满意的整理. 不过，正如古希腊哲学家苏格拉底(Socrates)所说："不经省察的生活是没价值的生活."既然这些问题是值得省察的，就让我们一起在以后几章里做些初步的探讨.

1.2　数学证明的由来

在人类的文化史上，证明这个意念是怎样产生的呢？是什么时候产生的？要回答这个问题，说它容易也可以，说它困难也可以.

说它容易，是因为一般书本，尤其是西方的著述，都公认数学证明始于公元前 6 世纪. 据说当时的希腊数学家、哲学家泰勒斯(Thales)证明了几条几何定理，包括如直径把圆平分、等腰三角形的底角相等、对顶角相等之类. 到了公元前 4 世纪，欧几里得写成了不朽巨著《原本》. 他从一些基本定义与公理出发，以合乎逻辑的演绎手法推导出四百多条定理，从而奠定了数学证明的模式，成为后世宗师.

可是，这个说法隐藏了不少疑问，若要寻根究底，便会发觉它是一个复杂困难的问题. 首先，即使证明真的源于公元前 6 世纪古代希腊，为什么当时的人会想到要证明数学命题呢？从发掘出来的文物，我们知道好几千年前的东方古代社会，如埃及、巴比伦、中国、印度，数学文化均已达颇高的水平,叫后人叹服!有好些经过反复实践或是直观易明的数学定理,毋须做任何解释亦已备受接纳,人们对它们之正确无误深信不疑.比方直径把圆平分、对顶角相等,难道还要怀疑吗?为什么有人连这些一看自明的事情也去琢磨呢?泰勒斯的慧眼不在于说服旁人这些是正确的结果,而在于了解到这些是需要说服旁人的.

其次,这个说法有种含义,是除古代希腊数学文化外,别的数学文化没有产生过证明这种意念.这是正确的说法吗?美国数学家韦尔德(R. L. Wilder)写过一本书,题为《数学概念的演化》(*Evolution of Mathematical Concepts*,1968年),书里有句很有意思的话:“我们不要忘记,所谓证明,不只在不同的文化有不同的含义,就连在不同的时代也有不同的含义.”有些西方著述沿用西方的一贯观点,把欧几里得的《原本》奉为数学方法的圭臬,于是凡与这种模式不符的思想方式,便不算是证明了.数学史上倒有不少例证,说明这种狭隘观点是不对的,在第1.5节里我们会回到这一点,暂时让我们先看看古代希腊数学证明的由来.

1.3 古代希腊的数学证明

匈牙利数学史学家查保(A. Szabó)认为,数学证明的产生,是受到古希腊哲学,尤其是公元前6世纪的厄里亚(Eleatic)辩证学派的推动.当时的哲学家对辩时,双方的论点乃基于某些大家已接纳的命题作为出发点,这些基本命题称为“假说”(hypothesis),双方均认为毋须对假说再加以说明或证实(这个词与今天我们称为假说的,意义不同).要是碰到有些基本命题并非双方都愿意接纳的话,一方只有请求另一方先接纳这些假设,以后一切论证均基于这些假设.希腊词axioma,原意乃请求,现转变为我们称作的“公理”(axiom).这就是数学公理化模式的一个可能源泉.正如公元前5世纪希腊哲学家柏拉图(Plato)在《理想国》(*Republic*)的一段话所言:“你一定晓得,研究几何、算术或类似科学的人,以奇数、偶数、图形、三种角及这一类东西作为基础.这是他们的研究的出发点,他们不认为有需要对这些再做任何说明,这是开始的原理.”后来到了5世纪,著名的《原本》注疏者普罗克洛斯(Proclus)亦有相同的说法,他还把数学称为“基于假说的科学”,也就是今天我们说的公理化系统了.

不过,比这更早的时候,希腊数学家已经有很多发现.例如,公元前6世纪毕达哥拉斯(Pythagoras)学派关于图形数的一些定理,看来是凭形象观察去证明的.他们常把数描绘成小石子,按小石子能排列成的形状把数分类.例如,1,4,9,16,…叫作正方形数;1,3,6,10,…叫作三角形数(图1-1).把数看成石子的排列,整数的一些性质就变得明显了.例如,容易看出相继的两个三角形数之和是个正方形数(图1-2),亦即今天我们知道的:

$$\frac{n}{2}(n+1)+\frac{(n+1)}{2}(n+2)=(n+1)^2$$

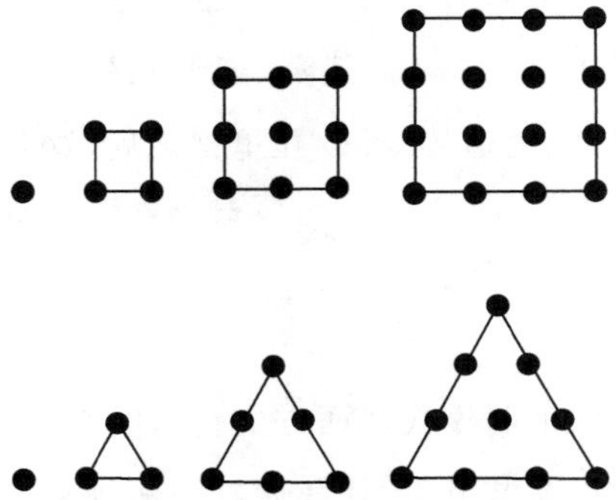

图1-1

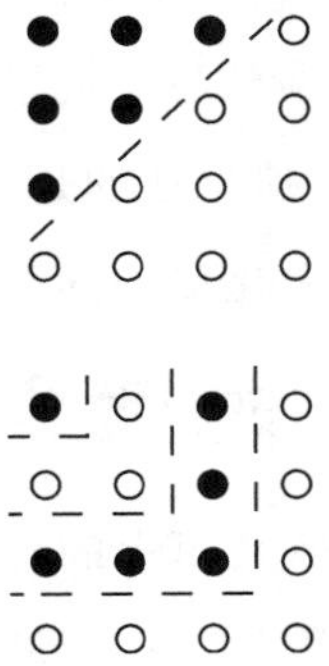

图1-2

又或者从1开始连续若干个奇数之和是个正方形数(图1-2),亦即今天我们知道的

$$1+3+5+\cdots+(2n+1)=(n+1)^2$$

不单在文献上有这样的记载,甚至“演示”(demonstrate)这个词的希腊文,在欧几里得的时代虽解作证明,在公元前6世纪,却有视觉、观察的意思.在欧几里得的《原本》里,每条定理证毕都写上“这就是要证明的”这句话,后来变成拉丁文的Quod Erat Demonstrandum,简写作Q. E. D.[香港不少中学生习惯戏称此为英文“相当容易做”(Quite Easily Done)的缩写!].最后那个字,便是视觉、观察的证明遗留下来的痕迹了.

但是,随着数学的发展,越来越多的数学结果不能凭直观的形象观察得到.到了那个时候,辩证学派的论证方法却派上了用场.古代希腊的数学与哲学的发展是分不开的,很多哲学家同时也是数学家,柏拉图甚至认为学习数学是培育哲学家的必经训练,只有学好数学才有资格讨论哲学问题.所以,当时的数学与哲学,互相影响和促进,乃自然不过的事.归谬法向来是辩证学派的利器,数学家借用过来后,它也成为一件有力的武器(请参看第七章);与此同时,数学家也发展了直接证明的演绎推论手法,与间接证明的反证法相辅相成.同时,他们亦渐渐形成了分析与综合的思想方式.到了公元4世纪,希腊数学家帕普斯(Pappus)在他的著述中花了大段章节讲述这两种思想方式,并总结了前人的看法.分析就是(假定答案已知)从未知的回溯至已知的,综合是从已知的引导至未知的.这些思想,到了17世纪初由法国数学家、哲学家笛卡儿(R. Descartes)发扬光大,阐述了分析与综合、逻辑推导与直观思维在数学上的相互作用.其实,笛卡儿只是以数学为例,他论述的是对知识的更广泛的追寻.继欧几里得之后,这是人类思想文化史上的又一个里程碑.

1.4 证明方法不限于数学

欧几里得的《原本》所塑造的证明模式对西方文化影响至深,不仅限于数学,更旁及别的文化领域.在这节里,让我们看一些例子.

17世纪英国哲学家霍布斯(T. Hobbes)的传记里有这么一段叙述.当时他已经40岁,从没读过几何.某天他在朋友的书房里看到案头有本打开的书,不经意瞧了一眼,那一页刚好是《原本》卷一到第四十七条定理(勾股定理),他对自己说:“那怎么可能呢?”为了满足一下自己的好奇心,他便读下去,看它如何解释.但书上的证明用到前面一条定理,于是他又翻查那条定理,看它如何解释;那条定理的证明又提到前面另一条定理,于是他继续追查下去.如此这般,他终于看明白了,并且对第四十七条定理深信不疑.就这样,他爱上了几何!

一般而言,为了演绎推理而爱上数学的人,大抵不会太多;但反过来,以为数学即演绎推理及繁复计算因而敬而远之者却不乏其人!无论喜爱数学或厌恶数学,一般人对数学证明的看法,基本上与霍布斯的看法无异,即从一些基本假设出发,用逻辑推理引导出要证明的结论.

这种从前提到结论的逻辑演绎推理,不限于数学.让我讲述一个关于19世纪博物学家达尔文(C. Darwin)的故事. 有一次,他告诉农场主人,多养猫,猪便会胖起来. 理由是猫吃田鼠,多养猫便少田鼠;田鼠吃土蜂,少田鼠便多土蜂;土蜂传播三叶草,多土蜂便多三叶草;猪吃三叶草,多三叶草猪便胖起来. 另一个故事是关于18世纪英国政治经济学家马尔萨斯(T. R. Malthus)的人口论. 他先做两个假定(他在书上把这叫"公理"!):(1)对于人类的生存,食物是必需的;(2)两性之间的情欲是必需的,并将以相近目前的状态持续下去. 由此他论证人口增长率较诸地球为人类生产食物的增长率大上无限倍. 前者以几何级数增加,后者仅以算术级数增加. 由此他做出结论,人类的进步不是全无限制的. 他悲观地认为:"人种也不可能依靠任何理性的努力逃脱这项法则. ……在人类中间,其后果是苦难和罪恶."撇开他的悲观预测是否因为少考虑了影响因素因而并不完全正确这点不论,但他的论断手法完全是遵照逻辑演绎的. 在17至19世纪西方思想界,这种逻辑演绎的公理化手法极为盛行,最明显的例子是17世纪荷兰哲学家斯宾诺莎(B. Spinoza)的名著《伦理学》(*Ethics*,1675年),这本书在编排上简直与《原本》无异. 第一章以八个定义和七条公理开始,由此证明了八条定理,证明的末尾还加上熟悉的Q. E. D.呢! 1776年,美国开国元勋之一杰斐逊(T. Jefferson)亦以这种形式起草了《独立宣言》(*Declaration of Independence*). 先宣布"自明之真理",即"人皆生而平等,每人均由造物主赋予某种不可剥夺的权利,其中包括生存、自由与谋求幸福的权利". 然后基于这些公理论证美洲大陆的英国殖民地应成为自由独立的国家. 顺带提一句,杰斐逊当时受过的数学训练,以美洲殖民地教育水平来说,算是挺不错的!

让我再举一个从广告看到的例子,这是20世纪70年代初的一个故事. 当时美国行走国内线的东方民航公司登了一则广告,大字标题是"咖啡、茶,还是飞机?"颇吸引人,大收广告效果. 它是这么写的:"如果我们在短程航机上供应饮品,便不能让你如上公共汽车一样随来随上飞机了."接着是证明:"如果我们在短程航机上供应饮品,乘务员便没有时间在飞机上卖票;乘务员没有时间在飞机上卖票,乘客便须预购机票;乘客预购机票,我们便不用设置候用飞机;我们不用设置候用飞机,便不能保证乘客随来随有机位;如果不能有这项保证,也就没资格叫作穿梭服务了!"固然,这段话多是广告噱头,但也风趣地说明了一个证明怎样把前提与一个并不明显的结论连起来.

1.5 东方古代社会的数学证明

我国古代并非没有逻辑学,只不过它没有像古代希腊那样结合数学发展下去.在《墨经》里有不少关于逻辑的解说,与古代希腊亚里士多德(Aristotle)的《分析篇》,可说各具特色.《墨子》一书,相传是春秋战国时代伟大思想家、政治家墨翟的遗著,后来的人把书的六篇合称为《墨经》.较合理的推测是,那六篇是墨翟和他的门人的集体著作,在一段较长时期中增删修改而成,写作年代大抵在公元前5世纪到公元前3世纪.如同古代希腊一样,古代中国的逻辑学也是作为辩论术而发展起来的.《墨经》的《小取篇》对"辩"的功用说得最详尽:"夫辩者,将以明是非之分,审治乱之纪,明同异之处,察名实之理,处利害,决嫌疑.焉摹略万物之然,论求群言之比,以名举实,以辞抒意,以说出故.以类取,以类予.有诸己不非诸人,无诸己不求诸人."意思是说辩论的功用在于区别是非真伪,比较异同,解释前因后果,用逻辑来整理各门学科的理论.辩论学的内容包括以名词表示对象,以命题表示思想,以论证推断解释,根据典型来分类考察.辩论的对象,叫作"彼",亦即争论的命题,《经上篇》有说:"彼,不两可两不可也."即命题的正反,不能同时都正确,也不能同时都不正确,那不就是矛盾律与排中律吗?还有,《经上篇》有句话,"故,所得而后成也."《经说上篇》也说:"小故,有之不必然,无之必不然.……大故,有之必然."即若A成立则B成立,A便是B的"故".B所以成立,却不一定依靠A成立,别的"故"亦能导致B成立;但若B不成立,则A不会成立,B就是A的"小故".B只是使A成立的条件的一部分,要是把这些条件扩充到可以保证A也成立,B才是A的"大故".用今天的数学术语,"小故"是必要条件,"大故"就是充分条件(请参看第7.3节).

虽然中国古代数学在证明这方面没有走希腊的路,却并不表示它不注重推理.因为很难想象没有推理而只有规则.这种推测,对其他古代数学文化亦用得着.比方在古代埃及草纸卷及巴比伦泥板上见到的数学,虽然只是一道一道涉及具体数字的题目,但从解说去看,那些具体数字并无特别意思. 换了别的数字,同样的步骤也行得通. 用今天的数学术语,我们说那些数据是典型的,文献上的叙述其实是写下了算法,有时它还用直接验证的方法核实了计算,可说是某种程度的证明. 有好些结果,是非常不明显的,很难想象不凭推理只凭试错或直观观察就能获致解答. 例如,古埃及有份估计写于公元前 19 世纪的数学文献,现称莫斯科草纸卷(*Moscow Papyrus*),载有正确的截头方锥体的体积公式,叫人赞叹. 又例如,巴比伦有份非常著名的数学文献,估计也是写于公元前 19 世纪左右,现称作普林顿编号 322 泥板(*Plimpton* 322),列举了十五组勾股数(h,b,d),即满足 $h^2+b^2=d^2$ 的三个正整数 h,b,d. 当你面对像(13500,12709,18541)这种结果,你还会相信那是凭摸索得来的吗?

《九章算术》是我国古代数学的珍贵文献. 三国时魏人刘徽为它作序,在序言里写道:"徽幼习九章,长再详览. 观阴阳之割裂,总算术之根源,探赜之暇,遂悟其意……事类相推,各有攸归,故枝条虽分而同本榦者,知发其一端而已,又所析理以辞,解体用图,庶亦约而能周,通而不黩,览之者思过半矣."刘徽长期探索《九章算术》的奥秘,他领悟其中道理,那不是推理是什么呢? 要是单单背诵课文及套用公式规则,哪用花那番功夫呢? 析理以辞便是逻辑推理,解体用图便是直观推理,两者并用,即能获致简洁清晰而又严密完整的证明.

例如,他在第五章《商功》第十题推算方亭的公式(也就是古埃及纸草卷记载的截头方锥体的体积公式)时,就是用了割补术. 把原来的形状切割拼合成熟悉的形状再计算,清楚利落. 他在第一章《方田》第三十二题计算圆的面积时,亦说了一段很有意思的话:"周三者从其六觚之环耳. 以推圆规多少之较,乃弓之与弦也. 然世传此法,莫肯精核. 学者踵古,习其谬失. 不有明据,辩之斯难."意思是说圆周并不是等于圆径的三倍,只是圆的内接六边形的周长等于圆径的三倍吧;因为那六分之一的圆弧与那内接六边形的一边像弓与弦,前者较后者长. 他接着说,周三径一的说法从古传下来,谁也不去深究,于是前人错了后人也跟着错下去! 可见没有确凿的理由,是很难辩解的. 在同一题的注释里,他提出了著名的割圆术,计算圆周率准确至小数后三位. 在第四章《少广》第二十四题计算圆球体积时,他又指出前人的一个错误. 古人知道圆与它的外接正方形的面积之比是 π∶4(古人取 3 为圆周率 π 的值),故推论圆柱与它的外接立方体的体积之比也是 π∶4,因而再推论圆球与它的外接圆柱体的体积之比也是 π∶4,故有圆球体积公式是 $V=(\pi/4)^2D^3$ 的说法,这里的 D 是直径. 前一个比率是对的,后一个比率却错了. 刘徽在注解里说明了为何圆球与它的外接圆柱体的体积之比不是 π∶4. 他说圆球与一个叫作牟合方盖的东西的体积之比才是 π∶4,而这个牟合方盖的体积一定较该圆柱体的体积为小,所以应有 $V<(\pi/4)^2D^3$. 他尝试计算牟合方盖的体积,没能成功. 最后他说:"欲陋形措意,惧失正理,敢不阙疑,以俟能言者."意思是说,若草率下结论,恐怕错的机会很大,这样胡乱说一些无根据的话,是不对的态度,还是留待高明之士来解决. 这种踏实的作风与谦虚的襟怀,过了一千七百多年,还能从这段铿锵有力的话中感觉得到. 这也使人联想到当代数学大师韦伊(A. Weil)的一句话:"严谨之于数学家,犹如道德之于一般人."

在中国古代数学常见的直观解释的手法,在古代印度数学文化里也常见到,也许那是东方数学的一个特色. 例如,12 世纪印度数学家婆什迦罗(Bhaskara)在著述里画了一幅图去解释勾股定理,那幅图与魏晋人赵爽注《周髀算经》作的弦图一样(图 1-3),但婆什迦罗除了写下一句"看呀!"便没再说什么了. 这种证明,与古代希腊数学家用形象观察去证明关于图形数的性质,不是极类似吗? 古代希腊数学家后来发展了演绎推理这种证明手法,的确是极重要的贡献,但那不等于说,别的思考方式或解释手段便不算是证明. 从理解的角度看,东方古代数学文化中的证明,有时更有意思呢. 在第 2.5 节及第三、四、五、六章里,我们将再回到这一点.

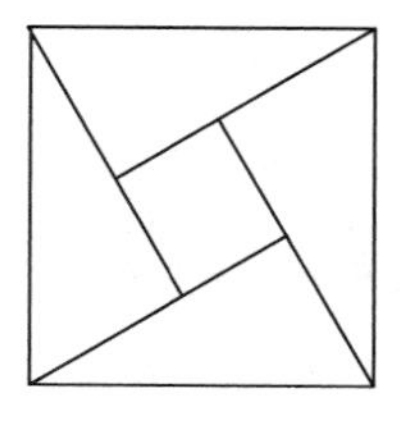
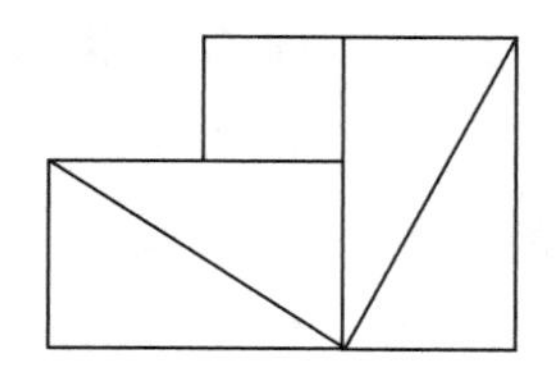

图 1-3

我国古代数学文化博大精深,源远流长,比诸其他古代国家数学文化毫不逊色,这是值得我们自豪的. 不过,我们也应看到,我国古代数学文化与西方古代数学文化风格各异，内容亦不相同，而且即使古代交通不如今天发达，相互的文化交流还是有可能的. 因此，我们不应只看到一方之长处或只看到一方之短处，也不应只顾一比高下数谁第一，更不应只顾缅怀昔日光辉成就而忘却了世界文化是不断前进的. 回顾历史，不能仅仅赞赏前人业绩，更重要的是从前人长处汲取智慧，从前人短处吸取教训，无论对中对外，都应这样. 以研究中国科学史闻名于世的英国学者李约瑟(J. Needham)说过，东西方的共同努力，必将产生一个辉煌的世界文化.

二　证明的功用

我们在上一章谈到了证明这个意念的产生，并且提及了证明的一个功用，就是核实命题是否正确.

有些命题，直观易明，使人一看即深信不疑. 例如，三角形的两条垂线必相交于一点，或者两实数的平方和不小于零. 有些命题，不是那么明显. 例如，三角形的三条垂线必相交于一点，或者两实数的平方和不小于二乘它们的积. 凭着画图或者计算，经过足够的观察，这类命题还是可以相信的. 有些命题，却连这种经验证据也难于收集. 例如，四面体的四条垂线相交（或不相交）于一点，就不是那么轻易决定得了的. 有些命题，更是叫人难以置信. 例如，波兰数学家巴拿赫（S. Banach）与塔斯基（A. Tarski）在1914年证明了这样的一个定理：三维空间里的球可分成有限份，其中若干份可拼成一球，与原来的球一般大小；剩下的若干份又可拼成一球，与原来的球一般大小. 也就是说，原则上你可以把一个橘子适当地切割，把碎片重组，得到两个橘子，每个与原来的橘子一样大小；再把每个又适当地切割，共得到四个橘子，每个与原来的橘子一样大小，要多少次有多少次，岂不是匪夷所思！这个定理，如此违反直观，故被称作巴拿赫-塔斯基悖论（Banach-Tarski Paradox）.

对于第一类命题，初学者会觉得数学证明乃属多此一举，吹毛求疵；对于第四类命题，恰巧相反，大家会觉得数学证明并没有令人信服；只有对于第二类和第三类命题，多数人觉得心悦诚服；尤其第三类命题，更使证明的核实功用表露无遗. 明代徐光启与意大利传教士利玛窦（Matteo Ricci）合译欧几里得的《原本》时，在序里写的“由显入微，从疑得信”便是描绘了这种心境.

2.1 直观可靠吗

德国数学家克莱因(F. Klein)在他的名著《高观点下的初等数学》(*Elementary Mathematics from an Advanced Standpoint*,原德文第三版,1925 年,第一版,1908 年. 九章出版社,1996 年)里提了一个后来常为人传诵的命题,用以说明几何直观不一定可靠. 那个命题是:任何三角形皆等腰!“证明”是这样的:设$\triangle ABC$是任一三角形,作BC的中垂线DO,与$\angle BAC$的内角平分线AO相交于O,从O作垂线OE、OF,分别垂直于AB、AC,连OB和OC(图 2-1). 则$\triangle AOE$与$\triangle AOF$全等,$\triangle ODB$与$\triangle ODC$全等,$\triangle OBE$与$\triangle OCF$全等. 若DO与AO相交于三角形内[图 2-1(a)],便有$AB=AE+BE=AF+CF=AC$;若DO与AO相交于三角形外[图 2-1(b)],便有$AB=AE-BE=AF-CF=AC$. 无论是哪种情况,三角形都是等腰三角形,证毕. 这证明错在哪里呢? 要是你仔细地画一幅精确的图,便知分晓. 但这有点不对劲吧? 欧氏几何是一套凭演绎推理获得定理的公理系统,它应该对由直观草图提供的定理给予精确的证明,却不应该对精确绘画的图给予直观的证明呀! 其实,单凭《原本》的公理,是没办法证明画出来的图真是个什么样子,是真的如图 2-1 所示,抑或肯定不会是那样呢?《原本》对不少几何性质视作理所当然,运用了而自己不知道,只是古代希腊数学家多具“慧眼”,且不时从实际作图印证,所以没有犯什么大错吧.

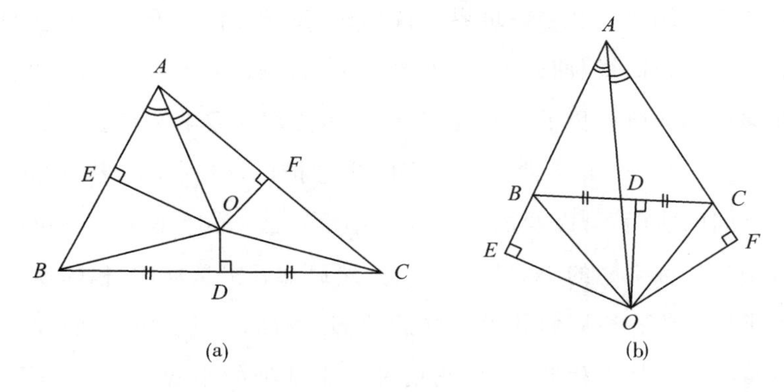

图 2-1

而另一个例子却没有那么容易区别对与错了. 公元前 3 世纪希腊数学家阿基米德(Archimedes)在他的著述《论劈锥曲面体与球》(*on*

Conoids and Spheroids)里证明了椭圆面积的公式:若半长轴与半短轴的长分别是 a 和 b,则面积是 πab(固然为方便叙述,我们用今天习惯的记法).椭圆的周长怎样算呢?先留意一件事,考虑圆和它的外接正方形,它们的面积之比是 $\pi:4$,周长之比也是 $\pi:4$.考虑椭圆和它的外接矩形,它们的面积之比是 $\pi:4$.若依类比,它们的周长之比也是 $\pi:4$.外接矩形的周长是 $4(a+b)$,故椭圆周长是 $\pi(a+b)$,对吗?意大利数学家斐波那契(L. Fibonacci)在13世纪初的确提出过这样的公式.当 $a=b$ 时,它也真的是圆的周长 $2\pi a$,但其实椭圆周长绝对不是个简单的计算问题,根本没有简洁的公式,但数学家直到19世纪才明白这一回事!

上面的例子运用了类比推理.另一种类比是从低维情况猜测高维情况.比如,直角三角形的两直角边平方之和等于斜边平方,它的三维类比是:若 $OABC$ 是三维空间里的一个四面体,$\angle AOB=\angle AOC=\angle BOC=90°$,则

$$(S_{\triangle AOB})^2+(S_{\triangle AOC})^2+(S_{\triangle BOC})^2=(S_{\triangle ABC})^2$$

二维的三角形成为三维的四面体,二维的线段长成为三维的三角形面积.这个命题是正确的,有兴趣的读者可试证明之.对于更高维的情况,我们仍能讨论.对数学家来说,n 维空间并不神秘,它的点就是有序数列 $(x_1,x_2,\cdots,x_n)$.当 x_1 是实(复)数时,全部这些点构成 n 维实(复)空间.当然,我们还需要在这些空间里定义有关的运算、量度等,但这些不外用以反映客观世界的特性和需求吧.在二维或三维空间里我们常常考虑曲线、曲面等,德国数学家高斯(C. F. Gauss)在1827年为曲面的几何研究奠下了基础,其后另一位德国数学家黎曼(G. F. B. Riemann)在1854年把曲线与曲面的概念推广,引入了流形.例如,在三维空间的曲面,可以看成是由许多小块铺成,每片小块可经拉扯变形摊平为二维空间的小圆片.不过,虽然局部看来是这样,整体看来却由于拼接方法不相同而获致不同的曲面.例如,一个球的表面和一个救生圈的表面是不相同的,但它们都是由变形的小圆片铺成.n 维流形就是指类似地由 n 维空间的小片铺成的东西,这些铺在一起的小片在相合的地方黏合.实际生活中,我们黏合小片时只要用胶水即可.在数学上,我们的“胶水”叫作一一对应,即把一片上的一点与另一片上

的一点对应起来. 不同的黏合方式便得到不同类的流形. 所谓拓扑流形是指这种黏合是连续的，若点 A 与点 B 对应，则点 A 邻近的点也与点 B 邻近的点对应；所谓微分流形是指这种黏合是光滑的，光滑曲线上的点只能与另一光滑曲线上的点对应.

近代法国数学家庞加莱(H. Poincaré)在 1904 年轻描淡写地提到一个问题：若一三维流形与三维球面在某种伸缩意义下有相同的性质(正式术语是二者同伦)，它是否就是三维球面(正式术语是二者同胚)？对 n 小于 3 的 n 维流形，答案是肯定的. 庞加莱认为，对 $n=3$，答案也是肯定的，这便是著名的庞加莱猜想(Poincaré Conjecture). 在 20 世纪 60 年代初，美国数学家斯梅尔(S. Smale)、斯特灵(J. Stalling)和英国数学家齐曼(E. C. Zeeman)分别独立地解决了高维的类比猜想，即证明了对 n 大于 4 的 n 维流形，若它与 n 维球面同伦，则它与 n 维球面同胚. 他们用的方法刚巧对 $n=3$ 及 4 不适用！好长一段时期，数学家对 $n=3$ 及 4 的情况一筹莫展，甚至形成一种看法，以为 $n=3$ 及 4 的 n 维流形的拓扑性质与别的不同. 到了 1982 年，美国数学家弗里德曼(M. Freedman)证明了庞加莱猜想对 $n=4$ 也是对的，使人极感意外. 于是只剩下庞加莱原来的猜想，$n=3$ 时是对还是错，至今仍是悬而未决的难题. [后记：20 世纪 80 年代初，美国数学家瑟斯顿(W. Thurston)把庞加莱猜想拓广至“几何化猜想”(Geometrization Conjecture)并且部分证明了他的猜想. 后来，美国数学家哈密顿(R. Hamilton)在这个猜想的证明上也取得重大进展. 2003 年，俄罗斯数学家佩雷尔曼(G. Perelman)更提出了解决这一猜想的关键，证明了庞加莱和瑟斯顿的猜想. 佩雷尔曼没有正式发表详尽的文章，只把几篇颇为浓缩的研究报告放在网页上，勾画出他的证明. 直至 2006 年 6 月，中国数学家朱熹平和曹怀东在《亚洲数学杂志》上发表长文，宣布运用哈密顿和佩雷尔曼的理论完全证明了这些猜想. 同时，也有另外几组数学家各自努力阐明哈密顿和佩雷尔曼的工作，让数学界更好地明确这些猜想的深刻数学内容.]由此可见，单从维数做类比得出来的问题，困难程度是难以预测的.

有时，在二维成立的断言，到了三维竟不成立呢！最著名的例子是德国数学家希尔伯特(D. Hilbert)在 1900 年提出的著名的二十三个问题中的第三问题:关于多面体的剖拼.原来早在1832年匈牙利数学家波尔约[F. Bolyai.非欧几何发现者之一的波尔约(J. Bolyai)是他的儿子]和另一位爱好数学的德国军官哥温(P. Gerwien)分别独立地发现了一条有趣的定理:如果两个多边形的面积相同,则一个必可从另一个剖拼而得.就是说,把第二个剖分成有限个多边形,可以重新组砌成第一个.希尔伯特第三问题是寻求三维的类比答案:如果两个多面体的体积相同,能否从一个剖拼而得到另一个?希尔伯特相信答案是否定的!其实他是想借此指出多边形面积理论与多面体体积理论有本质上的区别.果然,希尔伯特提出的这个问题在同一年被他的学生德恩(M. Dehn)解答了.他证明了不能把一个正立方体剖拼成一个相同体积的正四面体.

直观类比不一定可靠,那么从有穷过渡至无穷又如何?试看一道石阶的侧面图.设底与高都等于1,那么不论石阶有多少级,全部级的高与阔度的总和,即

$$
\begin{aligned}
& AA_1+A_1B_1+B_1A_2+A_2B_2+\cdots+A_{n-1}B_{n-1}+B_{n-1}A_n+A_nB \\
=& (AA_1+B_1A_2+\cdots+B_{n-1}A_n)+(A_1B_1+A_2B_2+\cdots+A_nB) \\
=& OB+OA
\end{aligned}
$$

答案都是2(图2-2).级数越来越多时,那道石阶越来越接近一道斜坡,那么,斜坡的长度岂不也是2吗?但这明显是错的,斜坡的长度应该是$\sqrt{2}$呀!

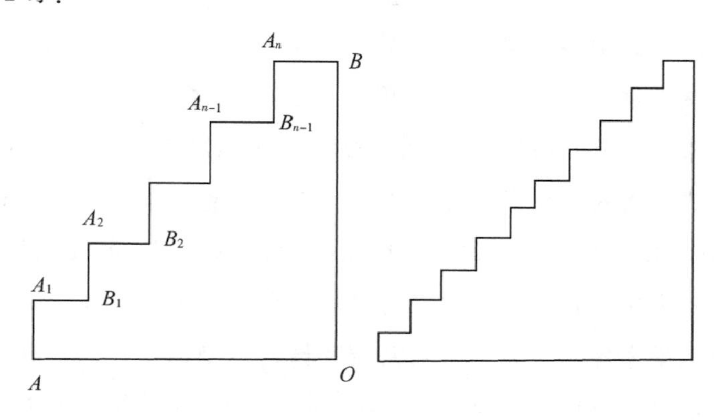

图2-2

归纳推理是另一种使我们对命题增强信念的途径,有时更是构思猜想的源泉.若配合其他侧面的支持论据,或者某些惊人的巧合,就叫

人更加对命题深信不疑了.但话得说回来,无论有多少数据或特殊情形与命题吻合,命题始终是猜想而已,那不能算是证明.以下让我举几个这方面的例子,说明猜想与定理的区别.

(1)把 x^n-1 分解因子,直至全部因子皆不可约,是代数中的一个重要问题.例如

$$x^2-1=(x-1)(x+1)$$
$$x^3-1=(x-1)(x^2+x+1)$$
$$x^4-1=(x-1)(x+1)(x^2+1)$$
$$x^5-1=(x-1)(x^4+x^3+x^2+x+1)$$
$$x^6-1=(x-1)(x+1)(x^2+x+1)(x^2-x+1)$$

你有没有留意到,每个因子是个这样的多项式,系数是 1 或 -1.曾经有人猜想对任何 n,也有如此结论.不过若你有耐性算至 $x^{105}-1$,便发觉其中一个因子是个次数为 48 的多项式,其中两个系数是 -2.

(2)每个正整数有唯一的质因子分解,让我们利用这点把正整数分为两类.一类的质因子数目是偶数,例如:1(它有 0 个质数!),$4=2\times2$,$6=2\times3$,$9=3\times3$,…;另一类的质因子数目是奇数,例如:2,3,5,7,$8=2\times2\times2$,….从 1 至 n,设有 $E(n)$个数属第一类,有 $O(n)$个数属第二类.下面是一个 $E(n)$与 $O(n)$的数值表:

n	1	2	3	4	5	6	7	8	9	10	11	12	13	14	15	16	17	18	19	20
$E(n)$	1	1	1	2	2	3	3	3	4	5	5	5	5	6	7	8	8	8	8	8
$O(n)$	0	1	2	2	3	3	4	5	5	5	6	7	8	8	8	8	9	10	11	12

你有没有留意到,$O(n)$好像增长较快?想一想似有道理,两个质因子的积大于每个质因子,四个质因子的积大于其中任三个质因子的积,六个质因子的积大于其中任五个质因子的积,如此类推.所以就如在竞跑赛中开始已领先,质因子数目是奇数的数较多出现在前面,有理由猜想当 $n\geqslant2$ 时,$E(n)\leqslant O(n)$.原籍匈牙利的美国数学家波利亚(G. Pólya)在 1919 年提出了这个猜想,人们一直相信它是对的,即使算至 n 是一百万,它还是对的.但到了 1958 年,哈塞格罗夫(C. B. Haselgrove)证明了存在无穷多个 n 满足$E(n)>O(n)$.而在 1962 年莱曼(R. S. Lehman)更找着了最小的反例,就是当 $n=906180359$ 时,$E(n)=O(n)+1$.

(3)除 $y=0$ 外,$1+1141y^2$ 能否是个平方数?下面是一些数据:

y	$1+1141y^2$	$\sqrt{1+1141y^2}$	y	$1+1141y^2$	$\sqrt{1+1141y^2}$
1	1142	33.7…	5	28526	168.8…
2	4565	67.5…	6	41077	202.6…
3	10270	101.3…	7	55910	236.4…
4	18257	135.1…	8	73025	270.2…

重新表述这个问题,其实是求方程 $x^2-1141y^2=1$ 的整数值解.法国数学家费马(P. Fermat)在 17 世纪已经讨论过这类形式的方程,但由于欧拉在 1730 年写给哥德巴赫(C. Goldbach)的信里误将它记在英国数学家佩尔(J. Pell)的账上,因此,佩尔方程的名字一直流传至今.表面观察难以决定它有没有解,如果你试把上面的表续算下去,即使算至 y 是一百万甚至一千万时,答案还是否定的.但勿就此下结论,其实可以证明这个方程不单有整数解,甚至有无穷多对整数解(x,y),不过最小的 y 已经是个 26 位数:30693385322765657197397208.

(4)最叫人吃惊的例子,可算是 1984 年初美国数学家奥迪斯高(A. Odlyzko)和荷兰数学家地利尔(H. Te Riele)推翻一个数论猜想的经过.要交代事情始末,先要介绍一个有用的算术函数,叫作麦比乌斯(A. F. Möbius)函数,记作 $\mu(n)$.它是这样定义的:若 n 是 1,置 $\mu(n)=1$;若 n 有平方因子,置 $\mu(n)=0$;若 n 不是 1 又没有平方因子,把 n 表成(唯一)质因子分解;若质因子数目是偶数,置 $\mu(n)=1$,否则置$\mu(n)=-1$.图 2-3 是一个 n 是 1 至 99 之间的 $\mu(n)$值表,标以 i 的列和 j 的行的位置的值就是 $\mu(10i+j)$.为简单起见,以 + 表 1,以 − 表 −1.对每个 n,把 $\mu(i)$从 $i=1$ 至 $i=n$ 加起来,把和叫作 $M(n)$.

图 2-4 是一个 n 是 1 至 99 之间的 $M(n)$值表,采用的记法跟$\mu(n)$值表相同.你有没有感觉到,$M(n)$的绝对值增长得很慢,这从 $\mu(n)$值表中反映了出来,三个可能的值 0、1、−1 毫无秩序地出现,使 $\mu(n)$在累加过程中,不时互相抵消.法国数学家斯蒂尔切斯(T. J. Stieltjes)在 1885 年提出了这样的猜想,还以为自己证明了该猜想:$|M(n)|\leqslant\sqrt{n}$.后来另一位数学家梅尔滕斯(F. Mertens)在 1897 年亦提出相同的猜想,所以有人称它为梅尔滕斯猜想(Mertens Conjecture).若猜想是对的,收获可大了,凭它便能证实数论的一个重大问题,叫作黎曼假设(Riemann Hypothesis).

	0	1	2	3	4	5	6	7	8	9
0		+	−	−	0	−	+	−	0	0
1	+	+	0	−	+	+	0	−	0	−
2	0	+	+	−	0	0	+	0	0	−
3	−	−	0	+	+	+	0	−	+	+
4	0	−	−	−	0	0	+	−	0	0
5	0	+	0	−	0	+	0	+	+	−
6	0	−	+	0	0	+	−	+	+	−
7	−	−	0	−	+	0	0	+	−	−
8	0	0	+	−	0	+	+	+	0	−
9	0	+	0	+	+	+	0	−	0	0

图 2-3

	0	1	2	3	4	5	6	7	8	9
0		1	0	−1	−1	−2	−1	−2	−2	−2
1	−1	0	0	−1	0	1	1	0	0	−1
2	−1	0	1	0	0	0	1	1	1	0
3	−1	−2	−2	−1	0	1	1	0	1	2
4	2	1	0	−1	−1	−1	0	−1	−1	−1
5	−1	0	0	−1	−1	0	0	1	2	1
6	1	0	1	1	1	2	1	2	3	2
7	1	0	0	−1	0	0	0	1	0	−1
8	−1	−1	0	−1	−1	0	1	2	2	1
9	1	2	2	3	4	5	5	4	4	4

图 2-4

什么是黎曼假设呢？德国数学家黎曼在 1859 年为了研究质数的分布，在一篇重要文章里引进了一个有名的函数

$$\zeta(s)=1+1/2^s+1/3^s+1/4^s+\cdots$$

后来习惯上称作 ζ 函数(zeta-function). 对于大于 1 的实数 s 来说，具备数学分析知识的读者不难知道右边的无穷级数是收敛的，黎曼的功劳是把它看成复变函数处理，其中涉及高等数学复变函数论的知识，略而不谈了. 黎曼的文章里出现了好几个没经证明的假设，其中一个说 ζ 函数的零点，要是实数部分落于 0 与 1 之间，它便落在实数部分是 $\frac{1}{2}$ 这条在复数平面的直线上. 在 1914 年，英国数学家哈代

(G. H. Hardy)证明了有无穷多个零点落在实数部分是$\frac{1}{2}$这条直线上;至 1986 年,已经验算了 ζ 函数开头的十五亿个零点都落在该直线上. 但至今仍然没有证实这假设是对还是错. 这个悬而未决的难题,就是数学史上的著名难题,叫作黎曼假设. 如果它是对的话,很多数论的重要结果也随即被证实. 今天仍有很多定理,冠上声明:"若黎曼假设成立,则……"由此可见它的重要性.

多数人都相信黎曼假设是对的,便连带也相信梅尔滕斯猜想是对的(不过,梅尔滕斯猜想不对,却不表示黎曼假设不对!). 从数据观察,梅尔滕斯猜想也并非太使人诧异. 单靠纸笔,梅尔滕斯本人把 n 算至一万,猜想是对的. 在 1963 年,有人用电子计算机核算至 $n=10^{13}$,猜想还是对的. 但在 1984 年初,奥迪斯高与地利尔证明了存在 n,使 $|M(n)|>\sqrt{n}$,还存在无穷多个那样的 n. 据奥迪斯高说,虽然他们证明了存在那样的 n,却没有计算出一个具体的反例! 他甚至认为那是超乎人力与电子计算机能力范围的. 据他估计,最小的反例达到 $10^{10^{70}}$(10 的 10^{70} 次方)这样巨大无比的数字! 推翻了梅尔滕斯猜想,一方面是存在性证明的一项胜利(见第八章);另一方面也提醒我们,无论如何使人入信的猜想,一天未经证明,一天仍是猜想而已.

2.2 证明可靠吗

要是直观、数据、类比、归纳都不一定可靠,那么证明又是否可靠呢?

先说一个切身的小故事. 美国数学家贝利肯普(E. R. Berlekamp)乃编码学的权威,他在 1968 年出版的专著《代数编码论》(*Algebraic Coding Theory*)曾被译成多国文字,被公认为是这个领域的经典著述. 在序言里他许下诺言,谁能首次指出书里的任何错误,上至数学弄错了,下至排版错了,他都愿意酬谢美金一元! 1978 年冬天我初次读到这本书时,发现第四章有个定理的证明错了,需做修正. 我便写信告诉作者,目的并非为那一元美金,而是乘机向他请教别的问题. 半个月后,收到作者回信,果不出所料,早在九年前他已付了那一元美金,因为当时有人指出了同一错误. 信内还附了一个勘误表,整整 13 页,大大小小错误约有 250 个. 贝利肯普在信上还说,这些年来他还要每年为此支付数元的！不过，这些错误可没有使该书失色，更没有丝毫影响它的价值.

历史上数学家曾犯的错误多得不可胜数，比利时人勒卡(M. Lecat)在 1935 年编了一本书叫作《数学家的错误》(*Erreurs de Mathématiciens*)，收集了从古至今(至 1900 年左右)著名数学家的错误证明或论断，全书超过 130 页！较近期的事件，也有数件曾轰动一时的事.例如，美国数学家拉德马赫(H. Rademacher)在 1945 年以为证明了著名的黎曼假设，甚至成为新闻，登上了当年的《时代周刊》(*Time*)！1986 年春，《纽约时报》(*New York Times*)报导了英国数学家鲁尔克(C. Rourke)和葡萄牙数学家雷哥(E. Rego)解决了数学上另一个著名难题——庞加莱猜想. 1988 年 3 月《时代周刊》登了一则新闻，说日本数学家宫冈洋一(Miyaoka Yoichi)证明了数学上的最大悬案——费马最后定理(Fermat's Last Theorem)(请参看第6.2 节).后来，这些证明都被发现有漏洞，而且暂时找不到修补的办法，悬而未决的问题仍然是悬而未决.但这些错误并没有使人看轻那几位数学家的能力，更没有人会因而嘲笑他们的努力.说不定将来的事实会证明，他们的努力为最终的解答做出了贡献.有关错误的证明的作用，我们将在第六章讨论.

有时，有些定理常被引用，凭它得出不少别的结果，但若后来发现这个定理的证明出了毛病，那怎么办？历史上这类事例并不少.例如，法国数学家埃尔布朗(J. Herbrand)在 1929 年的毕业论文里证明了一个重要定理，对数理逻辑的其后发展极有影响.但在 1963 年，三位数学家发表了一篇文章，题为《埃尔布朗的错误引理》，指出埃尔布朗在证明他的定理时所用的引理是不对的，不过无须用到这些错误的引理，还是能证明那条定理.

数学证明，本应是严密且言必有据，才叫人入信.但历史上的事例，却往往并非如此.最典型的例子就是被西方数学界奉为圭臬的欧几里得《原本》.里面大部分的证明，要是用今天的尺度去衡量，是不够严谨的，即如卷一第一条定理，证明任一线段上可构作正三角形.开始便假定了以线段两端为中心，线段长为半径，作两圆，它们必相交于一点.然而只凭那五条公理与五条公设，可不能保证这回事.譬如在有理数平面上考虑平面几何，即只看坐标是有理数的点，则全部欧几里得的公理、公设皆成立. 但这几何里的任一线段，没法构作以它为一边的正三角形！过了将近 2500 年后，德国数学家希尔伯特的《几何基础》(*Grundlagen der Geometrie*，1899)才完善了欧氏几何的公理系统，补足了证明. 但《几何基础》并没有一笔勾销《原本》，两本著述在数学史上同样是极具价值的经典名著. 而且在《几何基础》未出现的 2500 年间，《原本》的结果曾多次被应用，在实践中经受住了考验，使人对这些结果深信不疑. 有人说："严谨，乃迄当天的程度为止."

即使证明真的无误，又由谁去判断呢？有些证明是很长、很复杂的，例如德国数学家兰道(E. Landau)的数论著述里曾有长达百多页的证明. 美国数学家汤普逊(J. G. Thompson)与费特(W. Feit)合著的经典文章《奇数阶的群乃可解群》发表于 1963 年，全文长达 255 页，仅证明了题目提到的主要定理. 这条定理，还只是一项庞大工程的其中一步，这件工程对本节要提出的问题来说有些关联，让我简略做些介绍.

有限群的结构，自 19 世纪后半期起便成为数学家亟欲解答的问题. 用最浅显的语言来描述，就是考虑这样的一个"乘法表"：有 n 列 n 行，头一列置元 $a_1, a_2, \cdots, a_n$，头一行也置元 $a_1, a_2, \cdots, a_n$. 然后每列每行都是这 n 个元的置换，即每个元都在每列每行出现，且只出现一次. 此外，还有一个叫作结合律的条件需要满足，但读者或已知道这是什么，而即使不知道亦不妨碍对以下叙述的了解，所以不细说了. 以下两个不同的表描述了两个不同结构的四元群：

	a_1	a_2	a_3	a_4
a_1	a_1	a_2	a_3	a_4
a_2	a_2	a_3	a_4	a_1
a_3	a_3	a_4	a_1	a_2
a_4	a_4	a_1	a_2	a_3

	a_1	a_2	a_3	a_4
a_1	a_1	a_2	a_3	a_4
a_2	a_2	a_1	a_4	a_3
a_3	a_3	a_4	a_1	a_2
a_4	a_4	a_3	a_2	a_1

四元群就只有这两个. 一般的问题是：n 元群有多少个？它们的结构是怎样的？也就是问有多少个不同的 n 列 n 行的"乘法表"？在 19 世纪，数学家已经把问题化至只需考虑某些有特别性质的群，叫作单群，而且找到了几大类单群，并为它们贴上了标签. 他们也发现，有些单群

以零星姿态出现,归不了类别,而且越来越多,通通被冠以散在单群的称号. 终于在1980年夏天,数学家才算证明了除那几大类单群外,只有另外26个散在单群,于是单群的分类问题基本上解决了. 不过,这个解答是众多数学家在一段颇长时间内积累而成的,在这方面尽了很大努力的美国数学家戈伦斯坦(D. Gorenstein)曾做过估计,这些成果散见于各杂志、预印本、讲义里,有好些甚至还没有正式写下来,要是把全部成果集中起来整理,至少5000多页! 谁能保证这5000多页里没有错误呢? 单以汤普逊-费特定理为例,有多少人能透彻读通那255页? 所谓透彻,是指连文章里引用的定理也全部核实. 这是很费一番工夫的,而且要十分仔细,任何细节都不能放过或者借别人之手去验证. 即使真的有这样的人,怎能肯定任何错误都逃不过他的锐利目光呢?

近几十年来,由于电子计算机的兴起,有些证明运用了电子计算机去验算. 最著名的例子,就是1976年黑肯(W. Haken)与阿佩尔(K. Appel)在科赫(J. Koch)的协助下使用电子计算机算了1200个小时后得出了四色问题的解答(请参看第6.1节). 这种证明方法,引起了颇大的争论,就是它算不算是数学证明? 首先,无人能确定电子计算机会不会出错,而更重要者,无人能确定若电子计算机出错,那是电子计算机本身的问题,还是该证明本身的纰漏? 1988年12月,加拿大康哥迪亚大学的林永康(Clement Lam)领导的小组,宣称他们证明了不存在10阶的有限射影平面(请参看第5.5节). 他们借用美国国防分析研究院的CRAY-1S型号超级电脑的工余时间,化整为零做验算,花了整整三年去完成数千小时的计算,才得出以上结论.

2.3 证明是完全客观的吗

20世纪70年代后期,有两组数学家同时计算同一个数学对象是某些拓扑空间的同伦群. 你不必懂得那是什么也可以读下去. 有趣的是两组人得到了不同的答案! 一组数学家在美国,另一组数学家在日本,为求真相,他们交换笔记详加审查,每组各自聚精会神地搜索对方有没有纰漏. 结果双方都找不到对方的证明错在哪里,但显然至少有一个证明是不对的. 后来出现了第三组数学家,发表了与美国那一组答案相符的答案,于是暂时美国组的答案占了上风. 这段故事说明了一个事实,所谓证明(指一般数学家或读数学的学生经常写的或读的那种证明),其实人的因素占有重要地位.为什么这样说呢?且容我解释.

原则上每一门数学理论都可以被形式化,使该门数学理论的基本概念转换为形式系统中的初始符号,命题转换为符号公式,证明转换为符号公式的有穷序列.这就是希尔伯特在1922年提出的著名宏伟计划,企图借此证明数学的相容性,或称无矛盾性.这项计划展开了以形式系统为研究对象的元数学(metamathematics)的研究,虽然奥地利数学家哥德尔(K. Gödel)在1931年证明了这项计划注定失败(请参看第9.5节),但这个构思对数学的继续发展仍然产生了很大影响.把数学理论形式化后,按道理应该可以消除证明里面的人为因素,只要有一部晓得辨认何谓合法的符号之间的变形关系的机器,便毋须人的介入和思考也能判断证明有没有纰漏.

话是这么说,有多少人会真的这样做呢?据说波兰数学家施坦豪斯(H. Steinhaus)的一位学生根据希尔伯特的《几何基础》公理系统把勾股定理的证明全部形式化,写下来几乎有80页!注意,这只不过是一条定理的证明而已,有人估计现在每年约有二十万条定理产生,它们的证明有长有短,若全部加以形式化,所花的工夫和时间是惊人的.最著名的例子或许是罗素(B. A. W. Russell)与怀特黑德(A. N. Whitehead)在1910—1913年出版的三卷巨著《数学原理》(*Principia Mathematica*),花了三百多页的篇幅才证明了$1+1=2$,有人认为这是最不可读的杰作!

通常的证明,并不是形式化的纯逻辑推导,只是有如英国数学家哈代说的"指指点点",不妨摘录他在1929年写的一篇题为《数学证明》文章里的一段话:"严格来说,没有所谓证明这个东西,归根结底,我们只能指指点点.我与李特尔伍德(J. E. Littlewood)把证明叫'气体',它只是修辞雄辩,用以加强心理感受;它只是讲课中在黑板上画的图画,用以激发学生的想象力."的确,在我个人的经验里,我读过写过的证明,或以文字表达,或与别人交谈,或做讲演报告,都是"指指点点"吧.固然,其中一定含有不少符号、记号和数式,但那只是一种约定俗成的简写而已,与全形式化的证明相差不啻千万里!既是"指指点点",自然涉及人的因素.讲解证明的是人,理解证明的也是人.通常的数学证明其实是一项社会活动,难怪苏联数学家马宁(Yuri. I. Manin)说:“一个证明只当它通过‘被接纳为证明’这项社会行为后,才算是证明.”

让我讲述一个故事,关于集合论创立人德国数学家康托尔(G. Cantor)发现一个惊人结果的经过. 康托尔在 1874 年 2 月写给另一位德国数学家戴德金(R. Dedekind)的信上,提到能否把正方形上的点与线段上的点一一对应起来的问题. 他认为虽然大家都倾向于相信那是不可能的,要真正决定对或错却并不容易. 过了三年多,他找到了答案,但不是如想象中的那样,反而他证明了正方形上的点与它的一条边上的点有一一对应的关系. 在这个意义上,正方形与它的一条边有同样多的点! 他的证明大意是这样,为便于叙述,让我们看开区间$(0,1)$里的点与以它为一边的开正方形里的点,后者可以数偶(a,b)表示,a 和 b 是 0 与 1 之间的实数. 由于技术原因,每当我们碰到有限小数,特意把它写作无穷循环小数,例如 0. 24 写成 0. 2399999…. 给定一数偶(a,b),我们将构作一个在 0 与 1 之间的实数 c 与这个数偶对应. 步骤如下:把 a 和 b 分别截成一段一段,每段以头一个不是零的数字终结,然后交错逐段交织成 c. 比方

$$a=0.\underline{002}\ \underline{8}\ \underline{3}\ \underline{009}\ \underline{2}\cdots \text{和 } b=0.\underline{5}\ \underline{01}\ \underline{04}\ \underline{7}\ \underline{06}\cdots$$

相应的 c 是 $0.\underline{002}\ \underline{5}\ \underline{8}\ \underline{01}\ \underline{3}\ \underline{04}\ \underline{009}\ \underline{7}\ \underline{2}\ \underline{06}\cdots$. 可以验证,从不同的数偶可做出不同的 c,对任何数偶必有相应的 c. 康托尔把这个惊人发现及证明告诉了戴德金. 在 1877 年 6 月的一封信上,他对戴德金说:“除非我从你这位老朋友口中得悉证明是对或错,否则我的心情难以平静下来. 在你未曾证实这回事之前,我只能说:我看到,但我不相信!”

你看,数学名家如康托尔也需要别的数学家之慧眼鉴定,可见数学证明是一项涉及人际关系的活动. 但数学家毕竟是凡人,数学证明也就沾上了人性软弱一面的影响! 历史上有很多这样的例子. 有些当时名不见经传的人做出了重要、深刻的结果,却受到当时的名家冷淡对待,以致发表无门,甚至郁郁而终. 不过,历史是公正的,后来这些重要工作终被承认为第一流的成果. 最著名的事例是挪威数学家阿贝尔(N. H. Abel)与法国数学家伽罗瓦(E. Galois)的遭遇,使人叹息不已. 阿贝尔家境贫困,18 岁便因父亲逝世要挑起家庭重担,维持一家八口的生计. 但他仍用功钻研数学,向数学难题攻关. 自中学时代起他便被

一个数学难题迷住,即五次多项式方程能否以根式求解的问题,意指单用加、减、乘、除与开方根这些运算,能否把每个根表成系数及某些常数的数式?这个难题困扰了数学家近三百年,但可没吓倒阿贝尔,反而激起他致力克服这个难题的决心.在1821年,他以为找到了五次方程的求解的公式,他的老师们找不出证明有何纰漏,便求助于当时数学水平较高的丹麦科学院,丹麦数学家狄根(C. F. Degen)也找不出纰漏,但凭经验他觉得应审慎处理这个困惑了数学家三百年的难题.他复信说:"阿贝尔年纪尚轻,他没有达到解决这个问题的目标,但我们仍承认他是稀有的天赋奇才.我并非想阻挠他向科学院提出论文,但希望他举一个实例($x^5-2x^4+3x^2-4x+5=0$)加以演算,以资证明,这是必要的试金石."果然,阿贝尔听从劝告,通过这个实例的计算找到了自己在证明中的谬误.但他不因失败而灰心,反而加倍努力,三年后把证明做了修改,得出了完全相反的结论:五次或更高次的方程一般不能以根式求解.1824年,他准备自费印刷这篇论文.由于没钱,为节省印刷费,只好把内容浓缩为六页,于是文章变得更加艰涩难懂,再加上印得乱七八糟,整篇论文令人看不上眼!阿贝尔把文章寄给国外的知名数学家,满怀希望能得到回应,可惜没有人看得懂他的文章,或者带有成见根本不愿花时间看.三百年无数名家都试过但解不了的难题,一位名不见经传的小伙子哪能做出什么呢?于是,阿贝尔依旧默默无闻.幸好有几位爱护他的师友,资助他出国游学一段时期,在1825年9月成行.他先到德国,再到法国,拜访数学名家.但由于他还是默默无闻,在巴黎遭受到客气有礼但也是极冷漠的接待.他在给恩师霍尔姆伯(B. M. Holmboe)的信上说:"我虽身处喧哗的花都,心境却如沙漠,几乎没有一位称心的朋友.……他们每个人只顾自己工作而不理会别人,每个人都想教别人,可是不愿意向别人学习,绝对的自私统帅了一切."阿贝尔决定写一篇出色的论文呈交巴黎科学院,他花了数月工夫,写成一篇后来被称作"巴黎论文"的重要文章,是关于椭圆函数的.负责审阅该文的是柯西(A. L. Cauchy)与勒让德(A. M. Legendre).勒让德年事已高,没有细读便转给了柯西,柯西却忙于自己的研究,看也不看便搁在一旁.阿贝尔等得焦急,一直不见回复,钱快用光了,且又病倒了,最后只好失望地离开巴黎,经柏林回国.

比阿贝尔年轻两岁的德国数学家雅可比(C. G. J. Jacobi)恰巧也研究同一课题,他在别处读到阿贝尔的文章,十分钦佩,同时他知道阿贝尔早在1826年已向巴黎科学院呈交论文,但杳无音信.正义感驱使雅可比在1829年3月14日写信给勒让德,愤怒地说:"如此伟大的发现,甚至可能是本世纪最伟大的发现,阿贝尔先生两年前已向贵院提出,何以阁下与同僚对此不闻不问?"他要求科学院拿出原稿.柯西从书堆中寻回封尘已久的原稿,勒让德读后不禁惊呼:"他真的找到了我长期想要解决的问题的答案,他已经做出了世界上最困难的发现,他已经找到我40年来想寻找的答案!"勒让德了解到这位天才横溢的年轻数学家正在挨饿生病,心里感到悲伤内疚,便执笔上书瑞典教育部部长,请他为阿贝尔安排一个大学教授席位.但他得到回复,这位年轻的数学家已在同年4月6日病逝,年仅26岁.伽罗瓦比阿贝尔年轻9岁,一生更为坎坷.年轻时父亲受逼害自杀身亡,他自己两度投考法国最负盛名的巴黎高等工艺学院均落第,每次把数学成果呈交巴黎科学院都没能发表,又适值生于法国政治动荡时代,他以满腔热情参加共和党活动,因而两度下狱.最后在1832年5月30日早上一次决斗中被枪杀,死时不足21岁.伽罗瓦最伟大的贡献,是继续深入研究高次方程何时可以根式求解的问题,由此奠定了群论的思想.1830年2月,他把这些成果呈交巴黎科学院参加大奖评比,可惜文稿却随科学院秘书傅里叶(J. Fourier)的逝世而遭到遗失.伽罗瓦接受了另一位院士泊松(S. D. Poisson)的建议,把文章重写后再呈交科学院.但因为文章写得不易理解,泊松把它退了回去,要他再写一份较详尽的阐述.在决斗前夕,他整夜不眠,争分夺秒整理这份文章,在页边空白处潦草地书写着:"这个证明需做扩充,但我没有时间了."闻者为之心酸.

20世纪末也有一个这方面的著名例子,就是美国数学家德布朗斯(L. De Branges)在1984年证明比伯巴赫猜想(Bieberbach Conjecture)的经过.德国数学家比伯巴赫(L. Bieberbach)在1916年提出了一个猜想:若$f(z)=z+a_2z^2+a_3z^3+a_4z^4+\cdots$是单位圆内的单叶(复)函数,则对全部$n(\geqslant 2)$有$|a_n|\leqslant n$.到1923年,数学家知道猜想对$n=2$和$n=3$都是对的,但直至1955年才有人验证$n=4$的情况,可见问题的艰难程度了.至1972年为止,数学家只知道对$n=5$和$n=6$猜

想也对.因此,当德布朗斯宣称对任何 $n(\geqslant 2)$ 猜想也对时,很多同行不相信他的证明正确无误.尤其这个证明是包含在他的一本书稿中,整份书稿共有 385 页!有些人在开始部分找出了一些错误,加上对德布朗斯的工作有了成见,便没有人愿意仔细去通读那接近四百页的书稿,客观地审视这个悬疑将近 70 年的猜想是否被证明了!幸运的是德布朗斯在 1984 年春以交换学者身份访问苏联,他特别要求访问列宁格勒大学,因为在 1961 年该大学的米林(I. M. Milin)和列别塔夫(N. A. Lebedev)也提出一个猜想,证明了这个猜想也就证明了比伯巴赫猜想.起初列宁格勒大学的数学家也对德布朗斯的工作抱怀疑态度,但他们还是组织研讨班认真地对这项工作进行了讨论.他们渐渐发觉证明是对的,但仍有待改进.于是大家协力工作,使德布朗斯在两个月的访问期间,完成了证明比伯巴赫猜想的论文.他 6 月回国,临别时半开玩笑半带怨愤地说:"我回到美国后,又再没人相信我证明了猜想!"不过,事实当然是大家后来都承认了他的功绩.

2.4 证明与信念

在本章开始,我们已经见到有些定理,看似明显不过,对一般人来说,根本毋需证明.让我讲几则与此有关的小故事.头一则是我的朋友林建博士告诉我的亲身体验.他对初中学几何时碰到的第一条定理,印象深刻.那就是:若两直线相交,则对顶角相等.这是公元前 6 世纪希腊数学家、哲学家泰勒斯(Thales)证明的定理之一,后来收在欧几里得的《原本》中,是卷一第十五条定理.但在数十年前的初中几何课本,却放在最前面.这条定理的证明对我的朋友影响至深,使他眼界大开,深感到了数学的魅力!过了好几年,他给一位初中学生补习功课,自然想到拿出这个证明,以为可以达到同样激奋人心的效果,谁料对方听后面上毫无表情,反而隐约可以感觉到对方认为这等一看便知分晓的事,何须多此一举去证明!这是我们对实际感官经验更感亲切的正常反应,就像美国诗人惠特曼(W. Whitman)在 1865 年写的一首诗,题为《天文学家》,叙述一个晚上他听一个天文学讲演的感受.他面对那些描述星体运行的公式、证明、数据感到十分厌倦烦躁,终于按捺不住,离座走出教室,抬头仰望夜空,但见繁星点点,密布苍穹,顿然觉得平和舒畅!即便对别的科学家来说，数学家重视证明的程度，也是他们难以理解的. 印裔美国数学家哈里希-钱德拉(Harish-Chandra)年轻时任英国物理学家狄拉克(P. A. M. Dirac)的助手，有一次他告诉狄拉克，虽然他相信他已找到了正确的答案，却没办法证明那是正确的，故为此烦恼. 狄拉克回答说："我不管什么证明，我只想知道真相!"比如数学上有条著名的定理，说一条不会自相交的平面闭曲线，把平面分成两部分，一称内部，一称外部. 这看似再明显不过的若尔当(C. Jordan)曲线定理，证明可不简单呢！很多人不明白，为何数学家花那么多时间去证明这些明显不过的事情. 有人曾经对我说："为什么你们数学家斤斤计较理论基础呢？即使明天你忽然发现集合论的公理全盘给否定了，凭借数学知识建成的桥梁屋宇还不是好端端的矗立不倒吗?"

明显的定理何须证明？不明显的定理又怎样？不明显的定理亦必有它的由来，往往这些侧面的支持论据，或称"部分证明"，是十分有说服力的. 在这方面，欧拉尤其擅长. 在一篇 1747 年发表的文章里，他解释(并非证明!)为何他相信以下的递归关系式：

$$\begin{aligned}\sigma(n)=&\sigma(n-1)+\sigma(n-2)-\sigma(n-5)-\sigma(n-7)+\\&\sigma(n-12)+\sigma(n-15)-\sigma(n-22)-\sigma(n-26)+\\&\sigma(n-35)+\sigma(n-40)-\sigma(n-51)-\sigma(n-57)+\cdots\end{aligned}$$

$\sigma(n)$是 n 的全部因子之和，例如 $\sigma(6)=1+2+3+6=12$. 在关系式里"+"与"−"间隔着一对一对地出现，算至括号内的数是负数便停止，要是最后一项是 $\sigma(0)$便把它换作 n. 最有趣的是那些数字 1,2,5,7,12,15,22,26,35,40,51,57,…极有规律，后项与前项之差分别是 1,3,2,5,3,7,4,9,5,11,6,…，就是单项序列是 1,2,3,4,5,6,…，双项序列是 3,5,7,9,11,…. 欧拉在文章开始说了一句耐人寻味的话："这种规律我们在下文中就要解释，其所以特别值得注意，是因为虽未经严格证明却亦可信以为真."在其后的章节里他又说："我承认自己发现它不是偶然的，而是一个别的命题打开了通向这个漂亮性质的思路——这另一个命题也具有同样的性质，即我们必须承认它是正确的，虽然我还没法证明."他指的另一个命题，是他在 1741 年开始研究的无穷乘积展开式：

$$\begin{aligned}s&=(1-x)(1-x^2)(1-x^3)\cdots\\&=1-x-x^2+x^5+x^7-x^{12}-x^{15}+x^{22}+x^{26}-x^{35}-x^{40}+\cdots\end{aligned}$$

相信读者也认得出右边的级数与刚才 $\sigma(n)$ 的递归式之间的相似之处吧？当时欧拉猜想无穷乘积的级数展开是

$$\prod_{n=1}^{\infty}(1-x^n)=\sum_{n=-\infty}^{\infty}(-1)^n x^{n(3n+1)/2}$$

还说："这是相当肯定的答案，虽然我未能证明它."终于在 10 年后，他证明了这条公式. 80 年后德国数学家雅可比更把它纳入一套优美的椭圆模函数理论中. 让我们返回那篇 1747 年的文章，欧拉形式地运用微积分(那是非常不严谨的做法)，上式左边经对数运算后得

$$\log s=\log(1-x)+\log(1-x^2)+\log(1-x^3)+\cdots$$

$$\frac{1}{s}\ \frac{\mathrm{d}s}{\mathrm{d}x}=-\frac{1}{1-x}-\frac{2x}{1-x^2}-\frac{3x^2}{1-x^3}-\cdots$$

故

$$-\frac{x}{s}\ \frac{\mathrm{d}s}{\mathrm{d}x}=\frac{x}{1-x}+\frac{2x^2}{1-x^2}+\frac{3x^3}{1-x^3}+\cdots \qquad (*)$$

这里假定了读者懂微积分，不懂微积分的读者可略去细节. 从上式右边经微分运算后得到

$$\frac{\mathrm{d}s}{\mathrm{d}x}=-1-2x+5x^4+7x^6-12x^{11}-15x^{14}+\cdots$$

$$-\frac{x}{s}\ \frac{\mathrm{d}s}{\mathrm{d}x}=\frac{x+2x^2-5x^5-7x^7+12x^{12}+15x^{15}-\cdots}{1-x-x^2+x^5+x^7-x^{12}-x^{15}+\cdots} \qquad (**)$$

置

$$T=-\frac{x}{s}\ \frac{\mathrm{d}s}{\mathrm{d}x}$$

从(*)得到

$$\begin{array}{llllllllll}
T=x & +\ x^2 & +\ x^3 & +\ x^4 & +\ x^5 & +\ x^6 & +x^7 & +\ x^8 & +\cdots\\
 & +2x^2 & & +2x^4 & & +2x^6 & & +2x^8 & +\cdots\\
 & & +3x^3 & & & +3x^6 & & & +\cdots\\
 & & & +4x^4 & & & & +4x^8 & +\cdots\\
 & & & & +5x^5 & & & & \\
 & & & & & +6x^6 & & & +\cdots\\
 & & & & & +\cdots & & &
\end{array}$$

读者不难看出上式其实是

$$T=\sigma(1)x+\sigma(2)x^2+\sigma(3)x^3+\sigma(4)x^4+\cdots$$

再把 T 代入(* *)中，便得到

$$\begin{aligned}0=&\sigma(1)x+\sigma(2)x^2+\sigma(3)x^3+\sigma(4)x^4+\sigma(5)x^5+\\&\sigma(6)x^6+\cdots-x-\sigma(1)x^2-\sigma(2)x^3-\sigma(3)x^4-\\&\sigma(4)x^5-\sigma(5)x^6-\cdots-2x^2-\sigma(1)x^3-\sigma(2)x^4-\\&\sigma(3)x^5-\sigma(4)x^6-\cdots+5x^5+\sigma(1)x^6+\cdots\end{aligned}$$

考虑 x^n 的系数，它们全部是零，那就是 $\sigma(n)$ 递归关系式的由来了！(关于欧拉别的“旁证”，请参看第 4.2 节！)

让我再说一个例子，是读者或已经熟悉的孪生质数猜想. 大家都知道质数只有两个因子：自身和 1. 质数的出现，像毫无秩序，杂乱无章. 比方从 1 至 n，质数在哪里出现呢？我们说不出个究竟. 质数出现时，相隔多远呢？我们也说不出个究竟. 例如在 9999900 至 10000000 这 100 个数当中，共有 9 个质数，其中两对仅相隔一个数，就是 9999929 和 9999931、9999971 和 9999973；但在 10000000 至 10000100 这 100 个数当中，却只有两个质数，相隔 59 个数，就是 10000019 和 10000079. 话虽如此，我们却知道从 1 至 n 里，约有$n/\log n$个质数，而且当 n 越大，这个估计越准确. 当然，$n/\log n$并不是个整数，不妨看它的整数部分. 早在 1798 年，法国数学家勒让德已经提出类似的猜想，后来德国数学家高斯亦从大量具体数据中得到这个猜想. 但过了将近一百年，才分别被阿达玛(J. Hadamard)与德拉瓦莱普森(C. J. de la Vallée Poussin)独立地证明了. 又过了 53 年，在 1949 年，挪威数学家塞尔伯格(A. Selberg)与匈牙利数学家爱尔迪希(P. Erdös)同时用初等方法(即不用复变数函数方法)证明了这条质数定理. 既然我们对质数寻不出局部的规律，却找到这么漂亮的全局分布，索性就当它们按照这个频率随机地出现吧. 意思是说，掷一枚不均匀的铜板，掷得正面的概率是$1/\log n$，连掷 n 次，第 k 次是正面表示第 k 个数是质数，反之便是合数(在这种不严谨的解说中，我们暂不去理会很多细节).

除 2 不计，其余的质数都是奇数，所以相连的质数至少要相隔一个，比如 3 和 5，5 和 7，9999929 和 9999931，这种质数叫作孪生质数. 关于孪生质数有个著名的猜想，就是存在无穷多对孪生质数. 你相信

吗？下面让我们用刚才掷铜板的看法获得一些侧面论据.问：在 1 至 n 中两个相隔一个数的数都是质数的机会有多大？粗略地计算，是计算第 k 次与第 $k+2$ 次都掷得正面的概率，等于 $(1/\log n)^2$. 也就是说，从 1 至 n，约有 $n/(\log n)^2$ 对孪生质数. 由于第 k 个数是质数与第 $k+2$ 个数也是质数并非真正是独立事件，我们的计算需要做出调整. 经调整后(计算略去)的结果是 $(1.32\cdots)\times n/(\log n)^2$. 这个大胆的估计与真实情况相差多远呢？下面是一些具体数字(表 2-1)，估计数值与准确数值相差这么微小，使人相信孪生质数的分布真的是 $(1.32\cdots)\times n/(\log n)^2$. 若那是真的(还未有人能证明它)，当 n 增大时，这个数亦增大，所以便有无穷多对孪生质数了.

表 2-1

区间	估计个数	实际个数
10^9 至 $10^9+150000$	461	466
10^{10} 至 $10^{10}+150000$	374	389
10^{11} 至 $10^{11}+150000$	309	276
10^{12} 至 $10^{12}+150000$	259	276
10^{13} 至 $10^{13}+150000$	221	208
10^{14} 至 $10^{14}+150000$	191	186
10^{15} 至 $10^{15}+150000$	166	161

还有些结果，是从极强烈的数学直观产生的，除作者以外，别人难明究竟. 最显著的例子是印度的数学传奇人物拉马努金(S. Ramanujan)的众多发现. 拉马努金是一位自学成才的数学家，他真正自书本学来的数学并不多，而且很零碎，但从 1903 年起他便把自己的数学发现记录在笔记本上. 英国数学家哈代读到这些结果后，马上判断出这是出自天才的手笔. 据哈代说，虽然他自己还不知道有这样的数式，也未能证明它们是对还是错，但他认为多数都是对的. 因为这些复杂得近乎疯癫的数式，并非真正疯癫的人所能写出来！看看下面的例子，读者当能体会哈代的感受：

$$\frac{\sqrt{3}-1}{1}-\frac{(\sqrt{3}-1)^4}{4}+\frac{(\sqrt{3}-1)^7}{7}-\cdots$$

$$=\frac{\pi}{4\sqrt{3}}+\frac{1}{3}\log\left(\frac{1+\sqrt{3}}{\sqrt{2}}\right)$$

2.5　证明与理解

2.2 节及 2.3 节好像说数学证明渗入了太多的人为因素，证明了的结果并不一定可信；2.4 节好像说数学证明并不需要，未经证明的结果也可使人入信. 那不是很奇怪吗？如此说来，证明还有什么地位呢？

或者我们可以这么看，数学活动其实是一项错综复杂的活动，不单包含逻辑关系与公理系统，也包含直观思维、归纳推理，甚至人际交往. 所有从事数学活动的人，包括数学家、应用数学的科技人员，甚至学习数学的大中小学学生与教师，都生活在一个共同的数学文化社区里，呼吸着同样的数学空气，不知不觉间获得可以共同分享的信息. 比方我与大部分读者素昧平生，大家的生活背景不尽同，学历背景也不尽同，但却能在数学上沟通，那不是很奇妙吗？当读到“任何两点有唯一一条直线通过它们”这句话时，大家的脑海里会浮现同样的图形；当读到“二次方程顶多有两个(复)根”时，大家的脑海里又会浮现同样的印象；当读到“闭区间上的连续函数有界”时，大家就都能明白它的意思是什么. 但现实世界里哪有真正的点与直线(只有近似点的微尘与近似直线的窄带)，方程也并不是一件实物，连续函数更要费一番唇舌才能描述. 它们都是抽象的数学对象，只存在于理念世界中，但我们却觉得它们是可捉摸得着的东西！这么说，数学对象与数学现象岂不是客观存在的吗？否则怎能肯定你心里想的与我心里想的总是不谋而合呢？但这又如何解释众多公理系统与抽象概念，像是自由思维的产物呢？让我以下面的故事做个比喻. 19 世纪俄国文豪托尔斯泰(L. Tolstoy)让他的小说《安娜 · 卡列尼娜》(*Anna Karenina*)里的主人公卧轨自杀了，他的朋友埋怨作者对主人公太残忍，安排了这么个悲惨的结局. 你猜托尔斯泰怎样回答？他说他笔下的人物往往做出违反他本意的安排，连他自己也不喜欢，但他们做的却是实际生活中要发生的事，是他们应做的事. 虽然人物由作者塑造出来，但作者本人对此亦无可奈何！数学虽然是人类自由思维的产物，但它有客观存在的成分，而且在很大程度上这种思维产物反映了客观世界的素材，只不过经过加工抽象了. 有趣的一点是，概念一经形成便仿佛有了自己的生命,向着它应该生长的方向生长,就像作家笔下的人物一样.

既然数学对象与数学现象有这种客观存在的成分,它们之间也就有一定的关联,构成有机的整体.数学定理是这些意念的组合.所谓数学直觉,就是辨认出哪些是有意义的组合的一种本能;所谓数学证明,就是依循公认章法去核实这直觉是否导致正确答案的活动.我们不能否认证明的重要,但也不要把它强调为数学家的唯一活动,正如作家的活动并不单是写句子,画家的活动并不单是调色一样.德国近代著名的数学家外尔(H. Weyl)说得好:“逻辑是数学家为保持思想强健而遵守的卫生规则.”法国数学家勒贝格(H. Lebesgue)也说过:“每当碰到新发现,便需要引进逻辑作为控制,只有凭逻辑才能最终决定这发现是正确的,还是仅为幻象而已.因此,逻辑的作用虽重要,毕竟是次要吧.”德国数学家克莱因说:“在某种意义上说,数学的进展归功于那些以直觉能力著称的人多于那些以严谨证明著称的人.”英国数学家德·摩根(A. De Morgan)甚至说:“数学的原动力是想象力而不是推理.”

若我们持这种眼光看待数学,便不难明白为什么尽管证明并非完全客观也并非完全可靠,数学还是健康茁壮地成长.数学理论并非像一条项链,断了一环整条项链便不再连在一起.数学理论倒像一团乱丝,剪断了一段并没有把该段分离,因为它的另一端与另一条又连在一起.让我举德国数学家希尔伯特的名著《数论报告》为例.1931年,希尔伯特退休了,人们开始收集和出版他的数学著作.美国数学家陶斯基-托德(O. Taussky-Todd)回忆说,当年在她协助编辑工作时曾惊讶地发现希尔伯特这部写于34年前极具影响的著作,竟有许多错误,多半是一个函数的界算错了,一个定理叙述错了,一个证明漏了一步,或者论证时当作明显而不理会的细节.但由于希尔伯特卓越的数学直觉力,这种种错误并不影响最后的结论.

数学既有共同的语言,在这个数学文化社区里就存在一种自然调节的机制,把重要的、次要的、毫不重要的数学成果区分开来;把正确无误的结果留下,把错误的结果修补或者排除;把看似无关的理论统一融合起来,把纷杂的成果精简整理,一代一代传授下去.数学证明是这种调节机制里的一个重要部分(请参看10.7节).

既然数学证明的主要功用不在于核实命题,那么它的主要功用在于什么?它的更大用途在于使人通过它去理解命题.法国以布尔巴基(N. Bourbaki)为笔名的数学家在1950年写的一篇题为《数学的建筑》(The Architecture of Mathematics. *American Mathematical Monthly*, 1950(57):221-232)的文章中说:"每个数学工作者都知道,单是验证了一个数学证明的逐步逻辑推导,并没有试图洞察获致这一连串推导的背后意念,并不算理解了那个数学证明."若能在这个意义下理解了证明,也就是理解了要证明的命题.据说美国数学家科尔(F. N. Cole)在1903年10月做了一个无言的报告.他在黑板上写下两个式子,一个是

$$2^{67}-1=147573952589676412927$$

另一个是

$$193707721\times761838257287$$

他把该式两数相乘,得出乘积是上面的数.换句话说,他证明了 $2^{67}-1$ 不是一个质数.据说整个过程他没发一言,待他放下手中粉笔时,全场响起热烈的掌声.后来别人问他这花去多少工夫,他答道:"三年内的全部星期日."虽然我敬佩科尔的坚毅作风,但我若是在座,鼓掌乃属礼貌,因为我不认为他的证明令我对那类数的性质增添了任何理解.同样地,使用电子计算机检验全部可能情况得出结论的证明,也没有使我们增添理解.电子计算机证明令我不满意并非由于它有没有核实该命题(难道用人手花几个月检验几百页的证明便更可靠吗?),而是它没有使我们通过证明获得理解.固然,这引起另一个疑问,是否有些命题除了验算全部情况以外别无他法去证明了呢?关于证明与理解,我打算选取更多的事例来说明,请参看第三、四、五、六章.

证明还有另一项功用,就是导致发现,其实这也是理解了问题后的收获.下面我选用大家都熟悉的数学归纳法为例来说明.因为很多人都有个印象,数学归纳法只是"事后诸葛亮",要不是已知要证明什么,怎么用得上这种方法呢?尤其在课本习作上见惯那些像下面的级数,就更容易得来这种印象了.

$$1\cdot2\cdot3\cdots p+2\cdot3\cdot4\cdots(p+1)+\cdots+n(n+1)\cdots(n+p-1)$$
$$=n(n+1)(n+2)\cdots(n+p)/(p+1)$$

即使有时我们用归纳法(不是数学归纳法!)从试验数据中做出合理的猜想,再运用数学归纳法去证明它,这种发现始终不是由数学归纳法本身得来的.难道数学归纳法真的只是事后的逻辑修饰功夫吗?不是的,我国著名已故数学家华罗庚教授为中学生写了一本很精彩的普及读物《数学归纳法》(1963年).第五节里有个猜帽子颜色的例子,很富启发,使人印象深刻.它说明了数学归纳法的精神已蕴含了算法的意念,在这里我想用另一个例子再加说明.

考虑一个 $2^n \times 2^n$ 格的正方形棋盘,能否用三格一块的曲尺形去覆盖它,每两块不准重叠?明显地这是不可能的,因为 $2^n \times 2^n$ 不是3的倍数,但 $2^n \times 2^n - 1$ 却是3的倍数,因此我们可以再次问:在 $2^n \times 2^n$ 格的正方形棋盘任抽掉一格,余下的能否用三格一块的曲尺形去覆盖它,每两块不准重叠(图2-5)?正如老子《道德经》里所说:“图难于其易,为大于其细.”先看最简单的情况,即 2×2 格的正方形棋盘任抽掉

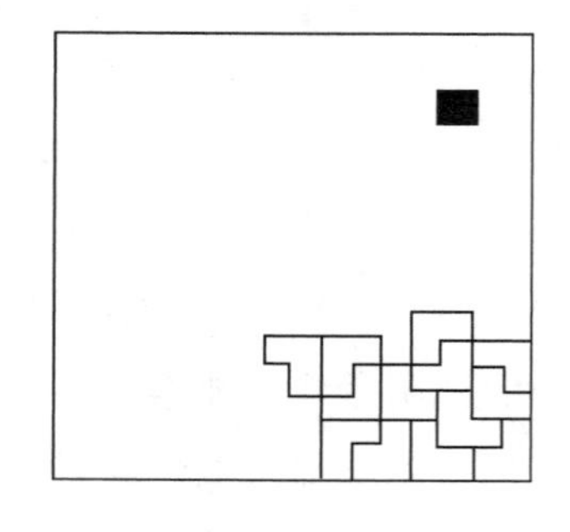

图 2-5

一格,余下的根本就是一个三格一块的曲尺形,问题轻而易举地解决了!这一步不就是数学归纳法中第一步的精神吗?如果面对一个 $2^n \times 2^n$ 格的正方形棋盘任抽掉一格,你会怎么办?数学归纳法中的第二步的精神是设法从小于 n 的情况推断出 n 的情况,或者掉过头来看,设法把 n 的情况分解为若干个小于 n 的情况考虑.如果我们能把 $2^n \times 2^n$ 格的正方形棋盘任抽掉一格化为若干个 $2^{n-1} \times 2^{n-1}$ 格的正方形棋盘任抽掉一格,不就了事了吗?一个明显的方案是在中间十字切开,分为4个 $2^{n-1} \times 2^{n-1}$ 格的正方形棋盘,其中一个抽掉了一格.另外那三个可没有抽掉一格,要做成这样,必须从每个中都抽掉一格.看,那三格不正好构成一个曲尺形吗?至此,覆盖棋盘的方法变得十分明显了.在中心适当放下一个三格一块的曲尺形,再转去考虑每个较小

的棋盘，重复步骤，至每个小棋盘是个 2×2 格抽掉一格为止(图2-6).形式地表述证明就是数学归纳法了，读者一定晓得如何写下来的.

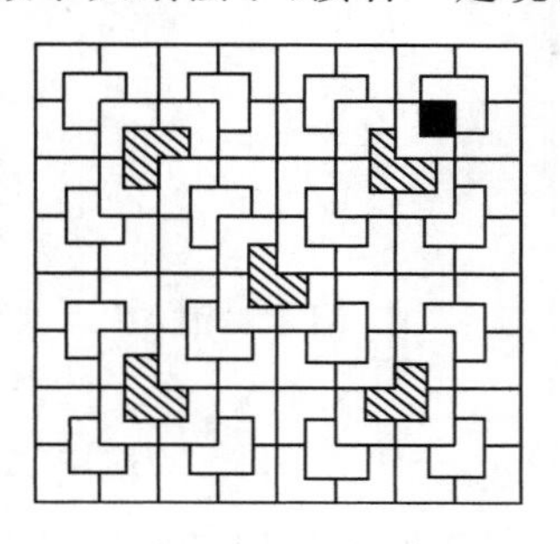

图 2-6

在以下的章节里，还有其他例子，说明了证明其实绝不是仅供事后核实，它也在发现过程中做出贡献.总的来说，最理想的境界，是能严密地证明从直观得来的猜想，也能直观地理解一个形式的证明.

三　证明与理解(一)

在第二章里我们看到，虽然我们已经对某些结果确信无疑，但总还要证明它，甚至一证再证，似乎已不仅是为核实而已. 那么，这样做是否真的能增进我们对该问题的理解呢？在以后接连的四章里，我将通过不同的例子与大家一起讨论这个我认为是证明最主要的功用的问题.

美国加州大学伯克利分校的布莱克韦尔(D. Blackwell)曾向一位访问者述及他的研究动机："我最感兴趣的，是理解事物，往往这需要你自己亲自动手下一番工夫，别人代替不了. 例如有一次我对香农(C. E. Shannon)的信息论产生兴趣，但发现有不少有待解答的问题他都没有解答. 我与两位同事一起学习这门理论时，很想知道这样那样的事情怎么会发生，我们的目的倒不是寻求新结果，只是求理解. 固然最好已经有人为我们解答了这些疑问，但既然没有人这么做，我们只好自己补充那些证明了."就这样，布莱克韦尔发现了新的结果.

3.1　一个数学认知能力的实验

在未讨论证明能增进理解的观点前，应该指出，这个观点对于学习数学和教授数学都能产生一定的影响. 下面引述美国加州大学伯克利分校的舍恩菲尔德(A. H. Schoenfeld)的一项实验经历. 舍恩菲尔德专门研究数学认知能力，在这方面做了不少考查. 有一次，他对一群大学生进行了一项实验. 为了提高听众的兴趣，他把实验原原本本摆了出来. 先向听众提问以下定理：V 是圆外一点，C 是圆心，VP 和 VQ 与圆分别相切于 P 和 Q，则 VP 与 VQ 等长，且 CV 平分 VP 与 VQ 所成的角(图3-1). 听众马上给出了以上问题正确的答案. 他们口述，舍恩菲尔德板书，从头至尾，花了不到 3 分钟. 接着，舍恩菲尔德提出以

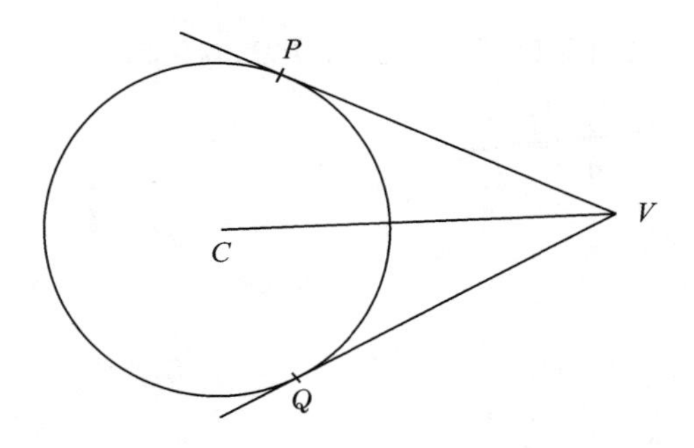

图 3-1

下的作图问题:已知两相交直线及其中一直线上的一点 P(不是交点),求作一圆,与该两直线相切,且与其中一直线相切于 P(图 3-2).他原以为听众也会马上给出正确的答案,谁料听众的反应与他平日对

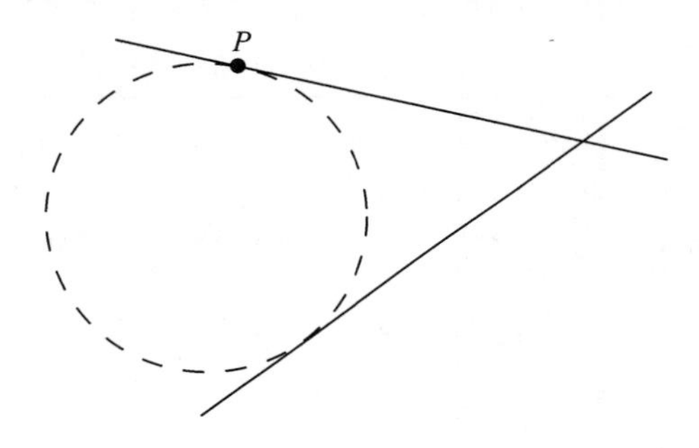

图 3-2

较低年级学生进行这项实验的结果是如此相似,令他吃惊!听众中一位学生立即说:"要构作的圆与另一直线相切于 Q,显然 P 与 Q 距交点等长,我猜 PQ 是该圆的直径,连接 P 和 Q,再取 PQ 的中点,那就是圆心了."(图 3-3)另一学生随即反驳说:"不对,我从草图中看到圆

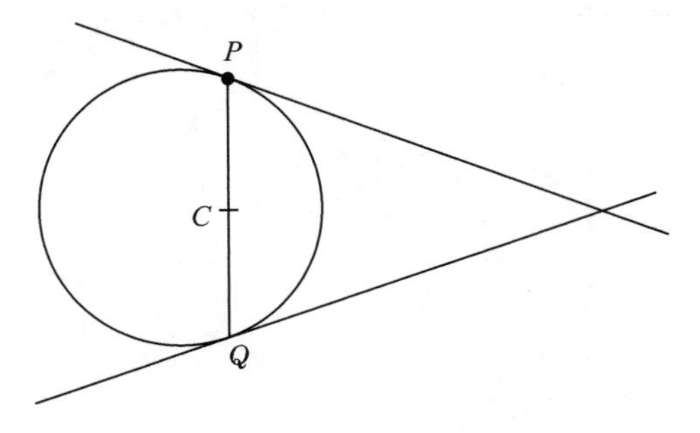

图 3-3

心较 PQ 的中点距交点稍远,我认为应先作以两相交直线的交点为圆心的圆弧 $\overset{\frown}{PQ}$,再取它的中点,那才是圆心."(图 3-4)还有另一个学生

却说,“也不对,你们都忘记了半径与切线是互相垂直的,你应在 P 上

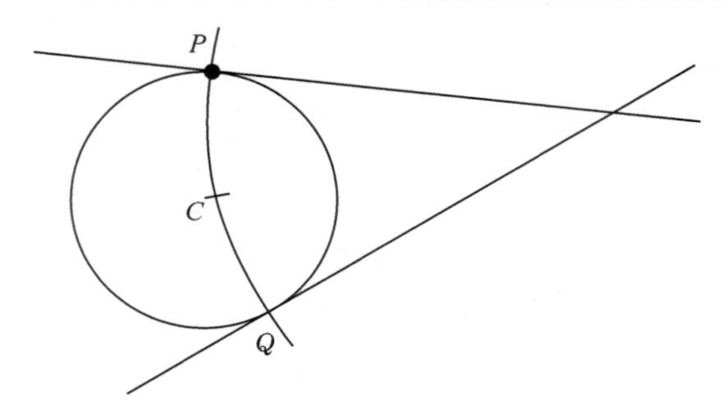

图 3-4

作该直线的垂线,与另一直线相交于 Q,再取 PQ 的中点,那才是圆心.”(图3-5)终于第 4 个学生给出了正确的答案. 他说:“先在 P 上作

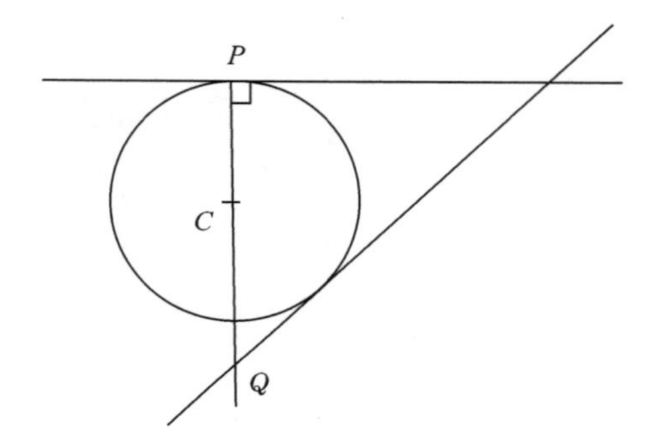

图 3-5

该直线的垂线,再作那两直线所成角的角平分线,它们的交点便是圆心了.”(图 3-6)接着的十多分钟,听众仍争论不休,决定不了哪个作图方法才是正确的. 他们的论据主要皆基于对草图的观察,竟没人理会那一直留在黑板上未擦掉的上一个定理的图(图 3-1)!

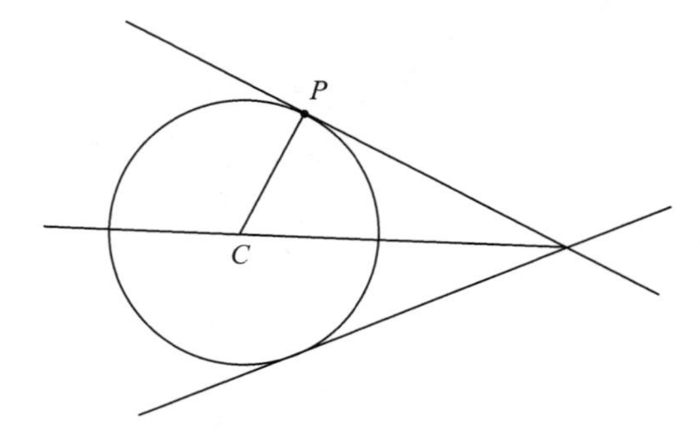

图 3-6

舍恩菲尔德曾向二百多名中学生和低年级大学生进行过这项实

验,有如下的发现.若不先提问定理的证明而单提出作图问题,有60%的学生采用刚才第一位听众的作法.有些学生画图后发觉不对劲便重新猜度,但每次绝大部分学生都是从实际画图中去检验猜度是否正确.若先提问定理的证明才提出作图问题,很多学生虽然看得出二者有关联却还犹疑不决,即使想到怎样作图也不相信那方法是否正确,好些人仍需画图后才会检验.其中,仍有30%的学生像刚才的听众一样,虽然证明了定理,到了作图时却提出完全违反该定理的猜度!

舍恩菲尔德对这个现象的一个解释是,学生把演绎论证与探索解答对立了起来,一是一,二是二,没能体会两者的有机联系.当教师的应扪心自问:形成的这种对立,跟教学上过分强调形式论证有没有关系?尤其对于几何,有些人主张论证必须严格遵从命题和论证分成两列的格式,非此不接受.本来,他们原意用心良苦,旨在训练学生思想严密,表达条理.但若单方面强调形式之重要,很容易使学生渐渐把论证看作核实手续而已,与探索和理解扯不上关系.更有甚者,有些学生把论证看作一种"礼教",若非为了满足老师的要求,谁愿吃它那一套!即使心甘情愿遵从礼教的人,多数亦只存在着凡学数学总得学懂这一套,我又何独例外的心态.依礼教去做,便是证明;反过来说,不依礼教去做,便不是证明.说来也可笑,念初中的时候,我觉得几何与代数的最大区别,是几何有证明而代数只有计算却没有证明!要是学生碰到的定理多是看似明显不过,形式论证比定理本身来得更繁复啰嗦,他们就更容易得来以上的错误印象了.

舍恩菲尔德的实验结果,或许与美国中学数学教育的几何内容较薄弱有关,换了是几何教学内容坚实的地区,实验结果未必相同.不过,他的实验结果的确揭示了一个不健康的现象,即在一般人的心目中,"严谨形式数学"与"直观非形式数学"是泾渭分明的.其实,数学有如神话传说中的多面神,以不同的面目展示在我们眼前.硬要说它是严谨形式,或硬要说它是直观非形式,同样是偏而不全;两者相辅相成,才编织成数学的美丽诗篇.著名的数学家、数学教育家波利亚在他的著述《数学的发现》(*Mathematical Discovery*,1965年)里说了一段很有意思的话:"数学思维不是纯形式的,它所涉及的不仅有公理、定理、定义及严格的证明,而且还有许许多多其他方面:推广、归纳、类推以及从一个具体情况中辨认出或者抽取出某个数学概念等.数学教师有极好的机会使他的学生了解这些十分重要的非形式思维过程."

3.2 二次方程的解的公式

大家都一定熟知二次方程 $ax^2+bx+c=0(a\neq0)$ 的解是 $x=(-b\pm\sqrt{b^2-4ac})/2a$.要证明这回事并不难,直接验算便知:

$$a[x-(-b+\sqrt{b^2-4ac})/2a][x-(-b-\sqrt{b^2-4ac})/2a]$$
$$=ax^2+bx+c=0$$

故两根分别如上式所述.但是,这个证明只核实公式正确,却欠了说明的味道,读罢证明还不知道公式从何而来.

公元9世纪阿拉伯数学家花拉子米(Al-Khowarizmi)在830年左右写了一部在数学史上很有名的书,专门讨论一次或二次代数方程的解法,英文"代数"(algebra)一词,就是从书名里的一个字al-jabr(原意是复原)演变而来的.由于当时的人对负数缺少认识(中国古代数学是例外,早在秦汉时代数学家已论及"正负术"了),花拉子米把方程分成六种:平方等于根($x^2=bx$)、平方等于数($ax^2=c$)、根等于数($bx=c$)、平方与根等于数($x^2+bx=c$)、平方与数等于根($x^2+c=bx$),根与数等于平方($bx+c=ax^2$),这里的 a、b、c 都是正数,而且他指的解也全是正数.其中有一道例题这么说:平方加10个根是39($x^2+10x=39$),书中的解是以文字表述的,若以今天我们惯用的符号书写,是 $x=\sqrt{(10/2)^2+39}-(10/2)$.其实,作者等于写下这种方程($x^2+bx=c$)的解是 $x=\sqrt{(b/2)^2+c}-(b/2)$,亦即 $x=(-b+\sqrt{b^2+4c})/2$.花拉子米还说:"关于那六种方程的计算,说得够多了.现在,应该从几何方面证明上述的算术解释.……我们扼要地用几何解释这回事,以便更好地理解它.有些事情单凭思维不易明白,加上几何形象便清晰得多."果然,他运用几何解释,把配方法的中心思想交代得一清二楚,增进了理解.他画了一个边长是 x 的正方形,每边补上另一边是$b/4$的矩形,剩下四个角,刚好补上四个边长是 $b/4$ 的正方形(图3-7).那四个小正方形合成一个边长是 $b/2$ 的正方形;从边长是 $x+b/2$ 的大正方形减去这个正方形,余下的十字图形的面积按题意是 c,于是有

$$c+(b/2)^2=(x+b/2)^2$$

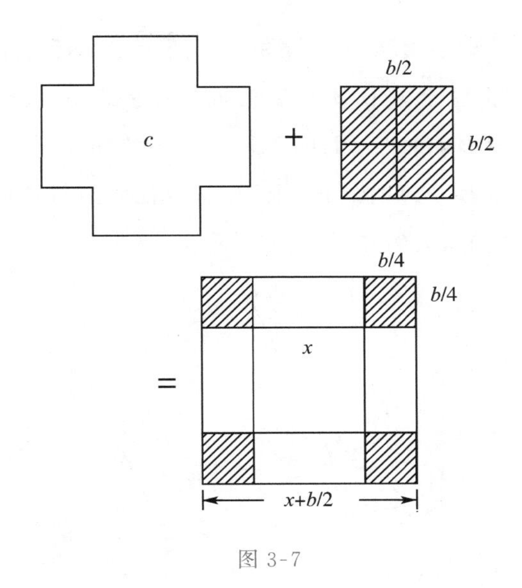

图 3-7

由此得

$$\sqrt{c+(b/2)^2}=x+b/2$$

亦即

$$x=-b/2+\sqrt{c+(b/2)^2}=(-b+\sqrt{b^2+4c})/2$$

正是解的公式. 明白这一点,自己以代数语言写下配方法是不难的. 类似的配方法也开拓了解三次方程的思路. 的确,后来意大利数学家卡尔达诺(G. Cardano)在 1545 年的著述《大术》(*Ars Magna*)里正是利用这种几何解释说明了三次方程的解的公式.

3.3　希腊《原本》里的勾股定理

勾股定理是历史上最古老、最有名的定理,无论在东方或西方的古代数学文化里都占一重要席位. 这条定理的证明多得不可胜数. 19 世纪末美国数学家卢米斯(E. S. Loomis)搜集了东西古今的证明,分门别类,编纂成书,总结为 370 个! 我不打算逐一讲述这 370 个证明,只想从欧几里得的《原本》里的证明察看证明如何反映数学家对一条定理的了解.

《原本》卷一第四十七条定理就是勾股定理:直角三角形斜边上的平方等于另两边上的平方之和. 据说是公元前 6 世纪数学家毕达哥拉斯发现的,故西方习惯把它称作毕氏定理. 书上的证明是这样的. 先证明$\triangle ABF$ 与$\triangle HBC$ 全等. 由于正方形 $ABHI$ 的面积等于两个

$\triangle HBC$ 的面积，矩形 $BDGF$ 的面积等于两个$\triangle ABF$ 的面积，故正方形 $ABHI$ 的面积等于矩形 $BDGF$ 的面积(图 3-8)；类似地，正方形 $ACJK$ 等积于矩形$CDGE$，因此，AB 与AC 上的正方形面积之和等于斜边上的正方形 $BCEF$ 的面积. 证毕. 这个证明虽然清晰利落，那条辅助线 ADG 却如从天而降，使人摸不着头脑.

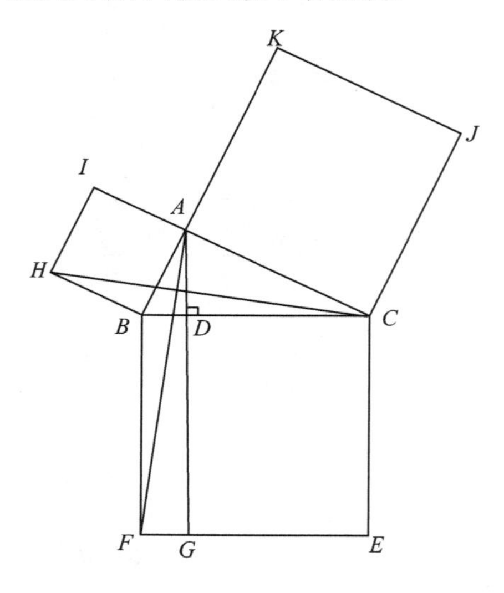

图 3-8

从《原本》卷六第三十一条定理的证明中，我们看出了端倪. 该定理说：直角三角形斜边上的图形等于另两边上的相似图形之和(图 3-9). 这显然是勾股定理的另一表述，但书上的证明却不利用卷

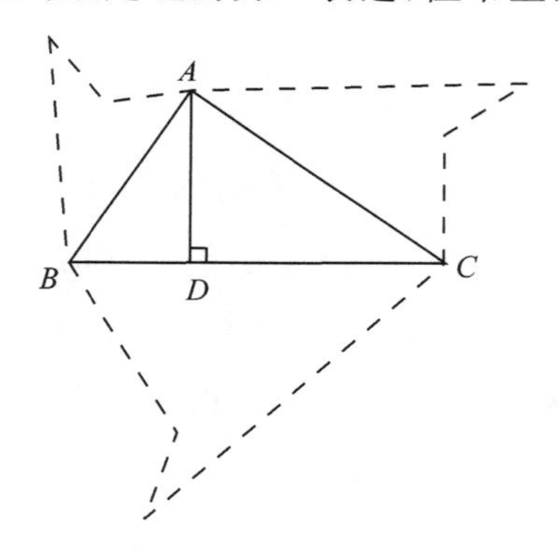

图 3-9

一第四十七条定理而另辟蹊径，运用比例理论. 以今天的写法，证明是这样的. 考虑相似$\triangle ABD$、$\triangle CAD$、$\triangle CBA$，得 $CB : BA = AB : BD$ 和 $CB : CA = CA : CD$；从前式得 $CB^2 : BA^2 = CB : BD$，从后式得

$CB^2 : CA^2 = CB : CD$,意即 CB 上的图形与 BA 上的相似图形的面积之比等于 CB 与 BD 的比,CB 上的图形与 CA 上的相似图形面积之比等于 CB 与 CD 的比;但 $BD/CB + CD/CB = 1$,故定理得证. 要是你把那两个式子写成 $CB \cdot BD = AB^2$ 和 $CB \cdot CD = CA^2$,你便明白这个证明与卷一第四十七条定理的证明基本上没有区别,只不过这里用了比例理论,那里用了面积理论及全等三角形理论罢了. 你现在也应明白那条辅助线是怎样产生的了吧? 为什么有两种不同的证明呢? 原来比例理论是迟勾股定理二百多年才发展起来的,由公元前 4 世纪希腊数学家欧多克索斯(Eudoxus)创立,它弥补了早期希腊数学家建立的相似图形理论的漏洞. 在《原本》里,卷五阐述了比例理论,卷六运用它来证明相似图形的几何性质. 但勾股定理是如此重要,欧几里得认为它应在卷一即出现. 为了不动用比例理论,他只好设计别的证明了. 有理由相信,早期的希腊数学家发现勾股定理,是通过初期未经修补的比例理论,大意与卷六第三十一条定理的证明相同. 如果这样来看,卷一里的证明,是欧几里得后来的刻意装扮了!

咀嚼卷六的证明,还是有意思的. 波利亚便受到它的启发而提出了这样一个勾股定理的证明,极富兴味. 由于边上的图形的面积与该边之长的平方成正比,要证明卷六第三十一条定理,只要证明对某个特定的图形该断言成立即成. 就是说,找三个相似的图形,各在一边上,在两条直角边上的两个图形合起来恰好是在斜边上的那一个图形. 有没有现成的选择呢? 有,就在你的眼前(图 3-9),三角形 $\triangle ABD$、$\triangle CAD$、$\triangle CBA$ 不就是吗?

3.4　刘徽的一题多证

我国古代数学名著《九章算术》第九章篇名为《勾股》,专门讨论直角三角形的计算. 我国古代数学家称直角三角形的短直角边为勾,长直角边为股,斜边为弦. 章内第十六题问:“今有勾八步,股十五步. 问勾中容圆径几何.”答案是六步,方法是:“八步为勾,十五步为股,为之求弦. 三位并之为法,以勾乘股,倍之为实. 实如法得径一步.”用今天的说法,就是已知直角三角形的两直角边长 a、b,斜边长 c,求内接圆半径 r(图 3-10),答案是

$$2r=\frac{2ab}{a+b+c}$$

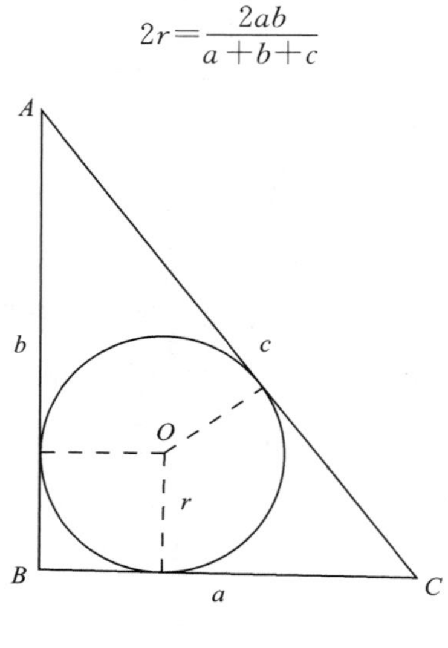

图 3-10

刘徽注解该题时,给了三个不同的证明,各具特色,心思缜密灵巧,叫人佩服;同时,这也显示了一位数学家往复探索,多方钻研,追寻理解的决心.

第一个证明采用了非常漂亮的直观方法,乃刘徽擅长的割补术.他把图形画在纸上,把各部分涂上颜色,再剪裁成小纸片,然后移动拼凑,出入相补,顿时答案浮现,使人眼前一亮!过直角三角形内心向各边作垂线,又连接内心与其中两个顶点,把三角形割成五份,各涂以朱、黄、青三色(图 3-11).把四个这样的三角形合成一矩形,再重新拼凑那二十块小片,得到另一个矩形(图 3-12).两个矩形的面积相等,一是 $2ab$,一是 $2r(a+b+c)$,故 $2ab=2r(a+b+c)$,即 $2r=2ab/(a+b+c)$,公式得证.

刘徽继续给出的第二个证明,采用了在《九章算术》第三篇介绍的比例方法,古代中国称之为衰分.过内心作平行于弦的线段,与两边相交,组成两个与原来直角三角形相似的直角三角形(图 3-13).由于有 $a:b:c=r:e:f$,得 $a/(a+b+c)=r/(e+r+f)$,但 $r+e+f=b$(刘徽注解里可没解释这一点,请读者试补上),故 $2r=2ab/(a+b+c)$.刘徽接着说:“言虽异矣,及其所以成法,实则同归矣.”意思是说两个证明虽看似不相同,原理实则一样,读者同意他的说法吗?

接着,他还给出了第三个证明.这次他并不直接证明该公式,却写

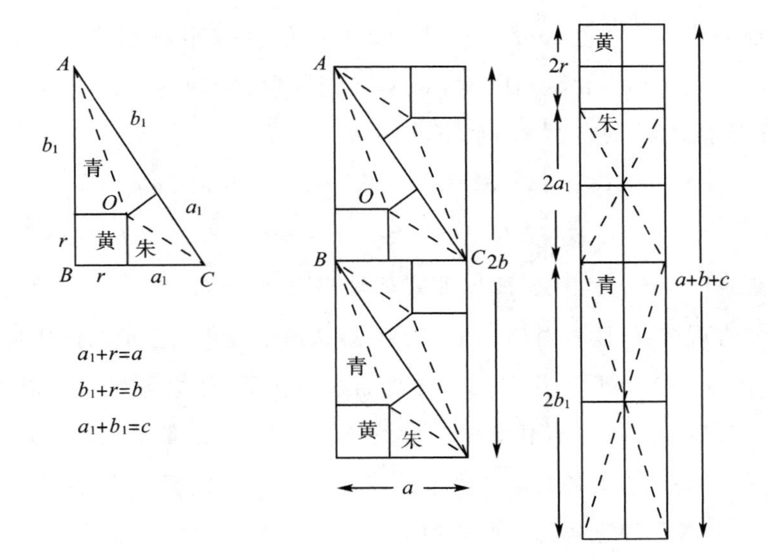

图 3-11　　　　图 3-12

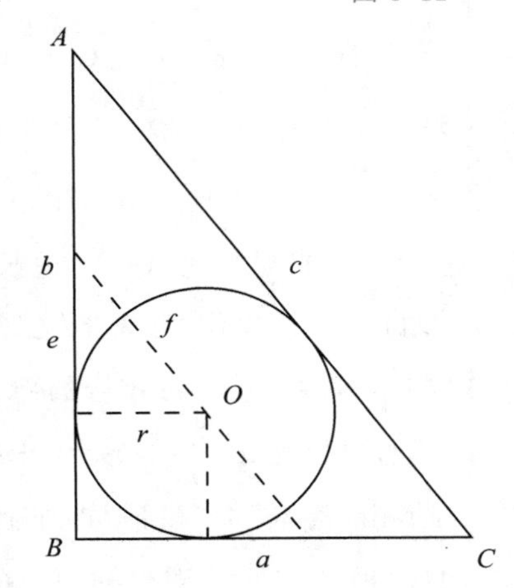

图 3-13

下 4 种计算内接圆半径的方法:

(1)“股弦差减勾为圆径”,即 $2r=a-(c-b)$;

(2)“勾弦差减股为圆径”,即 $2r=(a+b)-c$;

(3)“弦减勾股并,余为圆径”,即 $2r=(a+b)-c$;

(4)“以勾弦差乘股弦差而倍之,开方除之,亦圆径也”,即

$$2r=\sqrt{2(c-a)(c-b)}$$

今天我们习惯了方便的记法,自然一眼便可看出(1)、(2)、(3)三式都是同一个 $2r=a+b-c$;而且由于 $a^2+b^2=c^2$,上式的右边 $a+b-c$

与原来公式的右边 $2ab/(a+b+c)$ 是相等的. 后来南宋数学家杨辉在1261年写《详解九章算法》时,对这一点做了解释,并补充了刘徽的注解. 至于式(4)的右边根号底下的积,展开来是

$$\begin{aligned}2(c^2-ca-cb+ab)&=2c^2-2ca-2cb+2ab\\&=a^2+b^2+c^2-2ca-2cb+2ab\end{aligned}$$

不正是 $(a+b-c)^2$ 吗? 所以四式都是相同的. 不过,它们各有漂亮的几何直观解释. 读者对前三个式子不难从那个直角三角形的图中体会到(图 3-11). 最后一个与另一道题目极有关联. 第九章第十二题问:"今有户不知高广,竿不知长短. 横之不出四尺,从之不出二尺,邪之适出. 问户高、广、袤各几何."答案是广六尺、高八尺、袤一丈. 用今天的记法,就是已知直角三角形的勾股差 $c-a$ 和股弦差 $b-a$,计算 a、b,答案是

$$a=\sqrt{2(c-a)(c-b)}+(c-b)$$

$$b=\sqrt{2(c-a)(c-b)}+(c-a)$$

稍做移项,便得到 $a+b-c=\sqrt{2(c-a)(c-b)}$,就是式(4)了.

刘徽是怎样证明这个公式的呢? 他从一个边长为 c 的正方形划出左下角一个边长为 a 的正方形,叫作"股幂";又划出右上角一个边长为 b 的正方形,叫作"勾幂",两个正方形重合的部分涂上黄色,叫作"黄方"(图 3-14). "黄方"的边长是 $a-(c-b)=a+b-c$,它的面积是 $(a+b-c)^2$. 原来的正方形由"勾幂"加"股幂"再加上左上角与右下角两个矩形减去"黄方"而成. 但从勾股定理得知原来的正方形是由"勾幂"合"股幂"而成,故"黄方"的面积等于那两个矩形的面积之和,即 $(a+b-c)^2=2(c-a)(c-b)$,两边开平方,便得到公式了.

最后这个式子很有意思,刘徽不厌其烦把它写进注解,作为第三个证明,也许是他意会到了其重要性. 我这么说,尤其我将要说的,像以今人之言塞于古人之口,违反了数学史研究的清规,但从理解数学的角度看,情有可原! 从该式我们可以把 a、b、c 分别以参数形式表示,就是

$$a=\sqrt{2(c-a)(c-b)}+(c-b)$$

$$b=\sqrt{2(c-a)(c-b)}+(c-a)$$

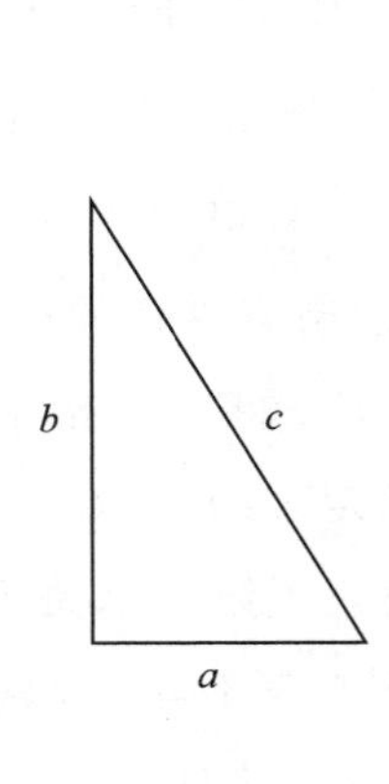

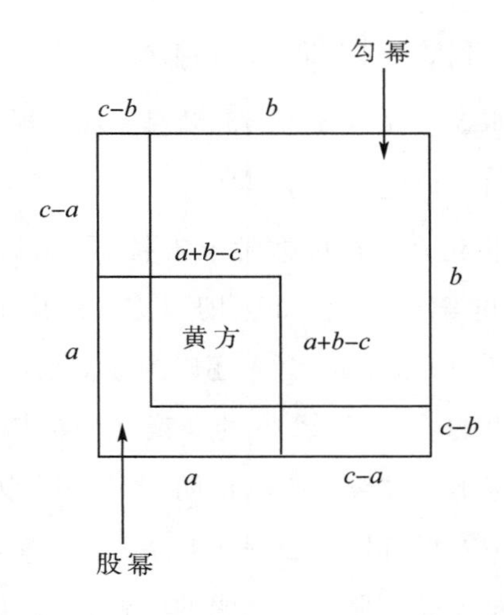

图 3-14

$$c=\frac{1}{2}[(c-a)+(c-b)+a+b]$$

$$=\sqrt{2(c-a)(c-b)}+(c-a)+(c-b)$$

把 $c-a$ 改叫 p^2,$c-b$ 改叫 $2q^2$,便得到

$$a=2pq+2q^2=2(p+q)q$$

$$b=2pq+p^2=(p+q)^2-q^2$$

$$c=2pq+p^2+2q^2=(p+q)^2+q^2$$

再把 $p+q$ 改叫 u,q 改叫 v,便得到

$$a=2uv,\quad b=u^2-v^2,\quad c=u^2+v^2$$

熟悉勾股数的读者,自然认得这是 $x^2+y^2=z^2$ 的整数解的参数表示式.公元 3 世纪希腊数学家丢番图(Diophantus)首先发现了这么漂亮的公式;公元 7 世纪印度数学家婆罗摩笈多(Brahmagupta)明确地写下这个公式.虽然这个公式从来没有在我国古代数学文献里出现,但从上面的叙述,可以见到证明里蕴含了这样的公式,而且它以完全不同的几何内容表述,可以说是别有风味.

3.5 高斯的一题多证

被誉为“数学王子”的高斯对他认为重要的定理,往往证了又证,而每个证明都显示了问题的不同层面,启发了后世数学的发展.在这节里我打算讲述两个历史上有名的案例,就是代数基本定理与二次互反律.

代数基本定理说:任何次数不小于1的复系数多项式方程必有复根.例如,$x^2-3=0$ 有根 $\sqrt{3}$(暂且不理方程还有别的根),$x^2+x+1=0$ 有根 $(\sqrt{3}\mathrm{i}-1)/2=0$,$x^3-15x-4=0$ 有根 4,$x^4+1=0$ 有根 $(1+\mathrm{i})/\sqrt{2}$. 17世纪初期法国数学家吉拉尔(A. Girard)已经意会有这样的结果,18世纪数学家如达朗贝尔(J. L. d'Alembert)、欧拉、拉格朗日(J. L. Lagrange)诸人还以为他们已经证明了这条定理. 到了18世纪结束的前一年,22岁的高斯在他的博士论文里发表了第一个关于代数基本定理较完善的证明,并指出前人证明的谬误在于不自觉地先假定了方程有根才去找根! 后来,他又给出了另外3个证明. 1849年,在发表最后那一个证明的时候,他已届72岁高龄了! 第一个证明采用了几何观点,大意是这样的. 设 $a+b\mathrm{i}$ 是 n 次方程 $p(x)=0$ 的根,那么分开实数部分与虚数部分,便有

$$p(a+b\mathrm{i})=u(a,b)+v(a,b)\mathrm{i}=0$$

即

$$u(a,b)=v(a,b)=0$$

于是问题化为证明平面上两条代数曲线 $u(a,b)=0$、$v(a,b)=0$ 有相交点.(高斯只考虑实系数多项式方程,不过那已足够,要是 $p(x)$ 有复系数,则考虑多项式 $p(x)\overline{p(x)}$,这里的 $\overline{p(x)}$ 表示把 $p(x)$ 的系数全换成它们的复共轭得来的多项式. 若 $p(x)\overline{p(x)}=0$ 有根,则原方程 $p(x)=0$ 有根.)高斯以原点为中心作一足够大的圆,用意在于只考虑 $|a|$ 和 $|b|$ 取足够大值的情况,也就是只需看 $p(x)$ 的最高次数项. 他证明了 $u(a,b)=0$ 与该圆有 $2n$ 个相交点,$v(a,b)=0$ 与该圆也有 $2n$ 个相交点,而且这两种相交点在圆上互相交错. 试举 $x^3+x+1=0$ 为例:

$$u(a,b)=a^3-3ab^2+a+1=0$$

$$v(a,b)=3a^2b-b^3+b=0$$

前者与圆的相交点标作1,3,5,7,9,11,后者与圆的相交点标作0,2,4,6,8,10(图3-15). 高斯说:"一条代数曲线的分支进入某个有限区域,必然又会走出来."所以每个标以奇数的点必与另一个也标以奇数的点用 $u(a,b)=0$ 的曲线相连,每个标以偶数的点必与另一个也标以偶数的点用 $v(a,b)=0$ 的曲线相连. 利用这个想法,高斯证明了

$u(a,b)=0$和 $v(a,b)=0$ 这两条代数曲线有相交点. 不过,他可没有证明上述关于代数曲线的性质,只是添了一项注记:"据我所知,没有人会怀疑这一点,但若有人要求解释,我打算将来有机会便证明它,使其疑虑尽消."终其一生,高斯都没有把这个证明写下来,这个漏洞要在一百二十年后才由奥斯特洛斯基(A. Ostrowski)于 1920 年补足!

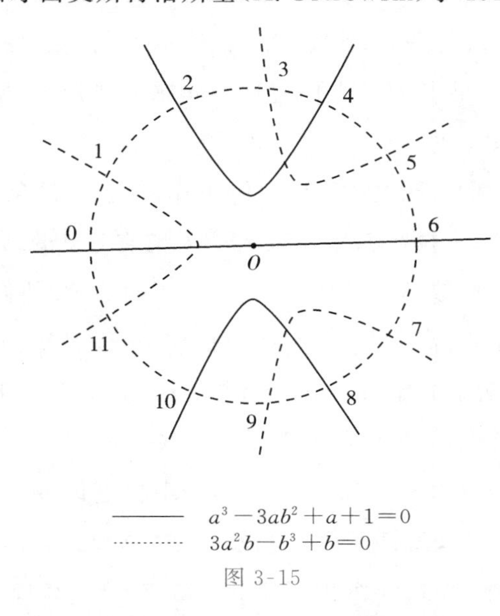

图 3-15

这个证明使人联想起另一个极简短的证明,但需借助复变函数论的一条有名定理:有界的复变整函数是常数. 不懂得这条定理的读者不必发愁,我只是顺带一笔而已. 这条定理原是法国数学家柯西在 1844 年发现的,博尔夏特(C. W. Borchardt)在 1847 年听另一位法国数学家刘维尔(J. Liouville)讲课时述及,误把定理冠以其名,流传至今,故大家都称它为刘维尔定理. 代数基本定理是这条定理的简单推论. 设 $p(x)=0$ 无根,则 $f(x)=1/p(x)$是整函数,它不是常数,故必无界;但当 x 落在复平面一个以原点为中心且足够大的圆外,$|p(x)|$要多大有多大,故当$|x|$趋大时,$|f(x)|$趋于零,与 $f(x)$无界产生矛盾,证毕.

读者会觉得奇怪,怎么这个结果叫作代数基本定理,但证明中不是用了几何便是用了分析,能否只用代数呢? 其实,这条定理既然涉及复平面,它就不是纯粹代数的结果,肯定要涉及分析和几何的. 时至今日,我们有很多个证明了,但每个都涉及代数以外的知识,只看多或少吧.最接近全用代数的证明,可能就是高斯的第二个证明.这个证明发表于1816年,曾被后人誉为概念最精妙和技巧最具深远影响的一个证明.到了20世纪初,奥地利数学家阿廷(E. Artin)运用群论与域论语言,把它装扮得更精巧,不过证明中还是用了一个分析的结果,就是奇数次数的实系数多项式方程必有实根.近年来,有些数学家如库恩(H. W. Kuhn)、斯梅尔继续研究了这个问题的构造性证明,获得了有效的计算方法,也拓宽了人们对这个问题的视野,可见重要的数学定理总是历久弥新的!

二次互反律的证明是高斯的另一杰作,他曾把这条定理称作"数论的宝石".其实,欧拉在1783年已经提及与它等价的结果,但明确表述与证明却是法国数学家勒让德在1785年的功劳.他们两人都没有真正证明这条定理.高斯在1796年发现了第一个证明,并把它写在他的名著《算术研究》(*Disquisitiones Arithmeticae*,1801年)里.要弄清楚这条定理说什么,先要明白什么叫作二次剩余.设 a 和 m 是互质的正整数,如果有正整数 x 使 a 与 x^2 模 m 同余,意即 m 除 a 时与 m 除 x^2 时得相同的余数,我们便说 a 是模 m 的二次剩余,否则便说 a 是模 m 的非二次剩余.图3-16列出了质数3,5,7,11,13,17,19,23,29之间的二次剩余关系.标以 a 的列和标以 m 的行的元是+,表示 a 是 m 的二次剩余;该元是-,表示 a 是 m 的非二次剩余;在 $a=m$ 的列行相交处填上0[图3-16(a)].让我们把这个表的列和行稍做置换,得到另一个形式[图3-16(b)],你留意到有什么特点吗?图3-16(b)中那个方阵是"反对称"的,+和-互换,除此以外,方阵是"对称"的.这就是二次互反律的内容.它说,设 p 和 q 是不相同的奇质数,(1)若 p 或 q 形如 $4t+1$,则 p 是 q 的二次剩余时,q 也是 p 的二次剩余,反之亦然;(2)若 p 和 q 皆形如 $4t+3$,则 p 是 q 的二次剩余时,q 是 p 的非二次剩余,反之亦然.

高斯的第一个证明虽冗长且繁复,但最为直接,揭示了为何二次互反律成立.要是把它弄清楚,获益良多.后来他陆续发表了另外五个证明,最后一个发表于1818年,与第一个证明相隔超过了20年!现今课本上见到的,多数是他的第三个证明,并经他的学生爱森斯坦(F. G. M. Eisenstein)做了改进.第四个证明是在1811年发现的,包

	3	5	7	11	13	17	19	23	29
3	0	−	−	+	+	−	−	+	−
5	−	0	−	+	−	−	+	−	+
7	+	−	0	−	−	−	+	−	+
11	−	+	+	0	−	−	+	−	−
13	+	−	−	−	0	+	−	+	+
17	−	−	−	−	+	0	+	−	−
19	+	+	−	−	−	+	0	−	−
23	−	−	+	+	+	−	+	0	+
29	−	+	+	−	+	−	−	+	0

(a)

	5	13	17	29	3	7	11	19	23
5	0	−	−	+	−	−	+	+	−
13	−	0	+	+	+	−	−	−	+
17	−	+	0	−	−	−	−	+	−
29	+	+	−	0	−	+	−	−	+
3	−	+	−	−	0	−	+	−	+
7	−	−	−	+	+	0	−	+	−
11	+	−	−	−	−	+	0	+	−
19	+	−	+	−	+	−	−	0	−
23	−	+	−	+	−	+	+	+	0

(b)

图 3-16

含了今天称作高斯和的计算，是数论的重要问题.学过几何级数的读者，当知以下的级数：$1+\omega+\omega^2+\cdots+\omega^{n-1}=0$，这里的 ω 是本原 n 次单位根 $e^{2\pi i/n}$，n 是个大于 1 的整数.但你猜

$$1+\omega+\omega^4+\omega^9+\cdots+\omega^{(n-1)^2}$$

是什么呢？在 1801 年，高斯已经在《算术研究》里说答案是 $\pm\sqrt{n}$ 或 $\pm\sqrt{n}\,i$，视乎 n 是形如 $4t+1$ 或是 $4t+3$ 的整数，但他未能确定符号是正还是负.读者不妨试试直接计算 $n=3$ 和 $n=5$ 的情况，这样会使你更加欣赏高斯那精妙的计算.过了 5 年后，在 1805 年 8 月 30 日的日记里，高斯记下了："如电光一闪，这秘密给揭开了."在 1811 年的文章里，他证明了对一般正整数 n，这个级数的值是 $\sqrt{n}$ 或 $\sqrt{n}\,i$，n 是形如 $4t+1$或 $4t+3$ 的整数.更一般地，我们把级数

$$G(k)=\sum_{t=0}^{n-1}\omega^{t^k}\ (k \text{ 是 } n-1 \text{ 的因子})$$

叫作 k 次高斯和，高斯计算了 $G(2)$.过了将近二百年后，我们只多懂了 $G(3)$和 $G(4)$的计算，对于大于 4 的 k，$G(k)$的计算仍是个难题，利

用二次高斯和的计算,高斯重新证明了二次互反律.

高斯的第六个证明,用他自己的话说,是告别的总结.他不只证明了二次互反律,还指出这个方法可推广至三次、四次互反律法,启发了后来数学家展开高次互反律的研究.时至今日,二次互反律的证明更多了,曾经有人在1921年总结了当时收集得到的证明,共有56个.在1963年,美国数学家盖斯顿哈巴(M. Gerstenhaber)写了一则只有一页长的文章,开玩笑地把题目戏称作《关于二次互反律的第一百五十二个证明》!

四　证明与理解(二)

在这一章将叙述三个事例,看看怎样从证明中获取除定理本身内容外更广泛的理解.这令我想起我国古代一则寓言,出于《列子·说符篇》.列子学射箭,已经能射中了,去请教关尹子,关尹子问他:"你知道你能够射中的道理吗?"列子回答说不知道,关尹子叫他回去继续学习.又过了三年,列子再来报告关尹子,关尹子又问他:"你知道你能够射中的道理吗?"列子说知道了,关尹子便说:"可以了,你已经学成了."我们读一个证明,单是知道它证明了定理还不够,还应从证明中看得出定理成立的因由.

4.1　欧拉的七桥问题

我相信多数读者对七桥问题必已耳熟能详,但不一定人人都读过数学大师欧拉原来的解法.原文闪烁着智慧,读后使人获益良多,让我们从头说起.

话说在欧洲北部有条普莱格尔河,流经一个建于1254年的美丽的中古城市哥尼斯堡.到了17世纪与18世纪之际,哥尼斯堡成为东普鲁士的首府.哥尼斯堡山明水秀,人杰地灵,是哲学家康德(E. Kant)和数学家希尔伯特、闵可夫斯基(H. Minkowski)的家乡.数学家雅可比和林德曼(F. Lindemann)都先后在哥尼斯堡大学任教,物理学家基尔霍夫(G. R. Kirchhoff)便是在这所大学读书时发现了著名的电路定律的.普莱格尔河把城市分成四部分,由七座桥连接起来(图4-1).当地居民提出了以下的问题:能否从某处出发,不重复地遍游七座桥,再回到原处?他们试了很久,没能成功,便向当时最负盛名的数学家欧拉求助.欧拉的答复是:那是办不到的.他还在1735年8月向圣彼得堡科学院宣读了一篇论文,证明为什么办不到.我们要讨论的就是这篇论文.令人惋惜者,七桥已成为历史陈迹,在1944年8月的一次空袭中,哥尼斯堡全城遭毁,战后纳入苏联版图,成为一个海军基地,易名为加里宁格勒,就连普莱格尔河也改称普莱哥耶河了.

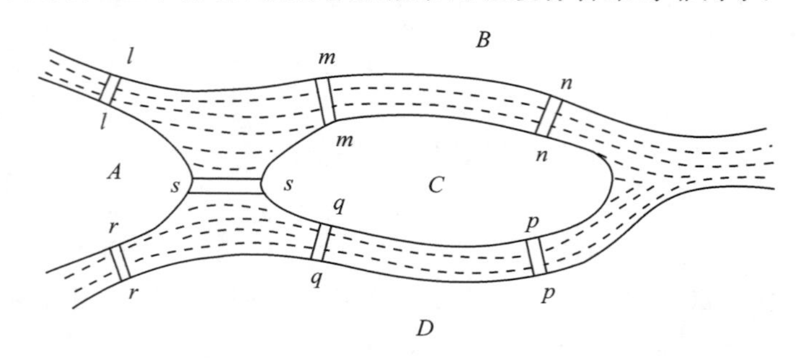

图 4-1

在任何一本图论课本里,你都会找到这个问题的答案.通常的叙述是先把地图化成一个图.这是一个数学术语,意指(有限)一些点,其中某些点跟某些点是用边相连的.在这个例子里,点代表地区,有边相连的点代表有桥相连的地区.如果在一个图里能够点接点沿着边走,且不重复地走遍全部边,那个图便叫作半欧拉图;如果能够这么办,并且回到起点,那个图便叫作欧拉图.明显地,半欧拉图或欧拉图必须是连通的,即任何两点都能够用一条点接点沿着边走的路线连起来.但连通图可不一定是半欧拉图或欧拉图.著名的欧拉定理提供了一个充要条件:一个图是欧拉图的充要条件是它是连通的,而且每一点的次数是偶数;一个图是半欧拉图的充要条件是它是连通的,而且恰好有两点的次数是奇数.所谓一个点的次数就是以该点为一个端点的边的数目.哥尼斯堡七桥的图有四个点,其中三个的次数是3,一个的次数是5(图4-2),所以它既非欧拉图,亦非半欧拉图,即哥尼斯堡市民夙愿难偿.欧拉定理的证明并不难,为了对比欧拉原来的解释,不妨先把通常课本上的证明摆出来.先证必要条件.设有满足要求的路线,它经过的每一点(除起点和终点不计),凡入必出,对次数而言是数了两次,所以每点的次数是偶数.如果起点即终点,就连该点的次数也是偶数,否则便恰好有两点的次数是奇数.再来证充分条件,假定每点的次数都是偶数,从任一点出发,每经一点,凡入必出,直至回到起点才会走投无路.到此地步,或者走遍全部边,则定理得证;或者仍有边没走过,这些没走过的边构成若干个连通的图,其中每个必有一点是在走过的路线上(图 4-3). 注意到这些图有个特性,即每点的次数是偶数,所以依样画葫芦,终于能走遍全部边,再把各条路线合起来就是答案. 要是恰好有两点的次数是奇数,便从这其中一点出发,直至回到另一点才会走投无路,其余类似. 细心的读者,可试用数学归纳法把证明表述得更严密.

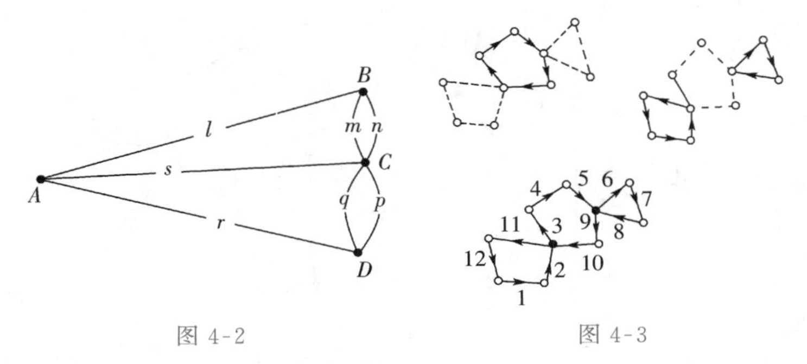

图 4-2　　　　图 4-3

下面让我们来看欧拉是怎样解释的. 他的论文分为 21 节,条理分明,逐层深入,抽丝剥茧,既做分析也做综合. 在第二节他把七桥问题表述成一般形式:"给定任意一个河道图与任意多座桥,要判断能否每座桥恰好走过一次."从一开始欧拉便没有将思考局限于七桥问题,这样做对继续的讨论极有裨益. 推广是数学思维的一个重要方面,自不待言,但我们也应留意特例的作用. 欧拉在论文里虽然提到一般形式,但他却心中常存七桥问题,不时拿它去印证自己的推论. 甚至可以猜测,他是从这个简单的例子领悟到点的次数这个概念的. 总之,推广与特殊,是数学思维中两个相辅相成的部分,反复使用,缺一不可.

在第四节,欧拉说:"我的整个方法的根据是以适当并且简易的方式把过桥办法记录下来."他以字母 $A,B,C,\cdots$ 代表各地区,一条路线变成一串由若干个字母组成的序列. 例如 $ABCDC$ 表示从 A 出发,经过一座连接 A 和 B 的桥抵达 B,再经过一座连接 B 和 C 的桥到了 C,又经过一座连接 C 和 D 的桥到了 D,再经过另一座连接 D 和 C 的桥回到 C(图 4-4). 一种好的记法不只方便了计算,甚至会演变成一个重要的概念. 欧拉的这个记法,已蕴含了现代数学称作图论的精神,虽然他从没有提出这个术语,甚至没有运用今天我们惯用的形象表示. 不少课本给予人这么一个印象:欧拉画下那个有名的图(图 4-2)以解决七桥问题. 其实遍阅全文,也不见类似的图. 那个图首次出现于书本上,是一个半世纪后博尔(W. W. R. Ball)在其名著《古今数学游戏和问题》(*Mathematical Recreations and Problems of Past and Present Times*,第1版,1892年)画下的.

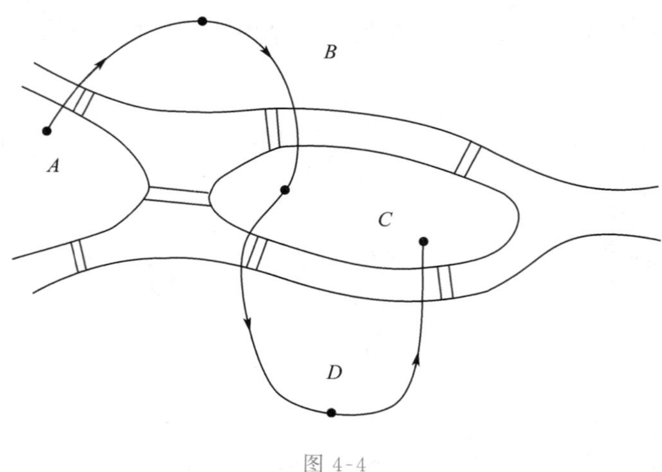

图4-4

在第七节,欧拉把七桥问题表述成另一个更易于处理的形式."我们的问题已经化成怎样能用四个字母A,B,C,D排成一串的八个字母,使刚才提及的各种组合在其中出现所需要的次数."更一般地,若有n座桥,便要求写下一串共有$n+1$个字母的序列,字母选自$A,B,C,\cdots$,代表各地区,其中规定在序列中A和B相连出现若干次,A和C相连出现若干次,等等.这些次数就是连接那两个地区的桥的数目.在第八节,欧拉把注意力集中于一个地区:"为了寻找这样的法则,我仅考虑一个地区A."数学思维着重十六字箴言:化繁为简,以简御繁,化整为零,从零复整.这也使人想起老子《道德经》里的一句话:"图难于其易,为大于其细."欧拉正是采用了这种战略.让我们用现代数学语言翻译他的解释:

假定A与别的地区有d_A座桥相连,那么A在序列中应出现多少次呢?可分两种情况考虑:若d_A是奇数,A出现$\frac{1}{2}(d_A+1)$次;若d_A是偶数,A出现$\frac{1}{2}d_A+1$次或$\frac{1}{2}d_A$次,不管是否从A出发(图4-5).

以七桥问题为例,C有5座桥连接别的地区,所以C应在序列中出现3次.类似地计算,B、A、D各应出现2次.合起来全部出现9次,但序列却只有8个字母(因为只有七座桥),这是个矛盾,说明了要不重复地遍游七桥是办不到的.

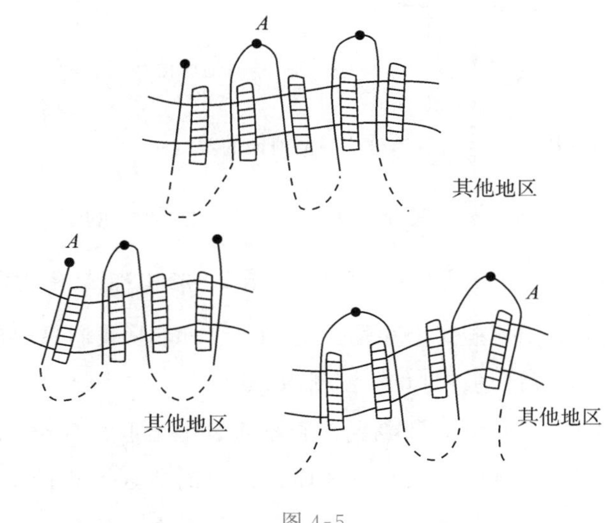

图 4-5

接着,欧拉在第十四节说:"为判断在任意给定的河桥系统里是否能恰好每座桥走过一次,我的程序是……"他先列一个表,第一列是地区 $A,B,C,\cdots$,第二列是 $d_A,d_B,d_C,\cdots$. 如果 d_A 是偶数,便在 A 旁注一星号,余类推. 第三列的 $n_A,n_B,n_C,\cdots$ 是这样计算的:带星号的地区相应的 n 是 $\frac{1}{2}d$,不带星号的地区相应的 n 是 $\frac{1}{2}(d+1)$. 最后把全部 $n_A,n_B,n_C,\cdots$ 加起来,如果这个和是 n,则可从一带星号的地区出发,不重复地遍游全部桥;如果这个和是 $n+1$,则可从一不带星号的地区出发,不重复地遍游全部桥. 除此两种情况外,再没有别的情况,使人能不重复地遍游全部桥. 细心的读者会察觉到一个漏洞,即在前面的叙述中,欧拉只解释了当那个和不是 n 或 $n+1$ 时,没办法不重复地遍游全部桥,并没有说明当那个和是 n 或 $n+1$ 时,为何我们肯定有办法不重复地遍游全部桥. 的确,这是欧拉的疏忽,以下我们会回到这一点,暂时让我们继续看下去.

在第十六节,欧拉精益求精,因为有了上面的算法还嫌不够完满. 他说:"我现在还想指出另一种更简单的方法,它从上面的方法很容易引申而得."欲穷千里目,更上一层楼,这种求知欲,乃推动任何学科前进的原动力. 首先,欧拉证明了 $d_A+d_B+d_C+\cdots=2n$,因此不带星号的地区的数目必是个偶数. 注意到

$$\sum n = \sum_1 n + \sum_2 n = \sum_1 \frac{1}{2}d + \sum_2 \frac{1}{2}(d+1)$$

$$= \frac{1}{2}\sum d + \frac{1}{2} \times (\text{不带星号的地区的数目})$$

$$= n + \frac{1}{2} \times (\text{不带星号的地区的数目})$$

这里的 $\sum$ 表示和,$\sum_1$ 表示对应于带星号的地区的 n(或 d) 的和,$\sum_2$ 表示对应于不带星号的地区的 n(或 d) 的和. 根据第十四节的判断法则,我们只用检验这个和是否是 n 或 $n+1$,即,我们只用检验不带星号的地区的数目是否是 0 或 2. 所以,欧拉在第二十节写下了这样的结果:"对于任意河桥图,要判断能否不重复地走遍全部桥,最简单的办法是采用下列法则:如果有奇数座桥连接的地区不止两个,满足要求的路线是找不到的;但如果只有两个地区有奇数座桥连接,便可从这两个地区之一出发,找出要走的路线;最后,如果没有一个地区有奇数座桥连接,那么无论从哪里出发,所要找的路线总能找到." 这就是今天我们叫作欧拉定理的结果.

其实,欧拉只证明了这个定理的必要条件部分. 即他解释了为什么有奇数座桥连接的地区的数目必须是 0 或 2,但没半句解释的话,他便理所当然地认为那亦是充分条件. 只在结尾的第二十一节他才轻描淡写地说:"在我们断定路线的确存在后,还得把它找出来,这时下面的法则是有用的:运用你的想象力,把每一对从一个地区连接另一个地区的桥拆掉,大大减少桥的数目. 要在剩下的桥中找一条那样的路线是一件容易的工作. 你只要稍想一想,便知道拆掉的桥对寻找那样的路线是没多大影响的,因此我不认为值得花时间叙述其中细节了."如果我们把"另一个地区"当作单一地区,这个化简方法可谓无关大局. 它只抹掉了图中连接两点的重边或者连接同一点的自身圈,说不定开始的图已经没有重边或自身圈,但它还是可以很复杂的. 如果我们把"另一个地区"当作另外那些地区,这个化简方法就隐含了运用数学归纳法的意思. 方向是对头了,但说得含糊,算不上是证明了充分条件. 第一个完整的证明,是一百三十多年后海浩查尔(C. Hierholzer)发表的. 当时他讨论了一个一笔画问题,奇怪的是他好像毫不知晓欧拉关于七桥问题的解答!

欧拉的证明,自然比不上今天课本上的证明那么简洁周详.但不要忘记,今天的证明能这样简洁,是因为我们已经提炼了次数这个概念,也懂得了运用图论的语言去表述问题,而这种种意念,应归功于欧拉.他的论文一针见血,抓住了次数这个主要矛盾,并且证明了一个最基本的结果:在图里全部点的次数之和等于二乘边的总数(见第十六节).今天,这个结果通常称作“握手引理”.每一条相连两点的边可以看成是那两人(点)的一次握手.每条定理的证明或多或少都经过逐步改善,渐臻完美.最初的证明或嫌粗糙,枝节过多,甚或有欠周详,但它亦往往蕴含了重要意念,充满了创新意识,显示了思路,揭示了关键,是十分值得我们去学习的.

4.2 欧拉的多面体公式

欧拉在1750年8月写信给哥德巴赫时劈头便说:“最近我想到寻找由多个平面围成的立体形状的普遍特性,既然平面上的多边形具有普遍特性,多面体亦无疑有类似的结果.多边形有两个特性:

(1)边的数目等于角的数目;

(2)全部内角的和是二乘边数那么多个直角减掉四个直角.

不过,多边形的情况只用看边和角,多面体的情况却得多看别的东西.现列于下:

1.面的数目是 H;

2.立体角的数目是 S;

3.两个面接合的部分,由于还没有约定的名称,我把它称作棱,棱的数目是 A;

(中略去)

6.任一多面体的面数和立体角数合起来比棱数多2,亦即

$$H+S=A+2$$

(中略去)

11.全部面角的和是四乘立体角数那么多个直角减掉八个直角,即 $(4S-8)$ 个直角.

举一例子,考虑一个三棱柱,则 $H=5, S=6, A=9, \cdots$ 正如定理6所说,$H+S=A+2$.再者,全部面角的和是16个直角(底和面的三角

形共有 4 个直角，三个侧面的四边形共有 12 个直角)，正是$(4S-8)$个直角.我感诧异者，是就我所知，这些关于立体几何的普遍结果未为前人发现.再者，其中最重要的定理 6 和定理 11 极度困难，我仍未有完满的证明."

为了方便叙述，我们用今天习用的记号复述信上说的话.多边形的点数 V 等于边数 E，即 $V-E=0$；它的内角的和等于$(V-2)\pi$，这里我们以弧度量角的大小，π 弧度是两个直角.多面体的点数 V(即欧拉说的 S)、棱数 E(即欧拉说的 A)、面数 F(即欧拉说的 H)满足以下的公式:$V-E+F=2$；它的面角的和等于$(2V-4)\pi$.这就是定理 6 和定理 11 的内容.值得注意，这两个定理是等价的，因为面角的和是由每一面的内角和合成，而每一面是个多边形，它的内角和等于$(E_i-2)\pi$，E_i 是它的边数，故面角的和等于

$$\begin{aligned}(E_1-2)\pi+\cdots+(E_F-2)\pi &=(E_1+\cdots+E_F)\pi-2F\pi\\ &=2E\pi-2F\pi=2(E-F)\pi\end{aligned}$$

当 $V-E+F=2$ 时，面角的和等于$(2V-4)\pi$，反之亦然.有趣的现象是，这两个等价定理表面看起来本质相异！定理 11 是关于多面体全部面角的和是多少，看上去与古代希腊几何的定理无异，至少在语言上是任何一位公元前 4 世纪的希腊数学家能明白的结果，而且以当时的人的几何造诣，也是自然的提问.但正如欧拉所说，遍阅古代希腊数学文献，也找不到这个定理，不是有点奇怪吗？精通几何的希腊数学大师怎么全部走眼了？其实，这并不奇怪，只要看看与它等价的定理 6 便知分晓.定理 6 的内容只涉及多面体的点数、棱数和面数的关系，棱的长短或面的形状并不产生影响.这种非度量的组合性质，完全超越了古代希腊几何的范围，这是当时从没出现过的崭新意念，难怪两千多年来都没有被发现.在这里应补记一笔，欧拉其实不是第一个发现这两条深刻定理的数学家.1860 年有人发表了法国数学家、哲学家笛卡儿从未发表过的一篇遗著，里面也写下了这两条定理.据可靠的推测，笛卡儿是在 1630 年左右写下这些结果的，但他从未发表.后来德国数学家、哲学家莱布尼茨(G. W. Leibniz)到巴黎阅读笛卡儿的遗著时手抄了这篇文章，没多久原本及手抄本均佚而不传，直至 1860 年才有人重新发现莱布尼茨的手抄本并把它刊印，当然那时已经是欧拉

逝世后七十多年了！今天我们把那道神奇公式 $V-E+F=2$ 叫作欧拉-笛卡儿公式，以志两位数学家的功勋. 这道公式在数学史上意义重大，它是第一个出现的拓扑不变量，展开了后世拓扑学的研究，为几何学开辟了一门全新的领域.

与我们目前讨论有关的，是欧拉既然未曾证明这两条定理，为什么又对它深信不疑呢？(欧拉在其后两年陆续发表了两篇文章，提出他以为是严密的证明.)波利亚在他的名著《数学的发现》中提出了一个重建欧拉思路的看法，极富兴趣. 根据信上说的，欧拉的目标是寻找多边形内角和公式在多面体情况的类比结果. 他面对好几个选择：(1)二面角的和；(2)立体角的和；(3)面角的和. 即使在最简单的情况，考虑四面体，它的六个二面角的和或者四个立体角的和，都与该四面体的形状有关，于是只剩下面角和这个选择.(不懂二面角或立体角这些术语的读者不必担心，不理会它也不影响你对下面讨论的理解. 懂得这些术语的读者，或有兴趣试找出一对四面体，有不同的二面角和，或有不同的立体角和.)让我们做些实验收集数据，希望能导致新发现. 试看下列六个多面体的面角和(图 4-6)，数据看似杂乱无章，无规律可言(表 4-1)！且莫灰心，也许我们缺乏一个指导思想. 观察实验数据的时候，既要心存开放的客观态度，但也不可完全心中无数，否则不易获得有价值的观察结果. 试看每个点上的面角和，若多面体是凸的(欧拉虽然没有明确指出这一点，他考虑的其实都是凸多面体，即面上任两点的连线都落在多面体的面上或里面)，这个和不大于四个直角，或说不大于 2π.

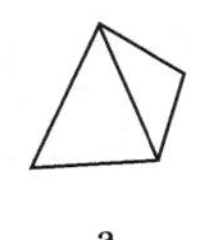

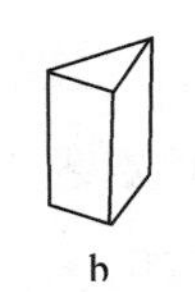

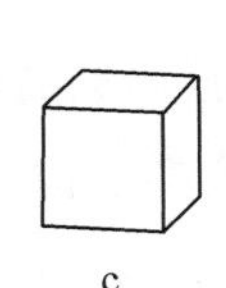

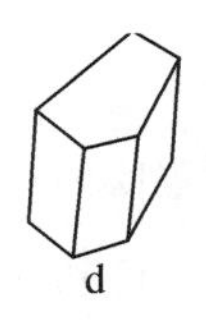

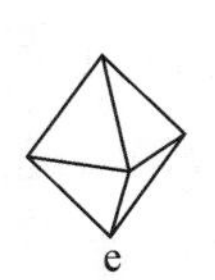

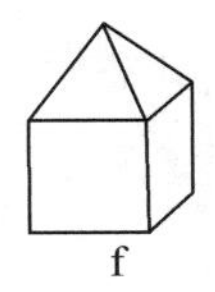

图 4-6

表 4-1

序号	F	面角和	序号	F	面角和
a	4	4π	d	7	16π
b	5	8π	e	8	8π
c	6	12π	f	9	14π

说起来这是古代希腊数学家早知道的事情，是欧几里得的《原本》卷十

一第二十一条定理. 因此，全部面角和是每个点上的面角和的总和，不大于 $2V\pi$. 既然如此，不如看看面角和还差多少才是 $2V\pi$？稍做计算，便得到以下使人心跳加速的结果(表 4-2).

表 4-2

序号	F	面角和	V	$2V\pi$	$2V\pi-$面角和	序号	F	面角和	V	$2V\pi$	$2V\pi-$面角和
a	4	4π	4	8π	4π	d	7	16π	10	20π	4π
b	5	8π	6	12π	4π	e	8	8π	6	12π	4π
c	6	12π	8	16π	4π	f	9	14π	9	18π	4π

最后一栏全是 4π！巧合乎？数学上看似巧合的实际上却极少巧合，看事情往往就是一个挑战，要求合理的解释. 于是我们有以下猜想：多面体的面角和等于$(2V-4)\pi$. 这不就是定理 11 吗？我们还可以从另一个侧面去揣摩这个公式，使它更易入信. 考虑一个棱柱、底和面都是同样形状的 n 边形，已知面角的和等于二乘该 n 边形的内角和再加 $2n\pi$，如果面角和真如猜想所说，则答案应是$(4n-4)\pi$，由此复得 n 边形的内角和等于$(n-2)\pi$，与我们一向知道的公式吻合. 反过来看，试把多面体适当地压平成一个 n 边形(图 4-7)，使其中一面做垫底. 由于面角和等于 $2(E-F)\pi$，其值不变，于是只用计算这个压平了的多面体的面角和，其实这是两个 n 边形的内角和再加 $V-n$ 个 2π，即 $2(n-2)\pi+(V-n)2\pi=(2V-4)\pi$. 虽然这个不能算是证明，但它为这个猜想添了一些证据. 正因为有了这种种证据(不是证明)，我们未曾证明就已相信定理是对的.

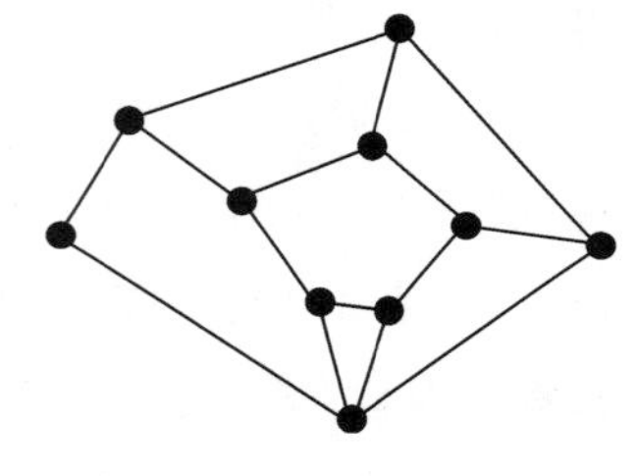

图 4-7

既然定理 11 和定理 6 是等价的，那么有利于定理 6 的证据也有利于定理 11. 下面就让我们看看欧拉是如何发现定理 6 的. 从欧拉在 1750 年发表的一篇论文里可以看到定理 6 的端倪. 他说：“在平面几何中把多边形分类是再容易不过的事，只用看它有多少条边，也就有多少个角. 在立体几何中把多面体分类，却困难得多，单看它有多少面并不足够.”的确，没有人乐意把以下三个六面体叫作同类的(图4-8)，一个很简单的理由是它们的点数不一样. 如果用面数和点数分类又如何？你是否乐意把以下两个都有八点的六面体叫作同类呢(图 4-9)？读者还记得欧拉在信上特别提及的自创“棱”这个术语的事吧，看来他

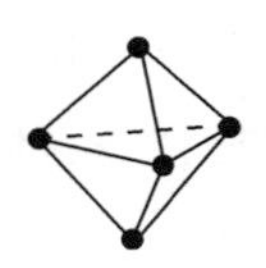
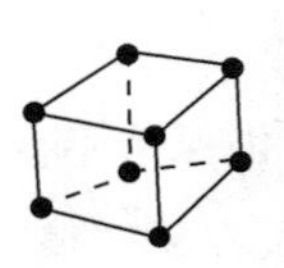
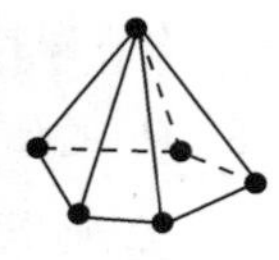
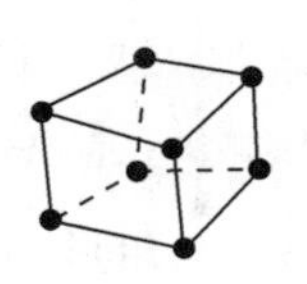

图 4-8　　　　　　图 4-9

起初曾对它寄予厚望."棱"的拉丁原文是 acies,意指凸起的边缘,而原有的数学术语"边"的拉丁原文是 latus,表示多边形的边,是个平面几何的术语,沿用已久.让我们再做实验,看看凭面数、点数、棱数能否把多面体分类.看下面的表(表 4-3),读者自会留意到:有相同的 F 和 V 的多面体,也有相同的 E.对多面体的分类问题来说,这是叫人非常失望的.不过塞翁失马,焉知非福?它却揭示了另一项更有趣的发现,即 E 也许是个关于 F 和 V 的简单函数,从而能从 F 和 V 的值计算出 E 的值.观察数据,看到 E 随 F 和 V 同时增长,不妨观察 $V-E+F$ 的值,竟然每次都是 2!由此得到以下猜想:多面体的点数 V、棱数 E、面数 F 满足 $V-E+F=2$.这就是定理 6 了.

表 4-3

F	V	E	$F+V-E$	F	V	E	$F+V-E$
6	5	9	2	6	8	12	2
6	8	12	2	7	10	15	2
6	6	10	2	7	10	15	2

欧拉本人对 $V-E+F=2$ 的证明,并非完美无缺,后来有不少数学家尝试给它更严密的证明.1813 年,法国数学家柯西给出的一个证明,至今常在一些普及读物里出现,在当时也备受不少数学家的肯定.他把多面体看作由橡皮制成,容许拉开、摊平、变形.把其中一面去掉,余下的翻开来摊作平面,例如,一个立方体便变成一个分为五块的正方形(图 4-10).在这个过程中,E 和 V 的值不变,F 减少 1,所以原来的 $V-E+F$ 变成了 $(V-E+F)-1$.只要证明这个摊开来的平面图形的 $V-E+F$ 等于 1 便成功了.下一步是把每块分割成三角形,例如从刚才的立方体变成的正方形平面图形,可分成十块三角形(图 4-10).每添一个三角形,V 的值不变,E 和 F 的值各增 1,所以在整个过程中,$V-E+F$ 的值保持不变.接着把三角形逐块去掉,有两种情形:或者去掉的三角形只有一边不与别的三角形共用,或者去掉的三角形有两边不与别的三角形共用(图 4-10).对前者来说,V 的值

不变,E 和 F 各少 1,故 $V-E+F$ 的值保持不变;对后者来说,E 的值少 2,V 和 F 的值各少 1,故 $V-E+F$ 的值仍保持不变. 这样一直做下去,直至只剩下一个三角形. 到了这个地步,容易知道 $V-E+F=3-3+1=1$,故公式得证.

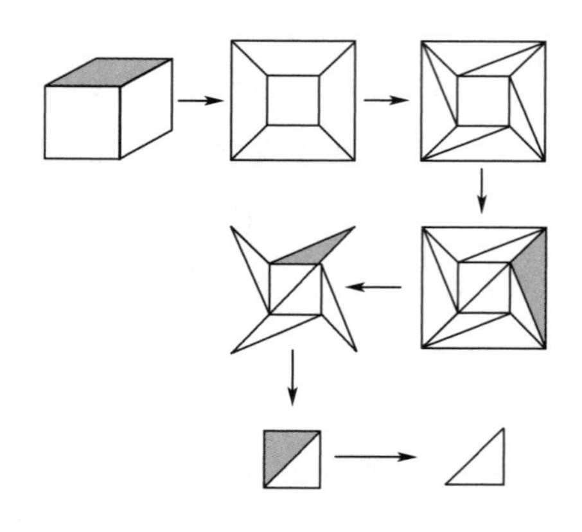

图 4-10

但这个证明意念虽巧妙创新,却有不少漏洞. 比如有人会问:"是否一定可以从外向内逐次去掉三角形小块? 是否只有上述两种情形? 是否一定能把多面体摊开成为一个平面图形?"差不多与柯西发表证明的同时,另一位数学家吕利耶(S. A. J. L'Huilier)找到了反例. 在一个立方体里挖去中心一个小立方体后数一数,$V=16$,$E=24$,$F=12$,即 $V-E+F=4$,不对! 这类证明与反驳在当时引起极多争论,数学家渐渐地意识到了问题的症结并不在于如何证明该公式,而在于如何定义多面体,寻找怎样的多面体才满足该公式. 于是研究对象渐趋明确,迷雾渐散. 今天在一般拓扑课本上见到的证明,基本上是德国数学家施陶特(K. G. C. von Staudt)在 1847 年发表的,与欧拉原来的发现相隔将近一个世纪! 为了对比,用今天的语言表述写下来,证明则省略了. 一个多面体是指按下述意义拼凑起来的有限多个平面多边形:若两个多边形相交,则它们交于一条公共边;多边形的每一条边,恰好是另一个且只是一个多边形的边;还要求对每个点,那些含有它的多边形可以排列成 $P_1, P_2, \cdots, P_m$,使得 P_1 和 P_2,P_2 和 P_3,$\cdots$,P_m 和 P_1 各有一条公共边,这些边就叫作多面体的棱. 欧拉-笛卡儿公式是说:设 P 是一个有 V 个点、E 条棱、F 个面的多面体,并且满足下列条件:(a)P 的任何两点可以用一串棱相连;(b)P 上任何由直线段构成的圈,把 P 分割成两片,那么便有 $V-E+F=2$. 注意多面体的定义里的最后一个条件,排除了两个多面体只在一公共点相衔接的情形(图 4-11);定理中的条件(a)排除了吕利耶那种反例;定理中的条件(b)排除了穿孔棱柱的情况(图4-12).

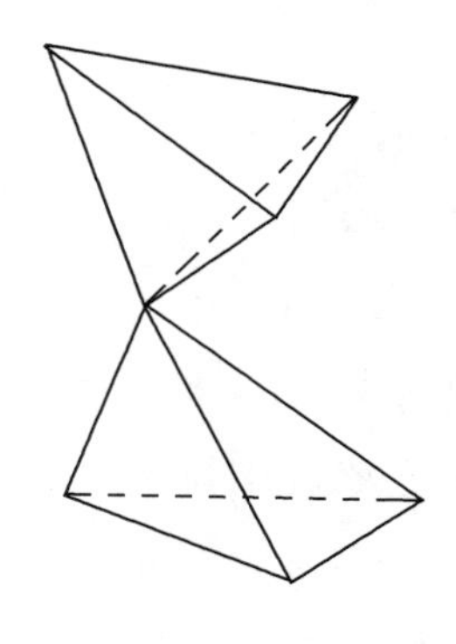

图 4-11

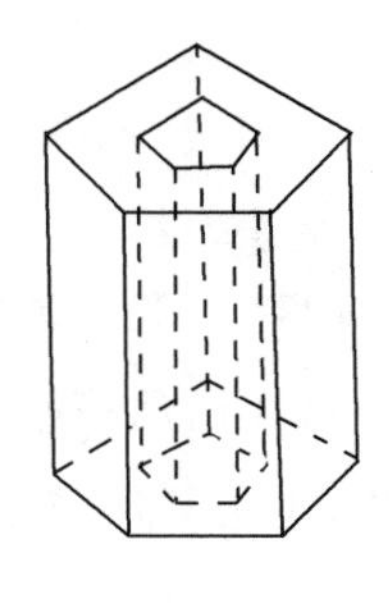

图 4-12

原籍匈牙利的英国数理哲学家拉卡托斯(I. Lakatos)把这段欧拉-笛卡儿公式证明的历史过程,以师生对话形式写在他的博士论文里,作为引证他的数学哲学主张的案例. 他逝世后,朋友为他整理遗稿,出版成书,题为《证明与反驳》(*Proof and Refutation*,1976 年,有中译本). 无论你是否同意他的观点,这本诱人深思的书很值得一读. 本书叙述的一些看法,多少是受了他的观点的影响.

4.3 几个重要的不等式

相信很多读者曾在课本上见过以下的习题:若 $a_1, a_2, \cdots, a_n$ 和 $b_1, b_2, \cdots, b_n$ 是 $2n$ 个实数,则有

$$(a_1^2+a_2^2+\cdots+a_n^2)(b_1^2+b_2^2+\cdots+b_n^2)\geqslant(a_1b_1+a_2b_2+\cdots+a_nb_n)^2$$

我打算针对这道习题叙述一段个人阅历,用以说明证明怎样增进理解. 由于这段阅历跨越将近二十五年的时间,也由于读者的数学程度不一,有些读者可能越读下去越会碰到更多陌生的术语和概念,但不要紧,即使你并不清楚知道这些术语和概念背后的技术细节,只要你着眼于故事的脉络,还是可以明白我欲传达的信息.

我还记得在读高中的时候,课本上对这道题的证明是这样的:

先考虑

$$a_i^2x^2+2a_ib_ix+b_i^2=(a_ix+b_i)^2\geqslant 0 \quad (i=1,2,\cdots,n)$$

故得

$$(a_1^2+a_2^2+\cdots+a_n^2)x^2+2(a_1b_1+a_2b_2+\cdots+a_nb_n)x+(b_1^2+b_2^2+\cdots+b_n^2)\geqslant 0$$

既然这是一个恒非负的二项式，而且 x^2 的系数亦非负，它的判别式

$$4(a_1b_1+a_2b_2+\cdots+a_nb_n)^2-4(a_1^2+a_2^2+\cdots+a_n^2)(b_1^2+b_2^2+\cdots+b_n^2)$$

必非正.经移项后，不等式得证.

初时我对这样简洁巧妙的证明敬而羡之，觉得它神乎其神，但越看越觉得别扭，本来只涉及 $2n$ 个实数，怎么无端拉来一个涉及变数 x 的二项式呢？终于我按捺不住性子，撇下那个巧妙的证明，索性把不等式的两边各自展开.我发觉右边出现的每一项 $2a_ib_ia_jb_j$ 都正好被左边出现的 $a_i^2b_j^2+a_j^2b_i^2$ 盖过，因而不等式得证.这个朴素而笨拙的证明自然比不上课本上的证明那么巧妙，但它使我对那个不等式更加熟识.我以为自己明白了，因而十分惬意.

暑假过后我升了一级，在数学上竟又与那个不等式碰上了面.这次老师还说它是个很重要的不等式，并给它冠上一个好听的名字，叫作柯西不等式.(从历史的角度看，这个不等式或许应叫作柯西-布尼亚科夫斯基-施瓦茨(Cauchy-Bunyakovsky-Schwarz)不等式，但为方便叙述，以下就称它为柯西不等式.)初时我感到诧异，这样一个平凡无奇的不等式，仅需直接验证即唾手可得，怎么会这么重要呢？后来细心一想，才知不然，只是自己太天真了.我能直接验证它，只因为我已经知道要验证的两边是什么式子，但人家是怎样发现那个不等式的呢？为什么要考虑形如 $a_1b_1+a_2b_2+\cdots+a_nb_n$ 的形式呢？看来我并未真正明白那道习题.

又过了一些时候，我在物理课上学习了向量，知道何谓两个向量的内积.在那个阶段，我只懂得把向量写作 $\boldsymbol{a}=(a_1,a_2,a_3)$ 的形式，换句话说，先在三维空间设置了标准坐标系.于是 $\boldsymbol{a}=(a_1,a_2,a_3)$ 和 $\boldsymbol{b}=(b_1,b_2,b_3)$ 的内积便写作 $\boldsymbol{a}\cdot\boldsymbol{b}=a_1b_1+a_2b_2+a_3b_3$.这犹如一道亮光，穿破疑雾，原来柯西不等式是说 $\|\boldsymbol{a}\|\ \|\boldsymbol{b}\|\geqslant|\boldsymbol{a}\cdot\boldsymbol{b}|$，这里的 $\|\boldsymbol{a}\|$ 和 $\|\boldsymbol{b}\|$ 表示 $\boldsymbol{a}$ 和 $\boldsymbol{b}$ 的长度.这样看，此不等式乃再自然不过，它不外说

a 和 **b** 的夹角的余弦是一个在-1和$+1$之间的数吧，这是因为$\boldsymbol{a}\cdot\boldsymbol{b}=\|\boldsymbol{a}\|\|\boldsymbol{b}\|\cdot\cos\theta$，$\theta$就是那个夹角. 不过，这也再度挑起疑团，为什么把$a_1b_1+a_2b_2+a_3b_3$定义成 **a** 和 **b** 的内积呢？我解答不上来，只好把这当作疑问.

再过一年，我上大学了. 学习线性代数时，碰到内积空间这一课，以前的疑问又浮现出来. 但这次我又明白得多了一点，我知道在n维实欧几里得空间里，长度和角度这两个概念在某种意义上是相同的. 利用内积这个新概念，便能把它们统一起来处理. 其实，早在初中数学里我们已经碰上了这个概念，只是那时没有足够的其他例子去印证它的重要，也就难于看出怎样把这个基本性质提炼成基本概念了. 我指的就是大家都非常熟悉的勾股定理及与它等价的余弦定理. 即在三角形OAB里，有

$$BA^2=OA^2+OB^2-2OA\cdot OB\cos\theta$$

θ是OA和OB的夹角(图 4-13). 用向量方式表述，$\boldsymbol{OA}=(a_1,a_2)$，$\boldsymbol{OB}=(b_1,b_2)$，故有

$$(a_1-b_1)^2+(a_2-b_2)^2$$
$$=(a_1^2+a_2^2)+(b_1^2+b_2^2)-2\sqrt{a_1^2+a_2^2}\sqrt{b_1^2+b_2^2}\cos\theta$$

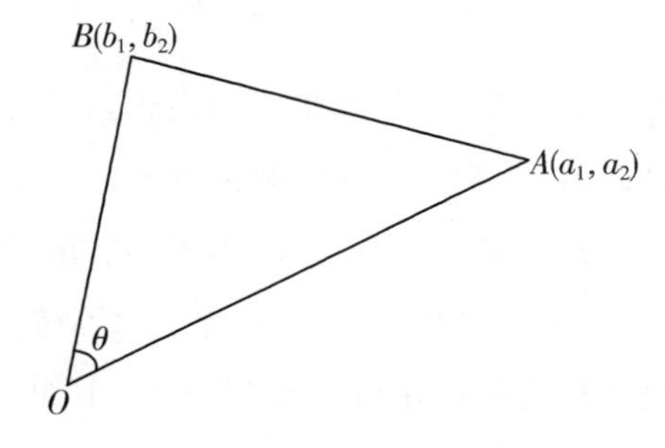

图 4-13

经计算及化简后，得

$$(a_1b_1+a_2b_2)^2=(a_1a_1+a_2a_2)(b_1b_1+b_2b_2)(\cos\theta)^2$$

瞪着这个等式，你一定意会到形如$x_1y_1+x_2y_2+\cdots+x_ny_n$这种乘积的重要了吧？在抽象的向量空间里，我们把这种乘积推广成为满足某几个基本性质的积，称作 **x** 和 **y** 的内积，记作$(\boldsymbol{x},\boldsymbol{y})$. 自然地我们把$\|\boldsymbol{x}\|=\sqrt{(\boldsymbol{x},\boldsymbol{x})}$定义为 **x** 的长度. 为了定义非零向量 **x** 和 **y** 的夹角，便要知道：$(\boldsymbol{x},\boldsymbol{y})/\|\boldsymbol{x}\|\|\boldsymbol{y}\|$是否是一个在$-1$与$+1$之间的数呢？

答案是肯定的，因为我们能证明 $\|\boldsymbol{x}\|\ \|\boldsymbol{y}\|\geqslant|(\boldsymbol{x},\boldsymbol{y})|$ 这个不等式，即(在抽象情况的)柯西不等式，难怪它是那么重要了.(其实，我们还知道什么时候等式成立，但这点与目前讨论的宗旨无关，故不赘述了.)

我对柯西不等式的理解，如此这般维持了十多年，直至有一次为了教线性代数的课、想及一个有关问题才再启“战端”. 那个问题是这样的：上面我们看到引入内积是个一石二鸟的策略，既表述了长度也表述了角度，柯西不等式是关键；能否一石一鸟，只考虑长度而不理会角度呢？回忆一下学过的数学，我知道赋范空间这个概念是答案，而 $\boldsymbol{x}$ 的范数(让我们也把它记作 $\|\boldsymbol{x}\|$)应该满足一个关键性质，叫作三角不等式，即 $\|\boldsymbol{x}\|+\|\boldsymbol{y}\|\geqslant\|\boldsymbol{x}+\boldsymbol{y}\|$. 从柯西不等式马上能推导三角不等式，证明如下：

$$\|\boldsymbol{x}+\boldsymbol{y}\|^2=(\boldsymbol{x}+\boldsymbol{y},\boldsymbol{x}+\boldsymbol{y})=\|\boldsymbol{x}\|^2+\|\boldsymbol{y}\|^2+2(\boldsymbol{x},\boldsymbol{y})$$

由柯西不等式，得

$$\begin{aligned}\|\boldsymbol{x}+\boldsymbol{y}\|^2&\leqslant\|\boldsymbol{x}\|^2+\|\boldsymbol{y}\|^2+2\|\boldsymbol{x}\|\ \|\boldsymbol{y}\|\\&=(\|\boldsymbol{x}\|+\|\boldsymbol{y}\|)^2\end{aligned}$$

故有

$$\|\boldsymbol{x}+\boldsymbol{y}\|\leqslant\|\boldsymbol{x}\|+\|\boldsymbol{y}\|$$

因此，内积空间必为赋范空间. 但如果不用内积，怎样证明三角不等式呢？于是我设法回忆以前学过的一些赋范空间的例子，记起了另一个有名的不等式，叫作闵可夫斯基不等式. 学过实变函数的读者，一定熟悉 L^p 空间这些例子，在这些赋范空间里的三角不等式就是闵可夫斯基不等式. 在这里详述这些技术细节意思不大，不如让我采用更简单的例子，以便更清晰地揭示不等式背后的意义. 仍然只看 n 维实向量空间里的向量 $\boldsymbol{x}=(x_1,x_2,\cdots,x_n)$，$\boldsymbol{y}=(y_1,y_2,\cdots,y_n)$，在这种情况下，闵可夫斯基不等式就是：

当 $p>1$ 时，有

$$\|\boldsymbol{x}\|_p+\|\boldsymbol{y}\|_p\geqslant\|\boldsymbol{x}+\boldsymbol{y}\|_p$$

这里的 $\|\boldsymbol{x}\|_p$ 表示 $(|x_1|^p+|x_2|^p+\cdots+|x_n|^p)^{1/p}$.

我翻查书本，发觉通常证明这个不等式的方法是先证明另一个有名的不等式，叫作赫尔德(O. Hölder)不等式：

当 $p>1$,且 $\frac{1}{p}+\frac{1}{q}=1$ 时,有

$$\|\boldsymbol{a}\|_p\|\boldsymbol{b}\|_q\geqslant|\boldsymbol{a}\cdot\boldsymbol{b}|$$

在这个不等式里,置 $a_i=|x_i|$ 和 $b_i=|x_i+y_i|^{p-1}$,便得到

$$\|\boldsymbol{x}\|_p\{|x_1+y_1|^{(p-1)q}+\cdots+|x_n+y_n|^{(p-1)q}\}^{1/q}$$
$$\geqslant|x_1||x_1+y_1|^{p-1}+\cdots+|x_n||x_n+y_n|^{p-1}$$

再置 $a_i=|y_i|$ 和 $b_i=|x_i+y_i|^{p-1}$,也得到

$$\|\boldsymbol{y}\|_p\{|x_1+y_1|^{(p-1)q}+\cdots+|x_n+y_n|^{(p-1)q}\}^{1/q}$$
$$\geqslant|y_1||x_1+y_1|^{p-1}+\cdots+|y_n||x_n+y_n|^{p-1}$$

二式相加,即得

$$\{\|\boldsymbol{x}\|_p+\|\boldsymbol{y}\|_p\}\{|x_1+y_1|^p+\cdots+|x_n+y_n|^p\}^{1/q}$$
$$\geqslant|x_1+y_1|^p+\cdots+|x_n+y_n|^p$$

由此得到

$$\begin{aligned}\|\boldsymbol{x}\|_p+\|\boldsymbol{y}\|_p&\geqslant\{|x_1+y_1|^p+\cdots+|x_n+y_n|^p\}^{1-1/q}\\&=\{|x_1+y_1|^p+\cdots+|x_n+y_n|^p\}^{1/p}\\&=\|x+y\|^p\end{aligned}$$

这就是闵可夫斯基不等式.这个证明给我的感受,有如我上高中时最初碰到柯西不等式的证明一般无异.我敬而羡之,觉得神乎其神,但又觉得有点别扭,本来只有 p 吧,怎么无端拉来一个 $q=p/(p-1)$ 呢?人家怎么想到这样漂亮的证明呢?其实这个疑问在上大学时便已怀着,一直带到研究院,在研究院通过了初步的各学科考试后,我的兴趣逐渐转向代数专业,其后又忙于毕业论文,也就搁下该疑问,终于带着它从研究院毕业了.每当偶尔想及,也总权且放过,一晃便是十多年!如今为了教学它再冒出来,不过比起十多年前,我的数学思想成熟了一点,经验丰富了一点,见识也多了一点.而且,很多以前看来是孤立的东西现在不再是无关联的了.如今我知道柯西不等式是赫尔德不等式的特殊情形($p=2$),我也知道闵可夫斯基不等式是用某种长度量度出来的三角不等式.既然从柯西不等式能推导三角不等式,那么从赫尔德不等式推导闵可夫斯基不等式又有何稀奇呢?只有一点仍令我大惑不解,即 $\frac{1}{p}+\frac{1}{q}=1$ 从何而来?如果我能像以前理解柯西不等式那样以几何观点来理解赫尔德不等式,我才放心.从几何观点来看,

三角不等式是明显的:在三角形 OAB 中,通过 A 作 OB 的垂线 l,交 OB 于 P(图4-14).我们的目的是要理解三角不等式而不是要证明它,

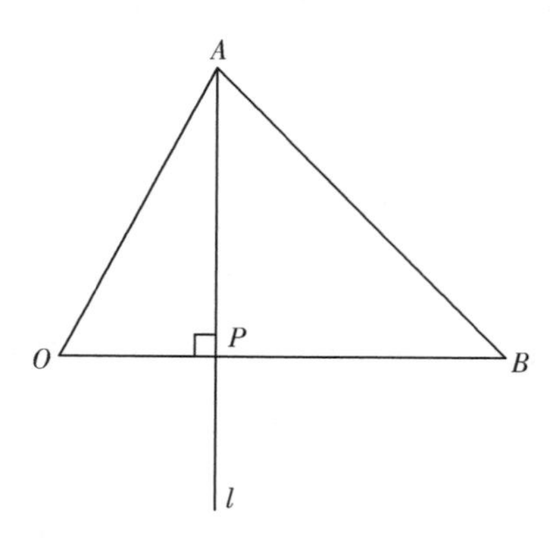

图 4-14

故不妨设 P 落在 O 与 B 之间.从 O 至 l 上一点的距离,以 OP 为最小,故 $OA\geqslant OP$;从 B 至 l 上一点的距离,以 BP 为最小,故 $BA\geqslant BP$;但 $OP+BP=OB$,故 $OA+BA\geqslant OB$,这就是三角不等式了.为什么 OP 和 BP 是最小距离呢?理由很简单,就是我们在初中已学了的勾股定理呀!这使我们想起勾股定理是内积空间这个概念的源头,难怪三角不等式在内积空间里很容易证明了.用到柯西不等式,不过是勾股定理的变奏吧.在一个只有长度而无角度可言的空间里,这种手法却用不上,怎么办呢?不要紧,因为在刚才的讨论里我们其实不需要提及角度的,我们只考虑从一点至一条线上的点的距离,再找出最小的距离吧.现在要考虑的长度并非 n 维实欧几里得空间里熟悉的长度,而是定义成

$$\| x \|_p=(|x_1|^p+|x_2|^p+\cdots+|x_n|^p)^{1/p}$$

(固然,当 $p=2$ 时,它恢复那熟悉的模样.)对它来说,柯西不等式并不成立,但有没有与柯西不等式类似的不等式呢?让我们计算一下,若按照这种所谓的长度,从 O 至一条线 l 上的一点的距离最小是多少?为了更好理解,让我们只看二维情况,设 l 通过点(x_1,x_2),方向由向量(z_1,z_2)决定(图 4-15).我们要找出 l 上的一点(a_1,a_2),使$(|a_1|^p+|a_2|^p)^{1/p}$最小.换句话说,我们求$|a_1|^p+|a_2|^p$的条件极值,约束条件是$(a_1-x_1)z_2=(a_2-x_2)z_1$.为了方便理解,不妨设 x_1,x_2,a_1,a_2 都是正数,免除考虑绝对值的技术枝节;也为了方便计算,置 $y_1=z_2$,$y_2=$

$-z_1$,使约束条件变成 $a_1y_1+a_2y_2-x_1y_1-x_2y_2=0$. 学过高等微积分的读者自然知道有现成对付条件极值问题的标准方法,叫作拉格朗日乘子法,考虑函数

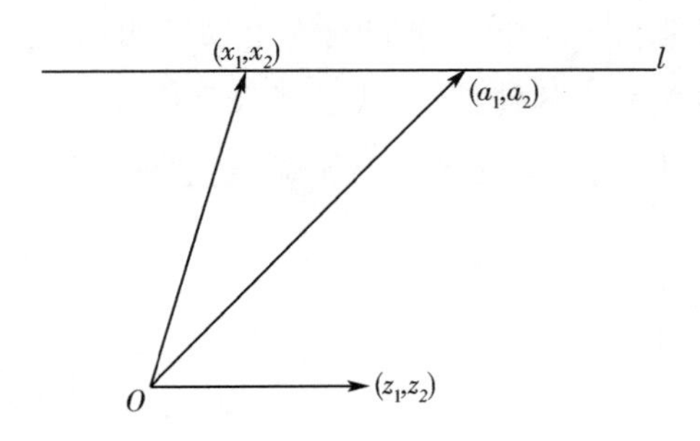

图 4-15

$$H(a_1,a_2,\lambda)=a_1^p+a_2^p-\lambda(a_1y_1+a_2y_2-x_1y_1-x_2y_2)$$

从

$$\frac{\partial H}{\partial a_1}=\frac{\partial H}{\partial a_2}=\frac{\partial H}{\partial \lambda}=0$$

得到

$$pa_1^{p-1}=\lambda y_1, \quad pa_2^{p-1}=\lambda y_2, \quad a_1y_1+a_2y_2=x_1y_1+x_2y_2$$

再把 λ 消去并化简,得到

$$a_1^p+a_2^p=\frac{(x_1y_1+x_2y_2)^p}{[y_1{}^{p/(p-1)}+y_2{}^{p/(p-1)}]^{p-1}}$$

由于 $x_1^p+x_2^p\geqslant a_1^p+a_2^p$,故有

$$[x_1^p+x_2^p][y_1^{p/(p-1)}+y_2^{p/(p-1)}]^{p-1}\geqslant(x_1y_1+x_2y_2)^p$$

即

$$[x_1^p+x_2^p]^{1/p}[y_1^{p/(p-1)}+y_2^{p/(p-1)}]^{(p-1)/p}\geqslant x_1y_1+x_2y_2$$

若置 $q=\dfrac{p}{p-1}$,亦即 $\dfrac{1}{p}+\dfrac{1}{q}=1$,便得到

$$(x_1^p+x_2^p)^{1/p}(y_1^q+y_2^q)^{1/q}\geqslant x_1y_1+x_2y_2$$

那不就是赫德尔不等式吗? 固然,这绝对不算是证明,中间不乏粗枝大叶的省略,但它却使我舒心,至少那个 $\dfrac{1}{p}+\dfrac{1}{q}=1$ 不再来得突兀了. 当我知道应该证明什么后,原来的简短证明显得更漂亮了!

通晓数学分析的读者,自然知道以上不等式与凸函数的关系和它们的推广,但再讨论下去,便离开本书主题太远了,就此打住. 有兴趣的读者,可参考哈代、李特伍德、波利亚的经典名著《不等式》

(*Inequalities*,1952 年,有中译本). 在这里我只想借这段个人阅历说明证明如何增进理解,并且说明学习数学是逐步深入理解的过程. 在每一个不同的阶段,我们对同一项事物都有不同程度的理解. 我们无须要求,亦不可能要求一下子便完全弄个彻底明白. 重要者乃经常提出疑问,常存寻根究底的精神. 宋代学者朱熹说过一句很有意思的话:"读书无疑者须教有疑,有疑者却要无疑,到这里方是长进."

五　证明与理解(三)

在4.2节提过的数理哲学家拉卡托斯的名著《证明与反驳》里,作者提出了数学既非纯理性亦非纯经验这个观点,他创了拟经验(quasi-empirical)这个字眼,从而抛开了前人为数理哲学定下的框架.在他的学说里数学发展的模式,乃基于证明与反驳,那是促进数学生长的触发剂.美国数学家戴维斯(P. J. Davis)与赫什(R. Hersh)写了一本很值得阅读的好书,叫作《数学经验》(*The Mathematical Experience*,1980年),里面有一个流图,描述这种模式,使人一目了然(图5-1).

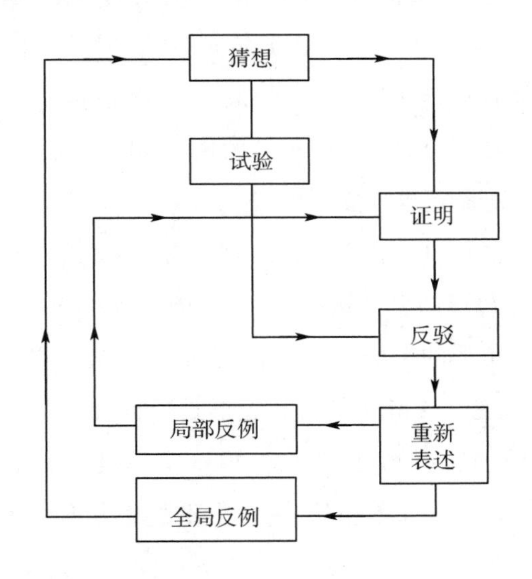

图5-1

要反驳便得有反例.拉卡托斯把反例分成两种:局部反例与全局反例.前者说明证明有误或不完全,但未致使命题被推翻;而后者说明命题不能成立,需要修正.有个这样的故事,撇开夸张色彩,还是很有意思的.有一次有人问一位数学教授,怎样去识别数学人才?数学教授回答说:“我告诉他一个数学命题,如果他马上试图证明它,他就没有通过我的考验;如果他马上试图找一个反例去反驳它,他就是一个数学人才.”著名的数理统计学者布莱克韦尔的确是这样搞起数理统计的.据他自述,在1945年他在美国首都华盛顿一所小的大学任教,当时数学系里的学术气氛并不活跃,一有机会他便跑到邻近的数学集会听讲演.有一次他听了一个关于序贯分析的讲演,讲演者是农业农村部的统计学家居锡克(A. Girshick).布莱克韦尔不相信其中一条定理,回家后想出了一个反例,便写信告知居锡克.居锡克并没有告诉他那反例是错的,只回信请他过来面谈讨论.这次的会面便开始了两人日后的交往情谊与学术合作.布莱克韦尔第一篇数理统计文章,就是关于这条他起初不相信的定理!

以下我们再看一些例子.

5.1 一条关于正多边形的几何定理

让我从一条只用懂初中几何便明白的几何定理说起.欧几里得的《原本》卷一第五条定理是一条著名定理,中古时代期间,因种种有趣的原因赢得了“驴桥定理”(Pons Asinorum, Donkey Bridge Theorem)的混号.它的主要部分说:若三角形的两边相等,则它们的对角亦相等.这条定理的逆命题也成立,就是《原本》卷一第六条定理:若三角形的两角相等,则它们的对边亦相等.由此,有以下的两条定理:

(A)若一三角形的全部边相等,则它的全部角相等.

(B)若一三角形的全部角相等,则它的全部边相等.

一个自然的提问是:(A)和(B)对 n 边形是否也成立?

先看 $n=4$ 的情况,马上有反例.取一个不是正方形的菱形,它的全部边相等,但并非全部角相等;取一个不是正方形的矩形,它的全部角相等,但并非全部边相等.慢着,正方形却同时满足全部边与全部角相等的条件,它在四边形中享有什么特殊地位呢?正方形是有外接圆的,我们应否缩小考虑范围,只看那些有外接圆的 n 边形?当 $n=3$ 时,这根本不是限制,因为任何三角形都有外接圆.让我们把上面的命题改为:

(A)若一内接于某圆的 n 边形全部边相等,则它的全部角相等.

(B)若一内接于某圆的 n 边形全部角相等,则它的全部边相等.

不难知道(A)是对的,把圆心与 n 边形各顶点联结,把 n 边形分成 n 个三角形,它们是全等的.由此便知道 n 边形的全部角也相等.(B)是不对的,刚才那个不是正方形的矩形是现成的反例.

为什么(A)是定理而(B)却不是定理呢?或者说,为什么对(B)来说存在反例呢?让我们依循(A)的原来证明观察一下.把圆心 O 与 n 边形各顶点联结,得到 n 个三角形:$\triangle OA_1A_2$、$\triangle OA_2A_3$、…、$\triangle OA_nA_1$(图 5-2),它们都是等腰三角形,故底角亦相等.设 $\angle OA_1A_2=\alpha$,则 $\angle OA_2A_1=\alpha$,如果 $\angle OA_2A_3=\alpha$,使全部底角都是 α(因为 n 边形的每个角是 2α),亦即全部三角形全等,于是 n 边形的各边相等.要寻反例,必须要求 $\angle OA_2A_3=\beta\neq\alpha$.于是 $\angle OA_3A_2=\beta$,$\angle OA_3A_4=\alpha$(因为 n 边形的每个角是 $\alpha+\beta$),于是……你应看到吧,即使 n 边形不是全部边相等,它还有一定规律.若 $n=5$,走完一圈后,你会发觉不可能使 $\alpha\neq\beta$,反例做不成,但其实你却证明了对 $n=5$ 来说(B)是定理!若 $n=6$,你能做出反例(图 5-3),不过那个六边形还是有一定对称性的.总结起来,基本上你已经证明了以下的定理:若内接于某圆的 n 边形的全部角相等,则它的全部边隔边相等;特别地,若 n 是奇数,则全部边相等.

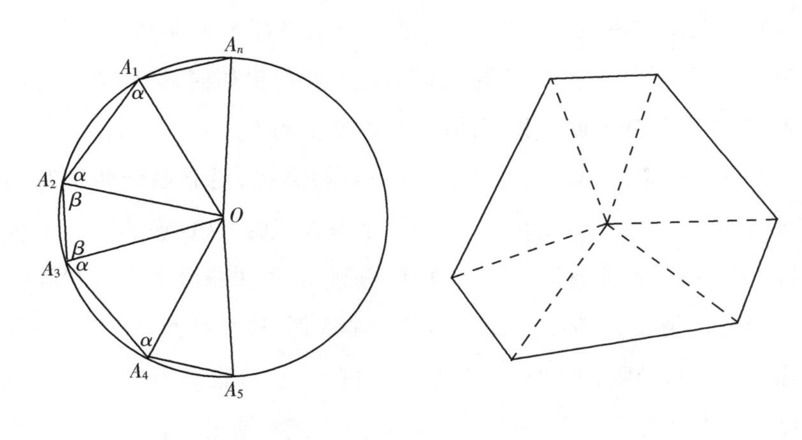

图 5-2　　　　图 5-3

我们把一个全部边相等的 n 边形称作等边的,把一个全部角相等的 n 边形称作等角的,既等边又等角的 n 边形称作正 n 边形.前面的定理合起来,可综述成下面的定理:若内接于某圆的 n 边形等角,则隔边相等,反之亦然.当 n 是奇数时,内接于某圆的 n 边形是等角的充要条件是它亦等边,即它是个正 n 边形.

读者有兴趣试察看外切于某圆的 n 边形的情况.

5.2 薄饼与三明治

任给一块薄饼,只准切一刀,一定可以把它分为面积相等的两份,你相信吗?如果薄饼是圆形的,那很简单,沿着一条直径切下去就是了.其实,要这么办,那一刀必须沿着一条直径切下去才成(我们在第七章第3节将会证明这一点).如果薄饼的形状是不规则的,那怎么办?我们将要证明,无论要求那一刀沿着哪个方向,总能办到.用数学的语言说,就是已知一图形及一方向,则必有沿着该方向的直线,把图形分为面积相等的两份.方法是:沿着该方向任取一直线,使图形完全落在直线的一边,把直线向着图形平移,直至图形完全落在直线的另一边.选定直线的一边,或者说,在直线上定一个取向,考虑图形落在选定一边的面积,它将从零连续地增大至 A(A 是整个图形的面积).所以,当直线移至某个位置时,落在选定一边的面积是 $A/2$,即,这时直线把图形分成了面积相等的两份.

虽然这只是一个存在性证明,并不能具体确定怎样切(请参看第八章),但至少它还是颇明显的,但下一个结果却不是那么明显了.任给两块薄饼,平放在桌上,不论它们的形状和位置如何,保证能一刀切下去,把每块各分为面积相等的两份,你相信吗?

试看两块薄饼都是圆的情况,并不难,那一刀沿着联结两个圆的中心的线切下去就是了.其实,亦必须是那么切的,这也说明了当薄饼数目大于2时,不能肯定切一刀就可以把每块薄饼各分为面积相等的两份.取三个圆心不在一直线上的圆就是反例.这种反例,说明了一条定理的内容有局限,也就是所谓全局反例了.它叫我们不要白花气力去寻找子虚乌有的答案,而应该去修正前提或者结论.

如果其中一块薄饼是个圆,证明也不难,那一刀必须沿着该圆的一条直径切下去.把直径绕圆心连续地旋转,像刚才一样,选定一个取向,把另一个图形落在选定一边的面积叫作 $A(\theta)$,θ 是旋转角.$A(\theta)$ 随 θ 增大而连续变动,注意到 $A(0^\circ)+A(180^\circ)=A$,$A$ 是图形的面积,

所以存在 θ,使 $A(\theta)=A/2$(图 5-4,取向表以箭头).类似的想法,可移

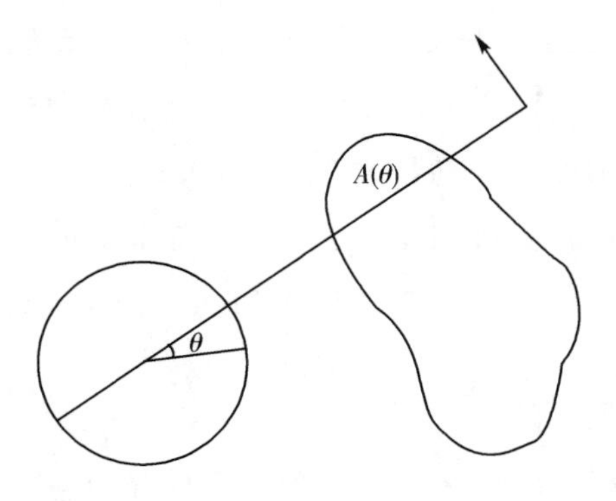

图 5-4

植至一般情况.对给定方向 θ,引用前面述及的平移法找一直线沿着该方向把第一个图形分为面积相等的两份,再选定一个取向,把第二个图形落在选定一边的面积叫作 $A(\theta)$.当 θ 增大时,把第一个图形分为面积相等的两份的直线随而移动,所以第二个图形落在选定一边的面积 $A(\theta)$ 也随之变化.不过,$A(\theta)$ 将随 θ 增大而连续变动,而且 $A(0°)+A(180°)=A$,所以存在 θ 使 $A(\theta)=A/2$,A 是第二个图形的面积.即,沿着该方向的直线把两个图形各分为面积相等的两份(图 5-5).要完全严格证明 $A(\theta)$ 是个连续函数并不容易,这里我们掺入一点几何直觉,考虑当 θ 做少许更动时,相应的平移直线与原来的直线相差亦很小,故牵连及的面积相差亦很小.

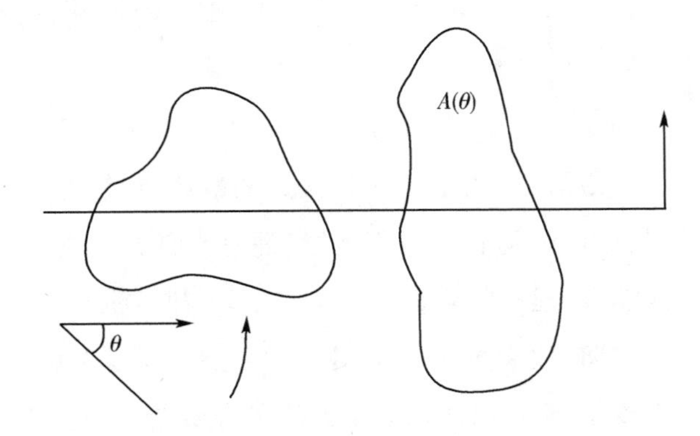

图 5-5

刚才我用一个简单的反例说明定理不能推广至三个或三个以上的图形,但这只局限于平面上的图形,如果在三维空间里有三个立体形,那么能否用一平面把每个都分为体积相等的两部分呢?试看刚才

的反例的类比,即三个球,但这次它们不构成反例,因为任给三个球,总有一平面通过它们的球心,把每个球分为体积相等的两部分.其实,答案是肯定的,不过证明不像二维情况那么容易叙述,需用上高等数学的博苏克(K. Borsuk)-乌拉姆(S. M. Ulam)定理.数学家戏称这条定理为“火腿三明治定理(Ham-sandwich Theorem)”,意指必有一刀切下去,能把一个火腿三明治的火腿及底、面两块面包各分为一半!

5.3 微积分基本定理

学过微积分的读者,一定知道微分是积分的逆运算.这可用以下的微积分基本定理来表述:若 f 是闭区间$[a,b]$上的连续函数,定义$[a,b]$上的函数 F 为$F(x)=\int_a^x f(t)\mathrm{d}t$,则 F 是 f 的原函数,即 F 有导函数 F'(或写作$\frac{\mathrm{d}F}{\mathrm{d}x}$),且 $F'=f$.这里的积分,是指一般课本上介绍的黎曼积分.其实,自阿基米德以来,中外数学家已经运用了极限的思想去计算图形的面积,可说这是积分的萌芽.19 世纪初法国数学家柯西为积分下了一个明确的定义,到了 1854 年德国数学家黎曼为了研究三角级数进一步引入了更精确的积分定义,因而被称作黎曼积分.黎曼的贡献可不仅仅是定义了积分(柯西基本上已做到这一点),而是找到了一个使函数可积(即它的黎曼积分存在)的充要条件,从而把很大一类函数包括进了他的积分理论的应用中.为了强调这点,黎曼构作了如下一个很重要的函数:

$$f(x)=\varphi(x)+\varphi(2x)/2^2+\varphi(3x)/3^2+\cdots$$

这里 $\varphi(x)=x-[x]$,$[x]$表示与 x 最接近的整数.我们可以证明,f 并非连续函数,甚至可说是非常地不连续,即它在任意小的区间里仍有无穷多个不连续点,但在黎曼积分的意义下,f 却可积!

有好一段时期,数学家公认黎曼积分已达巅峰,无可推广了.固然,还有些函数是不可积的,最著名的例子是狄利克雷(P. G. L. Dirichlet)在 1829 年提出的函数:

$$f(x)=\begin{cases} c,\text{当 } x \text{ 是有理数} \\ d,\text{当 } x \text{ 是无理数} \end{cases} \quad (c\neq d)$$

但这只能怪那些函数本身缺陷太大,不能归咎于黎曼积分的定义不够包涵.当时的数学家认为,即使想尽办法也不可能为这些函数赋予合理的积分定义!到了1875年,法国数学家达布(G. Darboux)证明了这样一条定理:若 f 在闭区间 $[a,b]$ 上有界且可积,而且 f 有原函数 g,则对任何 $[a,b]$ 里的 x,必有

$$\int_a^x f(t)\mathrm{d}t = g(x) - g(a)$$

这条定理看来很像另一条微积分中的定理:若 f 在闭区间 $[a,b]$ 上连续,而且 f 有原函数 g,则对任何 $[a,b]$ 里的 x,必有

$$\int_a^x f(t)\mathrm{d}t = g(x) - g(a)$$

最后一式可写作 $\int_a^x g'(t)\mathrm{d}t = g(x) - g(a)$,在这种意义下,我们也说积分是微分的逆运算.这条定理的证明可以帮助我们了解什么叫作局部反例.先考虑函数 F,定义为

$$F(x) = \int_a^x f(t)\mathrm{d}t$$

根据微积分基本定理,$F'=f$,所以也有 $g'=F'$,故 g 与 F 的差别是个常数 K,置 $x=a$ 便能计算 K 的值.因为 $F(a)=g(a)+K$,而 $F(a)=\int_a^a f(t)\mathrm{d}t = 0$,故 $K=-g(a)$;综合起来就是

$$\int_a^x f(t)\mathrm{d}t = g(x) + K = g(x) - g(a)$$

证毕.

我们能否用同样手法证明达布定理呢?第一步已产生困难,因为定义的那个 F,怎能肯定有 $F'=f$ 呢?F 甚至不一定有导函数,即使它有导函数 F',F' 也不一定就是 f.的确,历史上曾经有人提出过那样的反例,说明此路不通.但那只是局部反例,只说明不能循此途径去证明该定理,却决定不了该命题是真是假.若找到反例,能说明命题不真,那便是全局反例了.不过对这样一个命题,你不会找到全局反例的,因为命题是真,只不过你得另觅证明的途径.我不打算叙述达布定理的证明,让我继续把故事说下去.

达布定理的前提减弱了,即不要求 f 是连续函数,只要求 f 可积,从而推广了微积分基本定理.在19世纪后期,这被认为是黎曼积分的一项胜利,增添了数学家对它的信任.然而福兮祸所伏.1878年,

意大利数学家狄尼(U. Dini)却在这样完美的定理中发现了不祥之兆!他说:假定存在一个函数 f,在任何区间里都有点 t 使 $f'(t)=0$,则 f 乃常数函数,且 f' 乃不可积函数.因为若 f' 可积,则根据黎曼积分的定义,利用任何区间里均有点 t 使 $f'(t)=0$,得到对任何 x 有 $\int_a^x f'(t)\mathrm{d}t=0$;再从达布定理得知:$0=\int_a^x f'(t)\mathrm{d}t=f(x)-f(a)$,故 $f(x)=f(a)$,即 f 乃常数函数.狄尼相信存在那样的 f,它既非常数函数,但在任何区间里都有点 t 使 $f'(t)=0$.若找到那样的 f,则 f' 必不可积,于是 f 有导函数 f',但 f' 却连可积的条件也缺乏,更不要说能否通过它的积分还原成 f 了.这显示了黎曼积分定义的内在弱点,即在它的讨论范围内,积分与微分并不是互逆的运算!果然,在1881年另一位意大利数学家伏尔泰拉(V. Volterra)找到了这样的例子,从而揭示了黎曼积分理论的不足.后来,数学家发现症结在于积分与极限这两项运算是否是可交换的,即对一个收敛的函数序列 $\{f_n\}$,如下等式是否成立:

$$\lim_{n\to\infty}\int_a^b f_n(t)\mathrm{d}t=\int_a^b \lim_{n\to\infty} f_n(t)\mathrm{d}t$$

其实,数学家很早便关心过这种问题.法国数学家傅里叶在19世纪初期因为研究热传导问题建立了他的三角级数理论,而在计算今天称作傅里叶级数的系数时,便理所当然地用了这个性质.后来,德国数学家魏尔斯特拉斯(K. Weierstrass)证明了当 f_n 一致收敛于 f 时,上式成立.由于当时数学家过于热衷一致收敛这个新概念,研究兴趣集中于那一方面,因而在时间上推迟了揭示黎曼积分理论的这个弱点!到了快踏入20世纪的前数年,数学界崇尚采用集合和测度的观点,他们以此观点探讨了黎曼积分的定义,经过汉克尔(H. Hankel)、若尔当、博雷尔(E. Borel)诸人的努力,终于启发了法国数学家勒贝格在1902年创立了他的积分理论,从而推广并补足了黎曼积分理论.这段故事很好地说明了例与反例在数学证明与数学发展中所起的作用.

5.4 舞伴的问题

寻找反例不但能使人知道命题不成立,并且能使人了解命题为何不成立,从而可以把原来的命题修正,证明另一条定理.历史上不乏这样的事例,5.3 节就是其一例.在这节我想说明的是另一个方面,有时我们费尽心思也寻不着反例,但未必徒劳无功,说不定刚好就使我们明白了为什么没有反例,从而证明了定理!

在 1965 年第二十六届美国大学生数学竞赛上,出现了这样一道题目(这题目也曾在 20 世纪 60 年代的匈牙利数学奥林匹克竞赛上出现过):在一个舞会上,没有一个男青年与全部女青年共舞,但每个女青年至少与一个男青年共舞,证明至少有两对舞伴 BG 与 $B'G'$,其中 B 与 G' 没共舞,B' 与 G 也没共舞.你相信这是对的吗?要是你不相信,试寻找出反例.以○代男青年,×代女青年,○……×代一对舞伴.为了寻找反例,我们不想看到以下的情况出现:

B_1○……×G_1

B_2○……×G_2

要阻止它出现,只好在 B_1 与 G_2 间或 B_2 与 G_1 间加上虚线.如果只有这四个人参加舞会,便有一个男青年与全部女青年共舞,与题设不符.于是只好多添一名女青年 G_3,情况变成如下:

B_1○……×G_1

B_2○……×G_2

×G_3

为了阻止我们不想看到的情况出现,只好在 B_1 与 G_3 间或 B_2 与 G_1 间加上虚线.无论怎样,总有一个男青年与三个女青年都共舞过,于是必须又添一名女青年 G_4.然而,类似的"吾不欲观之矣"的情况却重复出现,不禁使人怀疑命题是真的,所以找不到反例.看来,寻找反例的困难在于有一个男青年与太多的女青年共舞过.因此,我们选定一个那样的男青年,他比其他男青年与更多或至少相同数目的女青年共舞,不妨叫他作 B.依题设 B 不会与全部女青年共舞,于是有一个女青年 G'没和 B 共舞,但依题设 G'却必与另一个男青年 B'共舞,情况如下:最漂亮的一步来了!B 的舞伴中至少有一个女青年 G 没与 B'共

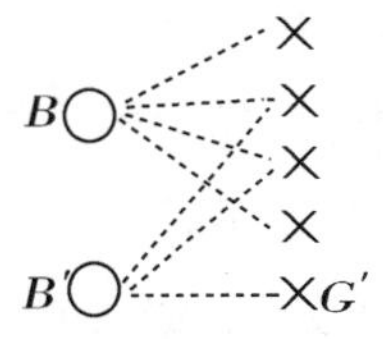

舞,否则 B'不是比 B 与更多的女青年共舞吗?这与 B 的选取产生矛

盾！于是 B 与 G，B' 与 G' 就是我们要找的两对舞伴了，定理得证.

5.5 几个著名的反例

数学史中充满着重要的例与反例，它们推动了数学的发展. 有些例与反例，甚至成为数学殿堂的基石. 只谈数学证明而不谈例与反例，是不能窥数学经验其全貌的. 所谓数学证明的功用，其实包括了例与反例在证明过程中所起的作用. 在本章的最后一节，我打算介绍几个著名的反例.

(一)在 19 世纪后期，数学家已经不再把函数的连续性与可微性混为一谈. 形象地说，就是他们明白了连续不断的曲线，不一定是光滑的，某些地方会见棱见角. 但他们仍相信连续函数不会是不可微的. 就是说连续不断的曲线虽然有些地方见棱见角，但这些地方是不会挤在一起的. 1872 年，当时已经 57 岁的魏尔斯特拉斯宣布的一项发现，震惊了数学界. 他构作了以下函数：

$$f(x)=\sum_{n=1}^{\infty} b^n \cos(a^n \pi x)$$

其中 a 是个奇整数，b 是个在 0 与 1 之间的实数，而 $ab>1+3\pi/2$. 这函数处处连续，却处处不可微. 也就是说，虽然它的图像是一条连续不断的曲线，但若用显微镜检查，无论哪一点，都是见棱见角的！这个反例促使数学家仔细去检查微积分的理论基础. 从而形成了一股后世称为“分析算术化”的旋风，这对数学的继续发展有着深远的影响.

(二)1956 年，当时年仅 25 岁的美国数学家米尔诺(J. Milnor)举了一个反例，不只震惊了数学界，而且开辟了一门新的数学领域. 他研究的数学对象是流形，在 2.1 节里我们介绍过什么叫作流形，它是曲线与曲面的推广，可以看成是由许多从 n 维空间剪下来的小块黏合而成，其中黏合得光滑的便叫作微分流形. 当时大家都以为像球面这种微分流形，只有一种微分结构，米尔诺却证明了在 7 维球面上，不只有一种微分结构，而且还证明了恰好有 28 种不同的微分结构！从此，数学家进行了微分流形的研究，形成了微分拓扑学这门新领域.

不过，像 n 维空间这种熟悉的流形，大家还是认为它只有一种微分结构，并且证明了除 $n=4$ 外，的确如此. 1982 年，当美国数学家弗里德曼证明了 4 维庞加莱猜想后，人们以为 4 维的情况与更高维的情况并没有两样.可差不多在同时,却被英国牛津大学的一位二年级研究生唐纳森(S. Donaldson)宣布的结果震撼了.他的工作与弗里德曼的工作结合在一起,竟得出4维实空间有不止一种微分结构,甚至有无穷多种不同的微分结构!更叫人惊讶的是唐纳森引入了全新的方法,意念竟来自理论物理中的杨振宁-米尔斯(Yang-Mills)规范场理论,这是继麦克斯韦(J. C. Maxwell)方程后数学与物理的又一次优美的结合.英国数学家阿蒂亚(M. Atiyah)这样评价唐纳森的成果:"唐纳森开辟了一个全新的领域,并发现了4维几何学中难以预料与神秘的现象.……这理论坚定地处于数学主流,与过去有联系,结合理论物理的思想,并美妙地与代数几何联系.这么年轻的一个数学家在很短的时间内可以理解与驾驭那样广泛的思想与技巧并出色地使用它们,真令人惊讶和鼓舞,它象征着数学并没有失去它的统一性与生命力."

(三)法国数学家若尔当在他的《分析课程》(*Cours d'analyse*, 1887年)里为曲线下了一个"是由连续函数 $x=f(t)$, $y=g(t)$ $(t_0\leqslant t\leqslant t_1)$ 表示的点的集合"的定义.为了某种目的,他想限制他的曲线使其没有自相交点,于是便规定不存在 t 和 t' $(t_0<t<t'<t_1)$ 使 $f(t)=f(t')$ 和 $g(t)=g(t')$.这种曲线现在称为若尔当曲线.后来数学家发现这个定义太广泛了.意大利数学家佩亚诺(G. Peano)在1890年构作了一条符合若尔当定义的曲线,竟能跑遍正方形的全部点,每点至少走过一次!这么说,曲线与曲面岂非混为一谈了吗?曲线的长度也是一个不令人满意的定义,向来数学家都用积分去定义曲线的长度,但那要求描述曲线的函数是可微函数,有诸多的限制.同样地,曲面的定义和曲面的面积也是使人烦恼的问题.更基本的问题是,函数究竟有多古怪?19世纪后期的数学分析,或者可以形容为"反例的时代",一个接一个使人目瞪口呆的古怪的函数、曲线、曲面接踵而来.法国数学大师庞加莱对此流露出不满之情.他说:"以前的人每创造一个新的函数,总为了某种实用目的,今天的人制造新的函数,却只为故意显示前人的谬误,除此以外我们别无得益了.如果教师单凭逻辑作为引导,他便只好从这些最一般但也是最稀奇古怪的函数开始讲授,于是初学的人只好与这群怪物搏斗了!"庞加莱的不满是有他的道理的,但他认为的这些反例只有消极意义却不对了.即使在当时,这些反例就已经使

数学家意识到某些定义必须补充,某些定理必须修正;而且正如日后的发展所显示的那样,有些在当时被认为是孤立的"病态"反例,竟具更深刻的意义.下面介绍一条由瑞典数学家科赫(H. von Koch)在1906年构作的雪花曲线.它是一条连续曲线,周长虽无穷大但它所围住的图形面积却是有限的.我们可以这样构作,先取一边长为1的等边三角形,在每边居中的三分之一段上作一个边长为$\frac{1}{3}$的等边三角形,并把每一个这样的三角形(共有三个)底边抹掉,然后在新的图形中,在长为$\frac{1}{3}$的每一条外部的线段上,在它居中的三分之一段上又作一个边长为$\frac{1}{9}$的等边三角形,然后把每一个这样的三角形(共有12个)的底边抹掉(图5-6).如此这般不断地做下去,得到的极限曲线

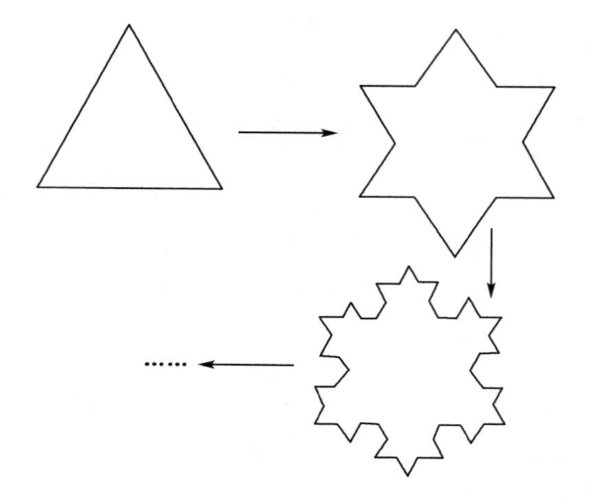

图 5-6

就是科赫雪花曲线.依次做下去,曲线的周长逐步增大,从$3,4,\frac{16}{3},\cdots$直至无穷大(在第n步,周长是$3\times\left(\frac{4}{3}\right)^{n-1}$);但曲线围住的面积却趋于$\frac{2\sqrt{3}}{5}$,即

$$\frac{\sqrt{3}}{4}+\frac{\sqrt{3}}{4}\times3\times\left(\frac{1}{3}\right)^2+\frac{\sqrt{3}}{4}\times3\times4\times\left(\frac{1}{3^2}\right)^2+\frac{\sqrt{3}}{4}\times3\times4^2\times\left(\frac{1}{3^3}\right)^2+\cdots=\frac{2\sqrt{3}}{5}$$

岂不怪哉?

这条雪花曲线及其他怪物引起了人们的好奇心,有人质问究竟它们的维数是什么?以往大家惯用的维数是个拓扑不变量,而且必定是个整数,如果定义空集的维数是-1,那么点的维数是零,曲线的维数是1,曲面的维数是2等(定义略).但有另一个看法,就是考虑怎样把图形放样,例如一个线段重复1次得到一个放大一倍的线段,一个正方形却要重复4次才得到一个放大一倍(指每边)的正方形,一个立方体要重复8次才得到一个放大一倍(指每边)的立方体(图5-7)等.注意到$2=2^1$,$4=2^2$,$8=2^3$,我们想到利用这个性质定义维数,把一个d维图形放大,若每边乘以a,则需要把原图形重复$c=a^d$次.试看雪花曲线,在构作过程中的每一步,都是把前一段(其中一边)缩至$\frac{1}{3}$那么长,然后重复4次(图5-8);或者说,要把雪花曲线放大,每边乘3,需要重复4次,它的维数d满足$4=3^d$,计算得$d=\frac{\log 4}{\log 3}=1.2618\cdots$.今天我们把这些维数并非整数的东西叫作分形(fractal),是美国万国商业机器公司(IBM)华生研究中心的数学家芒德布罗(B. Mandelbrot)倡导的研究对象,它吸引了日渐增多的研究者.因为在数学、自然界和应用科学的各个领域里都存在不少分形的例子.

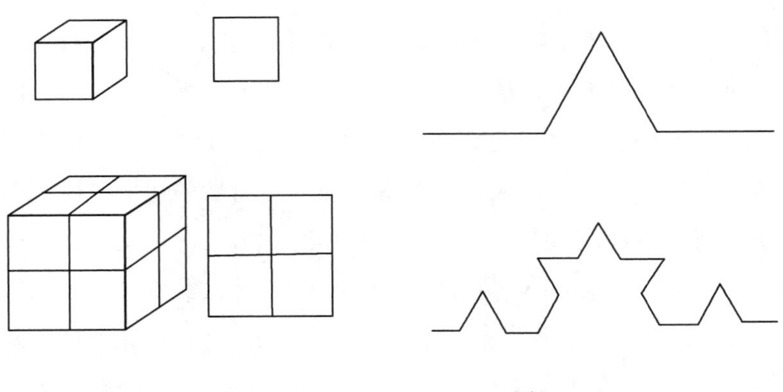

图5-7　　　　图5-8

(四)在1779年,欧拉发表了一篇题为《有关一类新幻方》的文章,引进了正交拉丁方这个概念,并用它去构作幻方.什么叫作一个拉丁方呢?设有n种符号,不妨记为$0,1,2,\cdots,n-1$(欧拉用拉丁字母作符号,故后来的人称方阵为拉丁方),把它们填进一个$n\times n$方阵.如果每列每行都出现全部符号,这个方阵叫作一个n阶拉丁方.设有两个

n 阶拉丁方,把它们在相应位置的符号组成数偶,共有 n^2 对.若两两不同,这两个拉丁方叫作正交的拉丁方.例如,下图展示了两个正交的3阶拉丁方(图5-9).随着 n 增大,n 阶拉丁方的个数增大得极快,比如只有2个2阶拉丁方,12个3阶拉丁方,但6阶拉丁方就有812851200个,8阶拉丁方更有

108776032459082956800个!

2	0	1
0	1	2
1	2	0

1	0	2
2	1	0
0	2	1

图 5-9

虽然拉丁方有这么多,要找一对正交拉丁方却不如想象中的容易.欧拉在文章里指出,当 n 是奇数或者是4的倍数时,一定存在一对正交的 n 阶拉丁方.如果 n 是偶数但又不是4的倍数,情形如何呢?

先看 $n=2$,读者不难证明不存在一对正交的2阶拉丁方.接着看 $n=6$,欧拉在文章里以游戏的口吻叙述了这个情况:有6个军团,从每个军团选6名军阶不同的军官,怎样把这36名军官排成6列6行,使每列每行都有6名军阶不同且隶属不同军团的代表?这等于说,要构作一对正交的6阶拉丁方.欧拉的答复是:“我毫不迟疑地下这样的结论,不可能构作一对正交的6阶拉丁方,而且这结论亦可推广至10阶,14阶……的情形,即当阶数是二乘一个奇数的情形.”他没有证明这个断言,后来它被称作欧拉猜想(Euler Conjecture).1900年,塔利(G. Tarry,H. Tarry)兄弟穷举全部6阶拉丁方,验算后知道欧拉猜想对 $n=6$ 成立.不存在一对正交的2阶拉丁方这回事,其实是一条更一般的定理的特殊情形.它说:顶多只有 $n-1$ 个两两正交的 n 阶拉丁方.这条定理的证明并不难,读者可试试.在1938年,原籍印度的美国数学家玻色(R. C. Bose)证明了当 n 是个质数幂时,真的能找到 $n-1$ 个两两正交的拉丁方.如果有一对正交的 n_1 阶拉丁方和一对正交的 n_2 阶拉丁方,可以证明从中能构作一对正交的 n_1n_2 阶拉丁方.重复使用这个作法,我们知道若 $n=P_1^{r_1}P_2^{r_2}\cdots P_m^{r_m}$($n$ 大于2)是 n 的质因子分

解式,那么总可以找到 T 个两两正交的 n 阶拉丁方,T 是 $P_1^{r_1}-1$,$P_2^{r_2}-1,\cdots,P_m^{r_m}-1$ 当中最小的数.读者可由此试推断当 n 是奇数或 4 的倍数时,必有一对正交的 n 阶拉丁方.在 1922 年,麦克尼什(H. F. Macneish)猜测这样计算出来的 T 不单是下界,其实也是上界.固然,当 n 是质数幂时,麦克尼什猜想是对的,答案是 $n-1$.当 n 是二乘奇数时,$T=1$,猜想等于说不存在一对正交的 n 阶拉丁方,即欧拉猜想.不过,到了 1958 年,美国数学家帕克(E. T. Parker)找到至少四个两两正交的 21 阶拉丁方,推翻了麦克尼什猜想(相应的 T 是 2).玻色和他的学生施里克汉德(S. S. Shrikhande)循此方向穷追猛打,数月后终于找到了一对正交的 22 阶拉丁方,从而推翻了欧拉猜想.帕克亦不甘后人,他亦构作了一对正交的 10 阶拉丁方.接着,这三位数学家联手夹攻,终于在翌年证明了一个非常漂亮又使人诧异的定理:除 $n=2$ 和 6 以外,总存在一对正交的 n 阶拉丁方.当时,这个关于有 180 年历史的欧拉猜想的答复,竟登上了美国《纽约时报》的头条!

当帕克、玻色、施里克汉德正埋首研究这个问题的时候,另外有两位数学家皮治(L. J. Paige)和汤普肯斯(C. B. Tompkins)也怀疑欧拉猜想是否正确,他们企图借助电子计算机寻找一对正交的 10 阶拉丁方.按照当时电子计算机的性能来估计,对一个 10 阶拉丁方需要花四千八百亿小时(约为五千四百万年!)才能验遍其他拉丁方是否与它正交!他俩想方设法改进计算方法,希望缩减计算时间,后来让电子计算机花了一百个小时以上,还是没有结果.再过不久,帕克等人以纯理论数学工具解答了这个难题.下面是帕克构作的一对正交的 10 阶拉丁方(图5-10).

0	4	1	7	2	9	8	3	6	5
8	1	5	2	7	3	9	4	0	6
9	8	2	6	3	7	4	5	1	0
5	9	8	3	0	4	7	6	2	1
7	6	9	8	4	1	5	0	3	2
6	7	0	9	8	5	2	1	4	3
3	0	7	1	9	8	6	2	5	4
1	2	3	4	5	6	0	7	8	9
2	3	4	5	6	0	1	8	9	7
4	5	6	0	1	2	3	9	7	8

0	7	8	6	9	3	5	4	1	2
6	1	7	8	0	9	4	5	2	3
5	0	2	7	8	1	9	6	3	4
9	6	1	3	7	8	2	0	4	5
3	9	0	2	4	7	8	1	5	6
8	4	9	1	3	5	7	2	6	0
7	8	5	9	2	4	6	3	0	1
4	5	6	0	1	2	3	7	8	9
1	2	3	4	5	6	0	9	7	8
2	3	4	5	6	0	1	8	9	7

图 5-10

为什么数学家对正交拉丁方那么感兴趣呢?除了在试验设计的实际应用以外,还有一个重要因素,就是它跟组合数学的一项重要课题挂上了钩.要明白这一点,先要转到另一个数学对象上去.大家都知道,平面几何中的点与线,其实是现实世界里的点和线的抽象概念,关键性质在于关联关系,即一点是否在一条线上(或说一条线是否通过一点).这样看的话,我们可以考虑一个由点与线组成(不再是直观的点与线了)的数学系统,它必须满足若干基本性质(称作公理).一个射影平面就是这样的集合,元素称作点,某些元素组成的子集称作线,点 a 在线 A 上即 a 是 A 里的元素.它满足以下性质:(1)任何两个不同的点在唯一的一条线上;(2)任何两条不同的线有唯一的一点在这两条线上;(3)至少有四个点,其中任何三个不在一条线上;(4)至少有四条线,其中任何三条都没有一点在全部三条线上.我们把这样的数学系统称作射影平面,这自然有它背后的几何意义,但这并非我们目前想讨论的,故不赘述.如果只有有限个点,可以证明该射影平面的点的数目与线的数目相同,而且必形如 n^2+n+1,n 是某个大于 1 的正整数;还知道每条线上有 $n+1$ 个点,每一点是在 $n+1$ 条线上;我们把这样的射影平面称作 n 阶射影平面.最简单但也是最著名的例子是 2 阶射影平面,共有 7 点 a,b,c,d,e,f,g,有 7 线 $A=\{a,b,c\}$,$B=\{c,d,e\}$,$C=\{a,e,f\}$,$D=\{a,d,g\}$,$E=\{c,f,g\}$,$F=\{b,e,g\}$,$G=\{b,d,f\}$.你喜欢的话,还可以画图表示(图 5-11),但显然有些线不再是现实世

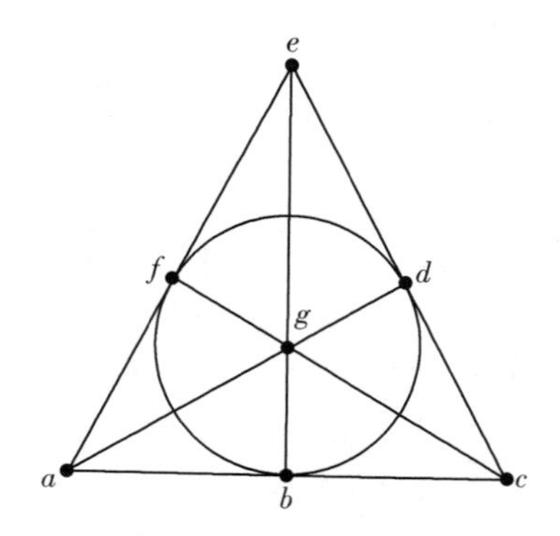

图 5-11

界中的直线了.在 1938 年,玻色把射影平面和正交拉丁方联系起来,证明了如下定理:一个 n 阶射影平面(n 大于 2)相当于 $n-1$ 个两两正

交的 n 阶拉丁方. n 阶射影平面存在与否，是有限几何的重要问题. 已知的结果是当 n 是质数幂时必有 n 阶射影平面. 在 1949 年，美国数学家布鲁克(R. H. Bruck)和赖瑟(H. J. Ryser)也证明了若 n 被 4 除余 1 或 2 且 n 不能表示成两个平方数之和，则不存在 n 阶射影平面. 把这两个结果合起来，还不知答案的 n 是 10，12，15，18，…. 有些人相信只有当 n 是质数幂时，才有 n 阶射影平面；另外有些人却相信只要 n 没被布鲁克-赖瑟定理排除，就必有 n 阶射影平面. 于是有没有 10 阶射影平面，变成了十分有意思的问题. 与这个相应的问题是：有没有 9 个两两正交的 10 阶拉丁方？这两个问题，一直悬而未决，就连 3 个两两正交的 10 阶拉丁方也没有人找到. 快写完本书时获得一项消息，有人用超级电脑验算了没有 10 阶射影平面，因而也没有 9 个两两正交的 10 阶拉丁方(请参看 2.2 节). 领导该项计算的林永康估计若要验算 $n=12$的情况，必须用性能比现今的超级电脑快一百亿倍的电子计算机，才有可能在人类有生之年内办到！所以，大家当然希望有如帕克、玻色、施里克汉德当年的工作一样，给这个问题提出一个理论的证明.

六　证明与理解(四)

在这一章里,我打算叙述三个历史上著名的错误证明,一来呼应2.2节的讨论,但更重要的是指出错误证明的积极意义.即使证明隐藏了错误,它也能增进理解.有时,正是通过找出证明中的错误,数学家才能够向前迈进.

6.1　四色问题

历史上最有名的错误证明,大抵是英国人肯普(A. B. Kempe)的四色问题解答.

读者都知道什么是四色问题吧?1852年,有位从大学毕业不久的英国年轻人格思里(F. Guthrie)写信给他的弟弟,信里提到每幅地图都可以只用四种颜色着色,使得有共同边界的国家涂上不同的颜色.他的弟弟仍在大学念书,便把这个问题向老师德·摩根请教.德·摩根未能证明该断言,便写信问爱尔兰数学家哈密顿(W. R. Hamilton),但哈密顿反应冷淡,只回复说他暂时没时间去考虑这个问题.不过自此四色问题(也称四色猜想)便在数学家圈子里流传开了.到1878年,英国数学家凯莱(A. Cayley)正式向伦敦数学会提出了这个问题,翌年他的一位做律师的学生肯普发表了一篇文章,声称证明了四色猜想.当时不少数学家都对肯普的成果给予高度评价,肯普甚至由此被选作英国皇家学会院士.接着的10年间,大家都公认肯普的证明解答了四色问题,甚至有一所中学的校长把这个问题列为校内数学竞赛的有奖征解,还要求“解答只准写满一页,三十列横写,另可多加一页图画!”到了1890年,另一位英国数学家希伍德(P. J. Heawood)指出了肯普在证明中的漏洞,但他利用肯普的想法证明了五色定理,即只用五种颜色着色,可使有共同边界的国家涂上不同的颜色.肯普向伦敦数学会报告了希伍德的结果，同时承认自己弄错了，也承认没办法填补这个漏洞。但在好一段时期里，希伍德的工作并没有受到应有的重视。在其后几年，不少书本杂志上还照样引用肯普的错误结果！

要明白肯普的证明错在哪里与后来希伍德怎样修正，较清晰的叙述是采用今天普遍通用的图论语言。一个图由某些点和相连其中一些点的边组成，每个点的次数是以该点为一个端点的边的数目。如果每两点顶多只有一条边相连，又没有一点自己与自己有边相连，这个图叫作单图。如果任意两点必有一条点接点由若干条边合起来的路线连着，这个图叫作连通图。如果全部点和边都在同一平面上，而且任意两条边没有相交点(端点不计)，这个图叫作平面图。平面图的边把平面分为若干份，每份叫作一个面。设有 v 个点、e 条边和 f 个面，著名的欧拉公式 $v-e+f=2$ 把这三个数联系了起来。(想象这些点和边是画在一个球面上，再做适当变形，可得到一个多面体，该公式也就是在4.2节谈论过的欧拉-笛卡儿公式。)设平面图是单图且为连通图，则可证明必有一点的次数不大于5。如若不然，则每点的次数均不小于6，故 $6v\leqslant 2e$(请参看4.1节的握手引理)；又由于每个面至少有三条边，有 $3f\leqslant 2e$；两式代入欧拉公式，得 $2\leqslant\frac{e}{3}-e+\frac{2e}{3}=0$，产生矛盾！所以一个单且连通的平面图必有一个点的次数不大于5。

给定一个地图，在每个国家里取一点，若两个国家有共同边界便把相应的两点用一条经过共同边界的边相连，这样得来的图，是单且连通的平面图(图6-1)。把地图着色，就是把每点涂上色，使得有边相连的点各涂上不同的色。肯普的证明的主要思想是这样的：假定四色猜想不对，可找一个最小的反例，意思是说有些图需用至少五种颜色着色，在这些图中选一个点数是最小的；它既是一个单且连通的平面图，必有一点 v 的次数不大于5；把 v 及以它为一端点的边抹掉，剩下的图可用四种颜色重新着色。要是 v 的次数小于4，与 v 相连的点只采用三种颜色，把 v 涂上另外一种颜

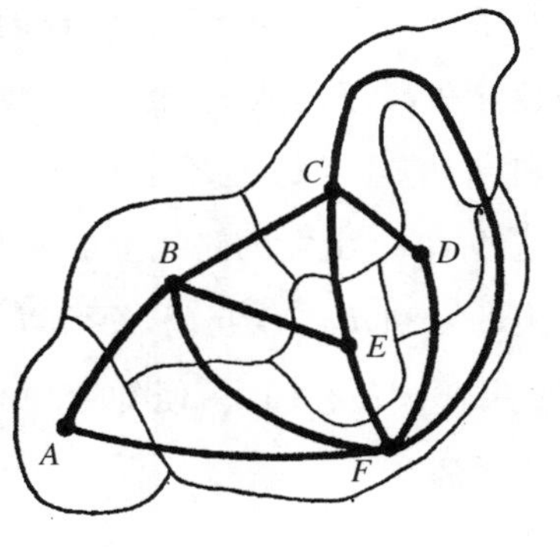

图 6-1

色补回去,便知道原来的图只需用四种颜色,与图的选取产生矛盾!余下两种情况却仍需考虑:

情况 1:v 的次数是 4,与 v 相连的四点 v_1,v_2,v_3,v_4 各涂上色 a,b,c,d(图 6-2).观察所有以 v_1 为起点,点接点由若干条边组成的路线,上面的点隔个涂上 a 和 c.如果没有一条这样的线路以 v_3 为终点的话,我们只需把这些路线上的 a 和 c 二色互调,便可以把 v_1 的色改为 c,仍维持四种颜色着色,把 v 涂上 a 色补回去,便知道原来的图只需用四种颜色,与图的选取产生矛盾(图 6-2).如果从 v_1 至 v_3 有一条这样的路线,便不可能以 v_2 为起点,有一条点接点由若干条边组成的路线,上面的点隔个涂上色 b 和 d,终点是 v_4.于是用类似的推断,亦产生矛盾(图 6-3)!

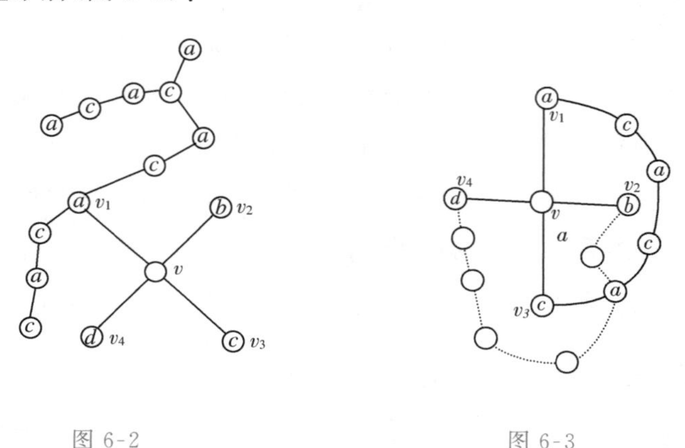

图 6-2　　图 6-3

情况 2:v 的次数是 5,与 v 相连的五点 v_1,v_2,v_3,v_4,v_5 各涂上色 a,b,a,c,d(图 6-4).像刚才的考虑一般,可以假定有一条点接点由若干条边组成的路线,从 v_2 走到 v_5,上面的点隔个涂上色 b 和 d;也有一条点接点由若干条边组成的路线,从 v_2 走到 v_4,上面的点隔个涂上色 b 和 c.于是从 v_1 至 v_4 不会有这样的路线,上面的点隔个涂上色 a 和 c;从 v_3 至 v_5 也不会有这样的路线,上面的点隔个涂上色 a 和 d.把这些从 v_1 出发的路线上的 a 和 c 二色互调,把这些从 v_3 出发的路线上的 a 和 d 二色互调,便可以把 v_1 与 v_3 的色分别改为 c 和 d,于是把 v 涂上 a 色补回去,便知道原来的图只需用四种颜色,与图的选取产生矛盾!

肯普以为他排除了全部可能情况，所以没有找到反例．即，四色猜想给证实了．希伍德指出的漏洞出现于最后一种情况，当我们把那些从 v_1 出发的路线上的 a 和 c 二色互调时，可能制造了一条从 v_3 至 v_5 的路线，上面的点隔个涂上色 a 和 d！因此，当我们再把 a 和 d 二色互调时，只是把 v_5 的 d 色换作 a 色，把 v_3 的 a 色换作 d 色，对 v 来说仍然要涂上第五种色！他给了一个反例(图 6-5)．固然，这是个局部反例，说明了原来的证明行不通，却不是全局反例，因为他的图是可用四种颜色着色的．希伍德还指出肯普的想法，可以搬来证明五种颜色是足够了，读者愿意试证明吗？

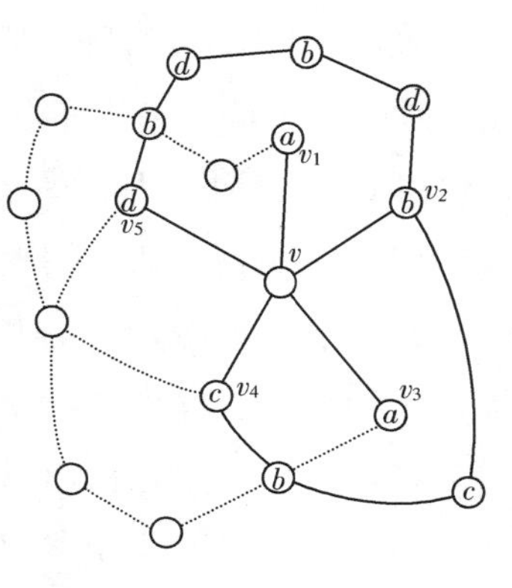

图 6-4

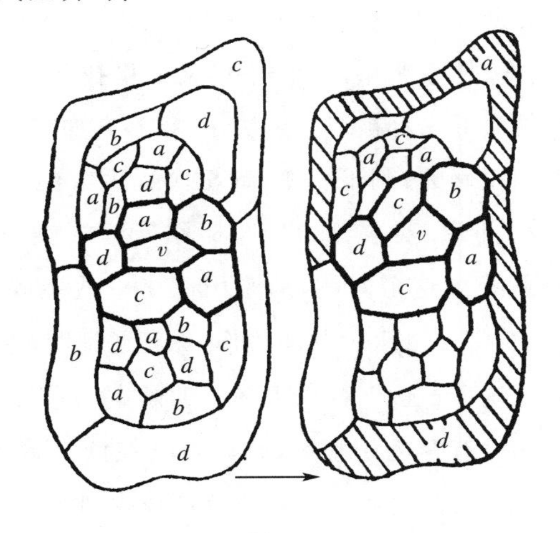

图 6-5

肯普的想法虽然行不通，却是一个很有意思的想法．他的战术是找出一组“无可避免”的构形，意思是说任何单且连通的平面图肯定包含至少一个这类构形作为里面的一部分，然后设法证明每一个这类构形都是“可约”的，即它不能在四色猜想的最小反例里出现．肯普的证明所选定的“无可避免”的构形，由那些次数少于 5 和它的相邻点组成，他以为已经证明了每一个都是“可约”的，但希伍德指出了最后一个并不是“可约”的，故证明不完全．后来从事这方面研究的人还是循这条路走，把那些并不“可约”的“无可避免”构形再分解，试图证明分解了的构形变成“可约”的.这样做可能导致一组个数很多的“无可避免”的构形,大家一度以为约有一万多个,其中有些还包含很多点,即使运用电子计算机去验证一个这样的构形是否“可约”,亦得花100小时.撇下储存问题不理,单是计算也得花上100年左右!后来美国数学家黑肯与阿佩尔成功地把“无可避免”构形个数缩短至1478个,把验算时间缩短至1200小时.在1976年,他们宣称四色猜想是对的.文章在1977年发表,长达139页,还附上电子计算机程序的微型胶片400页!过了10年后,还有人对他们的证明质疑,认为存在着漏洞.黑肯与阿佩尔亦有回应.据他们说,那些漏洞都给补足了.对于四色猜想是否解答了,数学家的意见还是莫衷一是(请参看2.2节).

6.2 费马最后定理

费马最后定理(Fermat's Last Theorem)是数学史上最著名的悬案.其实它是个猜想而已,把它称为“最后定理”是有原因的.后人在17世纪法国数学家费马遗留下来的书信文稿里找到不少述而不证的数学结果,这些结果后来都被一一解决了.很多有如费马所说,真是定理,但也有些是不正确的;剩下一个,却至今仍无人能证明是对是错,故称“最后定理”.[后记:在1993年6月英国旅美数学家怀尔斯(A. Wiles)宣称解答了这个问题,后来引起了一些疑问,终于他与一位以前的学生泰勒(R. Taylor)共同协作,修正了证明.他们在1995年发表文章,解答了这个长达三百六十多年的悬案.]它说:若n大于2,方程$x^n+y^n=z^n$没有全为正整数的解.费马在读丢番图的著作时在书页上写下了这个断言.他还写了一句话:“我找到一个确实不寻常的证明,但书页的空白地方太少,不容我把它抄下来.”究竟费马的证明是怎样的?或者问,究竟费马有没有正确的证明?我们全然不知.

在1847年3月1日,法国数学家拉梅(G. Lamé)在巴黎科学院声称他证明了费马最后定理.大意是这样的,他知道只用考虑n是奇质数p的情况(读者知道为什么可以这样考虑吗?),他把方程写作

$$Z^p=X^p+Y^p=(X+Y)(X+Y\omega)(X+Y\omega^2)\cdots(X+Y\omega^{p-1})$$

ω是$\cos\left(\frac{2\pi}{p}\right)+\mathrm{i}\sin\left(\frac{2\pi}{p}\right)$,于是问题化为因子分解,只不过因子不再是整数了,而是形如$a_0+a_1\omega+a_2\omega^2+\cdots+a_{p-1}\omega^{p-1}$的式子,这里的$a_0$,

$a_1, a_2, \cdots, a_{p-1}$是整数. 当时人们把这些数叫作根多项式，今天则称为p次分圆整数. 拉梅说，右边的因子若有公共因子，可先消掉，故不妨当它们互无公共因子，但它们的乘积是个p次方，所以每个也是p次方，由此可导致谬误，故方程无正整数解. 拉梅并没有把功劳全归于自己，他说是刘维尔建议把复数这样引进来应用的. 刘维尔却马上起立发言，说那并不是他的建议，很多人在这之前已经常运用复数去解决数论问题了. 他反而怀疑这个证明对不对，尤其关于右边的每个因子也是p次方这一点. 拉梅假定了因子分解乃唯一，才能下此断言，但刘维尔怀疑这个假定有问题. 另一位法国数学家柯西发言支持拉梅，这是因为在半年前他也曾向巴黎科学院提出过一个想法来解决同一个问题，只是当时没有时间深究下去. 于是拉梅与柯西回去埋首继续研究，三个星期后在另一次集会上两人各自把一密封函件交由巴黎科学院保管，这是当时巴黎科学院的一项传统，每当两位院士同时有相同的发现时，为免日后争执谁先谁后，两人可把研究内容各自写好后密封，交科学院保管. 要是日后有争论，便由科学院开封裁定谁先获得正确的答案. 这两封密函始终没有开启，但大家一定猜得到里面写的是什么. 没有开启和没有日后的争论，是因为刘维尔在3月24日的集会上宣读了德国数学家库默尔(E. E. Kummer)的来信. 原来库默尔在三年前已给出了反例，说明$p(n=23)$次分圆整数的因子分解，并不像整数的因子分解那般完美，它不是唯一的. 刘维尔的顾虑并非杞人忧天，拉梅的证明是有漏洞的.

整数有唯一因子分解这回事，叫作算术基本定理. 第一个明确地用今天我们惯用的形式写下并证明这条定理的人是高斯，但他提及欧几里得已经知道这个结果. 如果我们打开欧几里得的《原本》卷七第三十一条定理与卷九第十四条定理，便知道虽然欧几里得缺乏适当的记法与数学语言，这两个定理的确包含了整数可唯一分解这回事. 其中最关键的一步说：若p是质数，且p除尽ab，则p除尽a或p除尽b. 那是卷七的第三十条定理，与高斯的《算术研究》第十四节说的定理一模一样. 在这一节开始高斯有段话："虽然欧几里得也证明了这个定理，但我不打算省略它的证明，因为很多近代的作者或者用模糊的计算代替了证明，或者根本忽略了这条定理. 而且明白了这个简单情形，我们能更好了解这种方法,迟一些我们将运用这种方法去解决更困难的问题."回顾历史,18世纪的数论大师们,如欧拉、勒让德、拉格朗日,都以为这条算术基本定理乃理所当然,从没想过要证明它.一方面,我们更加赞叹欧几里得在几千年前已具备这样深邃的洞察力;另一方面,我们也更加明白了为何初学的人碰到算术基本定理的证明就以为此乃多此一举.在还未碰到因子分解不唯一的场合时,多数人不会体会到唯一分解的重要,拉梅的错误证明揭示了这一点.

库默尔在拉梅之前想过同一个问题,并且意识到唯一分解并非放诸四海而皆准.但这障碍可没有使他放弃研究,他发现如果多添某些他称作"理想数"的数,是可以恢复唯一分解这个良好性质的,从而他能对某种类的 p 证明费马最后定理.为了明白"理想数"的大意,让我们改看一些较简单的数,如所有形如 $a+b\sqrt{-5}$ 的数,a 和 b 是整数.对这些数来说,唯一分解不成立.例如:

$$6=2\times3=(1+\sqrt{-5})\times(1-\sqrt{-5})$$

可以证明,数 $2,3,1+\sqrt{-5},1-\sqrt{-5}$ 是不能再分解的,而且两个分解式是真正不同的(例如 $6=2\times3=(-2)\times(-3)$ 就不能算是真正不同的).不过,若你允许我继续分解下去,我可把它写成

$$6=\sqrt{2}\times\sqrt{2}\times\sqrt{-2+\sqrt{-5}}\times\sqrt{-2-\sqrt{-5}}$$

固然,这些数都不再有 $a+b\sqrt{-5}$ 的形式,也已越出了我们原先的讨论范围,但它们就是"理想数".前两个相乘得2,后两个相乘得3;第一个与第三个相乘得 $1+\sqrt{-5}$,第二个与第四个相乘得 $1-\sqrt{-5}$.问题是:你事先怎么知道要添加哪些"理想数"呢? 30多年后,德国数学家戴德金发现这些"理想数"竟能利用原先的数刻画,只是这样的刻画涉及某一集合的数而非仅是个别的数.不过这些集合有很好的性质,戴德金把它们叫作理想,于是他把数的运算推广至理想的运算,并证明了对理想来说,唯一分解是成立的.在这种意义下,他把库默尔的理论整理成为一套更优美的理论,而理想这东西后来更成为近世抽象代数的一个重要的中心概念.

6.3　一致收敛的函数序列

在 1678 年,莱布尼茨提出了一个连续性原理,备受当时数学家采纳.原理说:如果一个变量在变动中每一刻都满足某个特性,那么它的极限也满足该特性.按照这个指导思想,柯西在 1821 年证明了以下的定理:设 $f_1, f_2, f_3, \cdots$ 是一系列连续函数,而对每个 x,$f_n(x)$ 趋于某极限值,称它为 $f(x)$,由此可定义 $f_1, f_2, f_3, \cdots$ 的极限函数 f,则 f 必是个连续函数.用图像说明,就是有一系列连续不断的曲线,它们越来越接近另一条曲线,在每一点上都要多近有多近,那么这条曲线也必是连续不断的(图 6-6).柯西是这么证明的.考虑一点 x,欲证明 f 在该点连续.先取足够大的 n,使 $|f_n(x)-f(x)|$ 足够小,比如说,小于 $\frac{\varepsilon}{3}$,

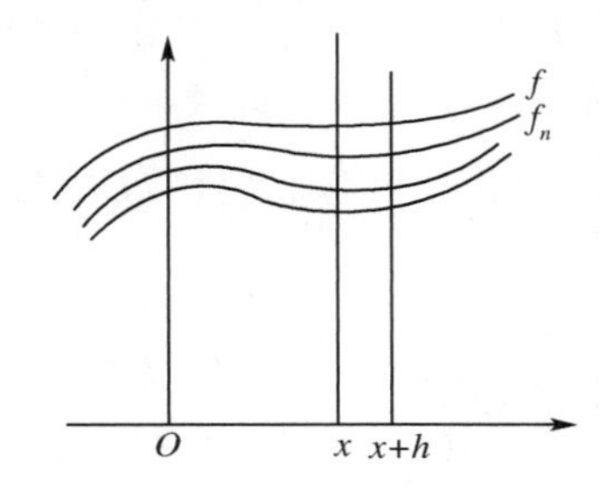

图 6-6

ε 是预先给定的任意实数,也使在邻近的 $x+h$,有 $|f_n(x+h)-f(x+h)|$ 小于 $\frac{\varepsilon}{3}$.定了一个这样的 f_n,当 $|h|$ 足够小时,可使 $|f_n(x+h)-f_n(x)|$ 足够小,比如说小于 $\frac{\varepsilon}{3}$,综合起来,便有

$$|f(x+h)-f_n(x+h)|+|f_n(x+h)-f_n(x)|+|f_n(x)-f(x)|<\varepsilon$$

利用三角不等式,知道左边的式不小于 $|f(x+h)-f(x)|$,即当 $|h|$ 足够小时,有 $|f(x+h)-f(x)|<\varepsilon$,$\varepsilon$ 即预先给定的,这表示 f 在 x 点是连续的.

但这结果跟另一条差不多同时期出现的定理产生了矛盾!傅里叶证明了某些不连续函数可表示成一系列三角级数的极限,而三角级数显然是连续函数.例如以下的不连续函数(图 6-7)却其实是

$$\sin x-\frac{1}{2}\sin 2x+\frac{1}{3}\sin 3x-\frac{1}{4}\sin 4x+\cdots$$

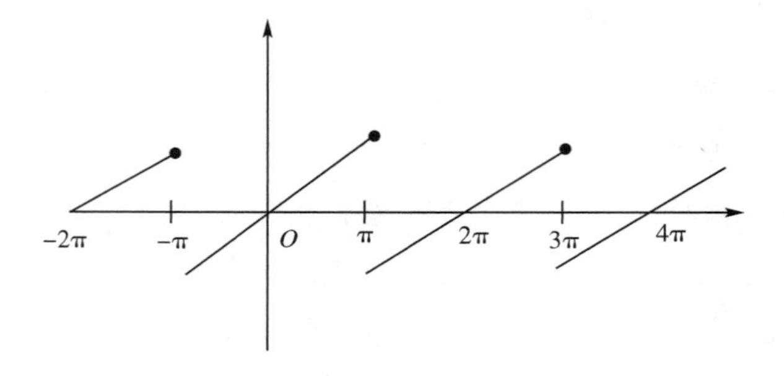

图 6-7

奇怪的是,这样两条互相矛盾的定理竟有一段时期“和平共存”!原来是柯西弄错了.但他的证明的漏洞,隔了 26 年后才由赛德尔(P. L. von Seidel)发现.对每个 x 当然存在一个正整数 $N(x)$,使得对大于 $N(x)$ 的 n,有 $|f_n(x)-f(x)|<\varepsilon$.但在证明时,柯西需要的是一个“一劳永逸”的选择,即,对全部 x 都要找一个这样的下限,或者说 $N(x)$ 的选择必须与 x 无关.可惜,有些函数并没有这种性质,例如以下的函数:

$$f_n(x)=\begin{cases}x^n, & 0\leqslant x<1\\ 1, & x\geqslant 1\end{cases}$$

直觉上可以这样看,定了一点 x,虽然 $f_n(x)$ 这一系列的数趋于零,但对不同的 x,却有快慢之分,并不一致,因此要求同一个 $N(x)$ 能适合不同的 x 是有困难的.对于这个特例,就办不到了,f_n 的极限函数并不连续,它取值如下(图 6-8):

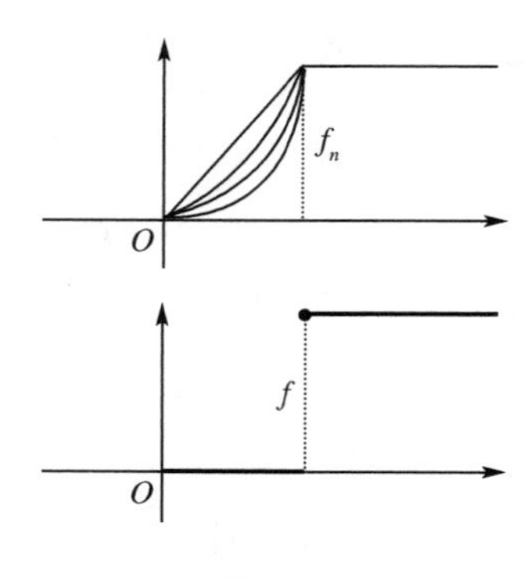

图 6-8

$$f(x)=\begin{cases}0, & 0\leqslant x<1\\ 1, & x\geqslant 1\end{cases}$$

为了补救，一个办法是要求那些 f_n 满足那个一致趋近于 f 的条件，使柯西的证明通过. 读者可能会觉得这是儿戏，证明中出现障碍便把它列为前提，好让证明生效，那岂不是随心所欲吗？不是的，单单增加条件而不理会修改后的定理是否有意义只能算是逃避责任的做法，但如果这个条件对很大一类东西适用，也解释了很大一类现象，那便表示这个条件值得提炼成为一个定义了. 从柯西的错误证明中，数学家提炼了一致收敛的概念，是19世纪后期数学家的研究重点，详细的定义在任何一本高等微积分课本中都能找到，在这里也就不叙述了.

七 反证法

设想你在课堂里听数学课，要证明“若 A，则 B”这个命题，老师说：“我们这么办，先假定 B 不对，那么……”你心里会否嘀咕：“人家正是要你证明 B 是对的，你却说 B 不对，岂非不战而败吗？”真的，很多人对这种证明手法感觉不自在. 原因是在证明过程中，每一步到下一步完全合乎逻辑，但每一步的结论却其实不能发生！这种证明手法，叫作反证法，亦称归谬法. 这一方法历史悠久，古代希腊数学家均已运用自如. 英国近代数学家哈代曾经这样称赞它：“欧几里得很喜欢采用的归谬法（reductio ad absurdum）是数学家最有力的一件武器，比起象棋开局时牺牲一子以取得优势的让棋法，它还要高明. 象棋弈者不外牺牲一卒或顶多一子，数学家索性把全局拱手让予对方！”

7.1 两个古老的反证法证明

让我们先看两个用反证法证明的古老的定理. 在第 2 节里我将再次提及这两个例子，讨论它们的异同.

古代希腊数学家曾经一度以为“数即一切”. 这里的数指正整数. 反映于几何方面的信念，是以为任何量都是可公度量的. 比方给定任何两条线段，他们深信必能找到一条足够小的线段，用这一小线段去度量那两条线段，每个分别是它的某个整数倍. 用今天的术语说，即任何线段的长都是有理数！但是，到了公元前 5 世纪下半叶，有人发现了正方形的边与对角线不可能有公共度量. 对古代希腊数学家来说，这个发现不只震撼人心，而且动摇了他们辛辛苦苦建立起来的完美无瑕的数学世界；但就是这个发现，对古代希腊数学的发展产生了深远的影响，并持续至近代. 要讨论这个发现的由来及影响，寥寥数语不足以交待过去，我不打算在这里介绍，但它的一个证明，与本章的主题极有关系. 这个证明看来不会是这个发现的由来，因为它太优美简洁，反显得不朴素自然. 亚里士多德的《前分析篇》(*Prior Analytics*，公元前4世纪中叶)里记载了这个证明. 作者采用它来示范何谓反证法，可知这个发现在当时已是众所周知的了. 他说："设 $ABCD$ 是个正方形，AC 是它的对角线，我宣称 AC 和 AB 是不可能公度量. 因为若它们可公度量，我宣称将会有一个数既奇且偶. ……"把他的证明分析一下，便知道就是今天很多课本中证明 $\sqrt{2}$ 是个无理数的方法. 证明的过程是这样的：假定边长是 N 倍某线段而对角线长是 M 倍同一线段，则从勾股定理得知 $M^2=2N^2$；再假定 M 和 N 不同是偶数，否则考虑缩小一半的正方形的边和对角线便是；由于 M^2 是偶数，M 也是偶数，故 N 必是奇数；置 $M=2T$，则 $4T^2=M^2=2N^2$，即 $2T^2=N^2$，故 N^2 是偶数，N 也是偶数. 那 N 怎么能既奇且偶呢？结论只能是：正方形的边长与对角线长不可能有公共度量.

另一个有名的结果是欧几里得的《原本》卷七第三十一及第三十二条定理，合起来就是说任何大于1的整数必有质因子. 证明是这样的，假定有大于1的整数 A 没有质因子，则 A 不是质数，否则它就是自身的质因子；A 既是合数，它便有真因子 B，故 $B<A$；B 不是质数，否则 B 就是 A 的一个质因子，故 B 又有真因子 C，故 $C<B<A$，C 也是 A 的因子，故 C 不是质数，否则 C 就是 A 的一个质因子；C 又有真因子 D，故 $D<C<B<A$；依此下去，在 A 与1之间有无穷多个整数，那怎么可以呢？结论只能是：任何大于1的整数必有质因子.

7.2　间接证明与反证法

在上一节的两个证明过程中. 我们都是先假设结论不对，从而归结出谬误，由此断定结论其实是对的. 这种手法是间接证明，与直接证明不同.

直接证明，毋须多说，就是设法从前提 A 推导出结论 B. 比方要证明：若 A 与 B 是实数，则 $A^2+B^2\geqslant 2AB$. 已知 A 与 B 是实数，故 $A-B$ 也是实数，因而 $(A-B)^2\geqslant 0$，亦即 $A^2+B^2-2AB\geqslant 0$，或写作 $A^2+B^2\geqslant 2AB$，证毕.

间接证明，是不对命题做正面攻击，转而证明相反的结论不对. 怎样证明相反的结论不对呢?通常有两种方法:(1)假定相反结论成立,也就是假定结论不对,设法由此归结到谬误,这叫作反证法或称归谬法.(2)若知道结论是若干个可能情况之一,设法排除其余情况,这叫作穷举法.细心一想,便知道其实(2)包含了(1),因为相反的结论正是由这些其余的情况组成的.

那么,反证法的逻辑根据是什么呢?

要证明命题 P 是真,先假定非 P 是真,以此为出发点推导出一个已经知道是假的命题 Q,因此非 P 是假.逻辑上的排中律说 P 或非 P,其一必真,非 P 既是假,则 P 是真.不过,并非所有间接证明都要用到排中律,例如证明命题 P 是假,可先假定 P 是真,以此为出发点推导出一个已经知道是假的命题 Q,因此 P 是假.你可能会问,这个跟上一个证明 P 是真的情况有何区别呢?把 P 换成非 P 不就是上一个情况吗?的确,对很多人(包括很多数学家)来说,这是没区别的.承认了排中律,非 P 是假(真)与 P 是真(假)乃同一回事.但对有些数学家来说,P 是真是指已证明它是真,P 是假是指已证明它是假,即假定它是真时可导致矛盾.承认排中律就是承认了任何命题都能够证明它是真的或证明它是假的,但从构造观点来说,有好些命题并非如此,所以他们不承认排中律.这种观点在 19 世纪中叶就曾被德国数学家克罗内克强调过,到了 20 世纪初,荷兰数学家布劳威尔的主张尤其坚决激烈,当时称为直觉主义派.后来在 20 世纪 60 年代中期,演变为构造数学学派,以美国数学家毕晓普为代表人物.既然不承认排中律,则非 P 是假不能算是 P 真,只能说 P 不假.7.1 节的两个反证法证明,对直觉主义派数学家来说,第一个是证明了"$\sqrt{2}$是有理数"乃假命题,但第二个并没有证明了"任何大于 1 的整数有质因子"乃真命题!

7.3 逆否命题

在 1.1 节里我们说过,不妨只考虑"若 A,则 B"这种形式的命题.注意一点,要证明这个命题我们只用说明为何 A 是对时 B 亦对,至于单独地问 B 是否对,可不是我们要担心的.从一个这样的命题可以衍生另外三个与它有关的命题:

(1) 原命题:"若 A,则 B";

（2）逆命题："若 B，则 A"；

（3）否命题："若非 A，则非 B"；

（4）逆否命题："若非 B，则非 A".

当原命题是真时，它的逆命题与否命题不一定也是真，但它的逆否命题却一定是真. 其实，逆否命题与原命题是等价的，即两者要则同时是真，要则同时是假. 例如原命题是"若两整数相等，则其平方亦相等." 逆否命题是"若两整数的平方不相等，则它们亦不相等."两者提供同样的信息，它们都是真的. 原命题的逆命题是"若两整数的平方相等，则它们亦相等."这是假的，例如 $2\neq-2$，但 $2^2=4=(-2)^2$. 原命题的否命题是"若两整数不相等，则其平方亦不相等."这也是假的. 实际上，否命题是逆命题的逆否命题，故二者是等价的.

我们不难以日常生活中的语言去解释为什么原命题与它的逆否命题等价. 设"若 A，则 B"是真，但"若非 B，则非 A"是假，那么若非 B，则可 A 可非 A，而且必有情况是 A，由此必有情况是 A 又是非 B，故 B 与非 B 同时成立，这是个矛盾，所以逆否命题也是真的. 设"若 A，则 B"是假，但"若非 B，则非 A"是真，那么若 A，则可 B 可非 B. 而且必有情况是非 B，由此必有情况是 A 又是非 B，故 A 与非 A 同时成立，这是个矛盾，所以逆否命题也是假的. 读者或已察觉，上面的解释其实运用了反证法. 不过，以上说的都可以通过数理逻辑的语言写成精确的证明，但我不打算在这里讨论. 有兴趣的读者，可以参考数理逻辑方面的书.

要是命题"若 A，则 B"是真，我们便说 B 是 A 的必要条件，A 是 B 的充分条件. 意思是说当 A 成立时，B 必然也成立，而当 A 成立时，它已充分保证了 B 也成立. 当原命题与它的逆命题都是真，A 和 B 互为充分与必要条件，简称充要条件，或等价条件. 例如"若三角形的两边相等，则对角亦相等"及"若三角形的两角相等，则两边亦相等"两者俱真，所以两边相等是三角形两角相等的充要条件.

从这个角度看，反证法是证明原命题的逆否命题. 不过，当前提 A 并不明显时，硬要把原命题的逆否命题写出来，未免显得有点做作！

为什么有时命题不好证明，逆否命题却好证明呢？那是因为假定 B 不对，提供了较多的"原料"去"炮制"一连串的推论，虽然我们心底里明白,要是命题是真,这一切推论的结论都是不对的！比方要证明:若一直线把圆分成两半,则该直线必通过圆心.较方便证明的是它的逆否命题:若一直线不通过圆心,它不把圆分成两半.若直线与圆根本不相交,自然它不把圆分成两半;设直线与圆相交于 A 和 B,但圆心 O 不在 AB 上(图 7-1),连 AO 并延长成直径 AOD,则 AOD 把圆分成两半,但其中一半比弓形 ACB 大,所以弓形 ACB 不是圆的一半,证毕.又例如 7.1 节的两个证明,前提 A 是包括了数的基本性质,任何谬误都是非 A,逆否命题的前提变成"$\sqrt{2}$ 形如 $\frac{M}{N}$"或"A 是没有质因子的合成数",多了回旋之地,虽然那其实是子虚乌有的！

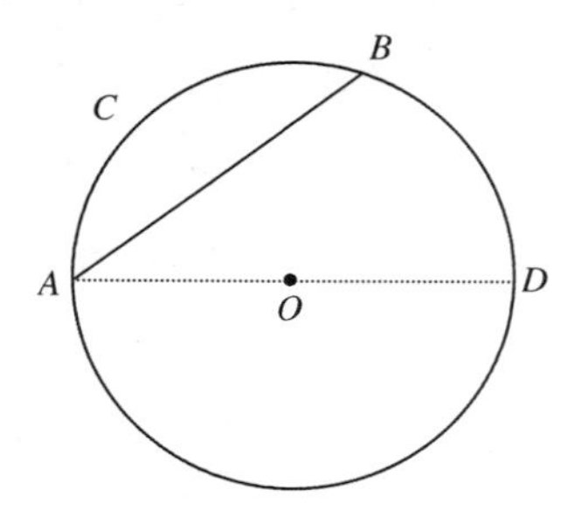

图 7-1

但千万不要把反证法跟否命题的证明相混淆.证明否命题"若非 A,则非 B",等于证明了逆命题"若 B,则 A".在反证法中,我们假定 B 不对,归结出谬误,通常谬误出于推导了 A 不对;但证明否命题时,我们假定 A 不对,推导 B 亦不对.只要我们分清什么是前提什么是结论,便不会错了.

7.4 施坦纳-李密士定理

初中学习几何的时候,我碰到一道这样的习题:证明等腰三角形的两底角平分线等长.这并不难,做完了我便想:逆命题是真是假?即,"若三角形的两条内角平分线等长,则三角形等腰"对不对呢?奇怪得很,这道看似课本习作的问题,很不简单.我苦思良久,仍茫无头绪.请教老师,老师也答不上来.后来过了好一段日子,我才知道原来这是一个有点名堂的问题.这个问题由李密士(C. L. Lehmus)在 1840 年提出,瑞士数学家施坦纳(J. Steiner)做出了证明,故被称作施坦纳-李密士定理.真想不到,这样的定理竟没有在欧几里得的《原本》里出现！

为《科学美国人》(*Scientific American*)杂志撰写趣味数学专栏达 20 多年的加德纳(M. Gardner)在 1961 年的一期杂志上刊登了这个问题,收到过百封读者来函,提出各式各样不同的证明,其中最简洁的要算两位工程师吉尔伯特(G. Gilbert)与麦克唐奈(D. MacDonnell)给出的反证法. 假定$\triangle ABC$不等腰,不妨设 $B=\angle ABC<\angle ACB=C$,在 BM 上取一点 L,使$\angle LCN=\frac{B}{2}$(图7-2);注意到 L、N、B、C 四点共圆,而且

$$\angle CBN=B<\frac{1}{2}(B+C)=\angle BCL$$

$$<\frac{1}{2}(B+C+\angle BAC)=90^\circ$$

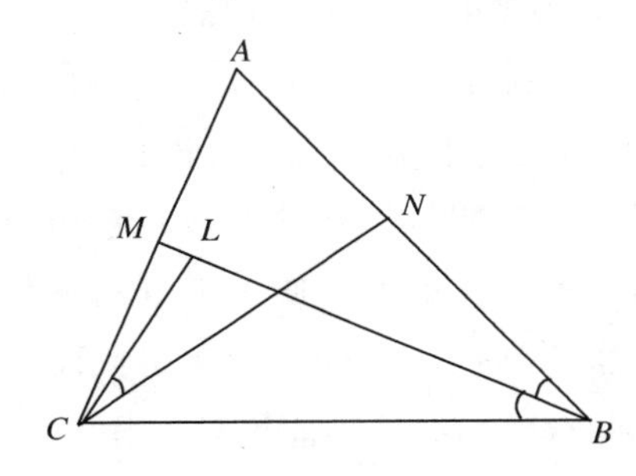

图 7-2

因此这两个锐角相对的弦 CN 与 BL 满足不等式 $CN<BL$;已知 $CN=BM>BL$,这与上一个不等式产生矛盾,所以$\triangle ABC$等腰,证毕.

7.5 反证法在数学以外的运用

在以后几章里,我们还会跟反证法打交道,暂时不再举例了. 下面我叙述两个反证法在其他学科里的应用,以示数学证明不单于数学有用,更是人类思想领域的一大发明(请参看 1.4 节).

第一个事例是 16 世纪意大利科学家伽利略 (Galileo Galilei)的假想物理实验,它推翻了亚里士多德两千多年来的论断. 亚里士多德认为有两种运动,就是自然运动与人为运动;任何运动都受到动力和阻力的作用,没有动力物体不动,没有阻力物体就在瞬时走完路程. 在自然运动中,动力来自物体的重量,而阻力来自它通过的介质. 因此,他的结论是物体自由下落时,重的比轻的下落得快些.

到了 16 世纪末,这个论断才给伽利略推翻. 通常听到的故事,说

伽利略跑上比萨斜塔放下两枚重量不等的铁球,它们同时抵达地面.虽然这个故事说明了科学实验的重要,但没有确实史据证明当时有过这样轰动的实验,而更重要者,是伽利略根本没必要做这个实验,仅凭反证法他便能得到物体自由下落时速度与重量无关的结论.假定亚里士多德的论断是真,现有物体 A 和 B,A 比 B 重,则 B 比 A 下落慢些,因此若把 A 与 B 拴在一起(记作 $A+B$),B 把 $A+B$ 的下落速度拖慢,A 把 $A+B$ 的下落速度加快,使 $A+B$ 比单独 A 下落慢些却比单独 B 下落快些;但另一方面 $A+B$ 比 A 重,按照亚里士多德的论断,$A+B$ 比单独 A 下落快些;于是 $A+B$ 既比 A 下落快些也比 A 下落慢些,是个矛盾.结论是亚里士多德的论断不成立.

第二个事例见诸 19 世纪博物学家达尔文的名著《物种起源》(*Origin of Species*,1859 年),证明各种鸽均源自一种叫作 Columba Livia 的岩鸽.假定并非如此,那么这些不同种类的鸽源自七种至八种原始鸽种,这些原始鸽种的下落有三种可能情况:(1)它们都灭绝了;(2)它们仍存在,但还没有被鸟学家发现;(3)它们在上古时代已被豢养.接着,他说明每一种情况都没有使人满意的解释,于是得出结论,各种鸽均源自那种岩鸽.固然,在科学上运用反证法与在数学上运用反证法,效果不尽同,获致的结论不能说是百分之百正确,不过精神倒是相像的.这使人想起英国 19 世纪作家柯南道尔笔下的神探福尔摩斯的一句口头禅:“当别的一切可能情况都已告吹,剩下的不管是多么不可能,它一定就是真的.”

八　存在性证明

在日常生活里，我们要证实一件事，总得拿出证据来．如果我告诉你："香港必有秃头的人．"你会要求我介绍一位秃头的朋友给你认识，或至少上街指出一位秃头的人让你看看，要是我办不到，你便不相信我的话．这种反应完全是合理的，说不定我是想当然矣，也说不定香港没有一个人是秃头的！如果我告诉你："香港必有两个人的头发根数相同．"你或会有同样的反应，甚至觉得那是更难证实的事．你会说："你说笑吧？难道你有此能耐逐户去调查？即使你愿花这番工夫，可谁人愿花工夫去逐根逐根地数头发呢？"不，我不是说笑，我毋需拿出真凭实据，仍然能证实后一句话，你相信吗？这一章的讨论主题，就是这类存在性证明．数学上所谓的存在性证明，是指不用构造手法来证明结论断定的东西存在．对一般人来说，此乃不可思议，即使对数学家来说，这也是引致争论的话题．

8.1　两个头发根数相同的人

要证明香港有秃头的人，我只好设法去寻找一个是秃头的人，一天没找着也就一天没得到证明．但要证明香港有两个头发根数相同的人，我安坐家中也能证明！想象我们知道全部居民的头发根数，把全部有 0 根头发的人放在 0 号房，把全部有 1 根头发的人放在 1 号房，把全部有 2 根头发的人放在 2 号房，依此类推．根据常识，人的头发根数不超过 20 万，但香港居民数目约达 600 万，远超出 20 万了；把这么多人分放在 20 万个房间里，其中必有一个房间里至少有两个人．这两个人就有同样根数的头发．证毕．不过，我说不出那两个人是谁，也说不出那两个人有多少根头发．话得说回来，原则上要知道也可办到，以上的证明已经提供了一个方案，就是逐个人做调查，证明的核心部分在于保证调查完毕后肯定有两个那样的人. 在其后几节里,我们会看到一些存在性证明,却连这一点原则上的构造味道也缺乏呢!

在未继续讨论下去前,这个例子还有一点值得一提,它用了一个虽浅显却很基本的原理,数学家称之谓“鸽笼原理”或“抽屉原理”. 这个原理说来简单不过,把多于 n 件东西放在 n 个抽屉里,其中必有一个抽屉盛着至少两件东西. 在数学家手上,这个简单的原理给运用得出神入化. 它的深化发展,是近代组合数学的一门重要理论,叫作拉姆齐(F. P. Ramsey)理论. 在 19 世纪中叶,德国数学家狄利克雷运用这个原理深入探讨了代数数域的可逆元群的结构,使这原理登堂入室,因此后来亦有人把它冠以“狄利克雷匣子原理”的名称. 狄利克雷的研究成果中有一条定理,与上面的例子味道相似,不妨做一介绍. 那条定理说:设 α 是任一实数,N 是给定的正整数,则必有一对整数 a,b,使 $\left|\alpha-\frac{b}{a}\right|\leqslant\frac{1}{Na}$,且 a 适合条件 $1\leqslant a\leqslant N$. 由于 $a\geqslant 1$,故 $\left|\alpha-\frac{b}{a}\right|<\frac{1}{N}$,取 N 足够大,可知有理数$\frac{b}{a}$逼近 α;又由于 $a\leqslant N$,故$\frac{b}{a}$的分母受到控制不致过大. 就此意义来说,我们能用较简单的有理数逼近一个实数. 怎样证明 a,b 存在呢? 考虑 $N+1$ 个整数:

$$0,[\alpha],[2\alpha],\cdots,[N\alpha]$$

这里的符号$[x]$表示不大于 x 的最大整数(当 x 是非负数时,$[x]$即 x 的整数部分). 例如,$[4.23]=4$,$\left[-\frac{1}{2}\right]=-1$,$[\pi]=3$. 再考虑以下的 $N+1$ 个数,都是小于 1 的非负数:

$$0,\alpha-[\alpha],2\alpha-[2\alpha],\cdots,N\alpha-[N\alpha]$$

把它们分放在以下的 N 个半开半闭区间:

$$\left[0,\frac{1}{N}\right),\left[\frac{1}{N},\frac{2}{N}\right),\cdots,\left[\frac{N-1}{N},1\right)$$

必有两个落在同一个区间里. 即存在整数 i 和 j,满足 $0\leqslant i<j\leqslant N$,$|(j\alpha-[j\alpha])-(i\alpha-[i\alpha])|<\frac{1}{N}$,亦即满足$|(j-i)\alpha-([j\alpha]-[i\alpha])|<\frac{1}{N}$. 置 $a=j-i$,$b=[j\alpha]-[i\alpha]$,则 a 和 b 是整数,且 $0<a\leqslant N$,$|a\alpha-b|<\frac{1}{N}$,亦即$\left|\alpha-\frac{b}{a}\right|<\frac{1}{Na}$. 如同上面的例子,原则上这个证明告诉我们怎

样寻找 a 和 b. 例如，当 $\alpha=\pi$ 而 $N=10$ 时，我们察看

$$0,[\pi],[2\pi],\cdots,[10\pi]$$

得到 0,3,6,9,12,15,18,21,25,28,31 这 11 个数，相应的 11 个数(只看小数后一个位)是

$$0,0.1,0.2,0.4,0.5,0.7,0.8,0.9,0.1,0.2,0.4$$

比如取 $i=1,j=8$，算得 $a=7,b=22$，即 $\frac{22}{7}$ 是一个分母不大于 10 而与 π 相差不大于 0.1 的有理数. 懂连分数的读者自然知道其实 $\frac{22}{7}$ 是分母不大于 10 的有理数中最接近 π 的那一个，我国南北朝数学家祖冲之把它定为约率，见诸《隋书》的记载："约率：圆径七，周二十二."

8.2 一条古老的存在性定理

读者必知道有无穷多个质数，这条定理有很多不同的证明，各具特点，也各自带来不同的收获. 让我们只看最古老的那一个证明，也是最初等最优美简洁的一个，见欧几里得的《原本》卷九第二十条定理. 虽然书上用了几何语言，以线段表正整数，证明的实质内容只是这样：假定 A、B、C 是三个不同的质数，取 $A\times B\times C+1$，则这个数是质数或合数；若是前者，则它就是另一个质数，非 A 非 B 非 C；若是后者，则它有一个质因子，这个质因子就是另一个质数，非 A 非 B 非 C. 明显地，如果开始不是只有三个而是 n 个不同的质数，同理可得出另一个质数，与那 n 个质数都不同，如此这般下去，便有无穷多个质数了. 原则上这个证明提供了一个写下无穷多个质数的方法. 例如从 2 开始，$2+1=3$，得到另一质数 3；$2\times3+1=7$，得到另一质数 7；$2\times3\times7+1=43$，得到另一质数 43；$2\times3\times7\times43+1=1807=13\times139$，得到另一质数 13(约定取最小的质因子)；$2\times3\times7\times13\times43+1=23479=53\times443$，得到另一质数 53 等. 原则上，这样计算下去毫无问题，实际上却是不可行的，因为如何把一个正整数分解成质因子绝非轻易的工作，数学家为此已忙上了两千多年！十几年前数学家还以为即使动用高速电子计算机去分解一个 100 位的正整数，也得花上一百年以上的时间，有人还基于这一点设计了所谓不可破译的密码！超级电脑面世后，这段时间缩短为两个月. 1988 年 10 月下旬，荷兰数学家兰斯特拉

(A. Lenstra)利用分布平行处理算法把五十多部电子计算机同时投入计算，分解了一个100位的正整数，只花了26天的时间.由此可见质因子分解是一件艰巨的工作，上面的证明，主要仍在于它证明了存在无穷多个质数，并不在于借着它写下越来越多的质数.要做后者，另有更好的可行方法.

8.3 数学乎 神学乎

8.1节和8.2节的例子，虽云存在性证明，多少仍带一点原则上的构造味道.有些存在性证明，却连这一点味道也没有.历史上最著名的事例是德国近代最伟大的数学家希尔伯特在1888年解决“戈丹问题”的经过：

戈丹(P. Gordan)是一位比希尔伯特大25岁的德国数学家，在1868年他突破了一个不变量问题，获得“不变量之王”的荣衔.在这里我们不必深究何谓不变量，要明白这段故事，读者不妨把不变量看作是一个含有有限多个变量的代数整式，当变量经某些线性变换转化为另一组变量时，该代数整式保持不变或只是乘上某个数.自英国数学家凯莱在1843年提出不变量理论后，可以说它支配了接着半个世纪西欧的代数学.当时的一个重要问题是问：有没有一组个数有限的不变量，使得其他所有不变量(尽管它们的个数是无穷多)都能够用这组不变量表示出来？这样的一组不变量便叫作一组有限基.戈丹的重大成就在于证明了二变数的不变量有一组有限基.他在证明过程中，计算出了这组基.因此，一篇文章虽满是公式，但计算技巧之娴熟，使人叹服，故有“不变量之王”的封号.但过了20年，虽经英国、德国、法国、意大利众多数学家的努力，竟没有人(包括戈丹本人在内)能把戈丹的定理推广至三变数或更多变数的情况去.当时的研究气氛，完全被一种形式计算的传统笼罩着.人们依循戈丹的方法，试图去构作不变量的有限基.从而涉及的计算，繁复冗长，往往刊登的文章整页也容不下一个单独的数式！1888年春天，26岁的希尔伯特聆听了“不变量之王”戈丹对他工作的介绍，从此，希尔伯特被这个“戈丹问题”深深地吸引了.回家后念念不忘，无时无刻不在思考着.终于在该年冬天，他证明了无论多少个变量的不变量都必有一组基.轰动当时数学界的倒不是这条定理本身的内容，而是它的证明. 希尔伯特选择了一条与前人完全不同的途径，他没有跳进那繁复公式的海洋里去挣扎，却从逻辑的必然性去证明存在一组有限基. 他并没有构造一组基，甚至没有说明如何去构造一组基，他只是指出要是不存在一组有限基便会导致矛盾！当时这个证明引起了极大反响，有些数学家对这种从本质上改变了问题提法的意念赞叹不已，但有些数学家却坚持没有构造该物就不算是证明了该物存在. 据说戈丹看到希尔伯特这篇文章后，大声疾呼："这不是数学，这是神学！"

对戈丹这句话，不同的人有不同的解释. 有些人认为戈丹热衷于构造性证明，对于这种纯粹存在性证明不当作是数学. 有些人认为他这么说，是指数学应提出确实证据叫人入信，不像神学只凭信念，毋需确实证据也相信存在性. 更有些人认为戈丹其实对希尔伯特的成就深感钦佩，叹为上天的杰作！无论如何，过了两年后，戈丹改进了希尔伯特的证明，但保持了原来的精神. 他还说："我现在确信，神学也有它的价值."另一方面，希尔伯特亦没有就此罢休，虽然他解决了"戈丹问题"，这问题却仍萦绕脑际，他还是希望找到一个构造性证明. 结果在1892年由于别的研究工作，他发展了一个本质上是有限构造的方法，利用它实现了这个梦想. 正因为希尔伯特通过一个存在性证明获得了一个构造性证明，从而显示了存在性证明的力量和意义，并使这种想法在数学思想领域立足并发扬. 对于那些认为非构造性证明是毫无意义的人，希尔伯特有一段十分有意思的反驳："纯粹的存在性证明之价值恰在于通过它们不必去考虑个别的构造，使各种不同的构造包罗于同一个基本思想之下，使得对证明来说最本质的东西清楚地突显出来. 达到思想的简洁和经济，就是存在性证明生存的理由……禁止存在性证明……等于废弃了数学科学."

8.4 高斯类数猜想的征服

下面打算再叙述一个历史上的著名问题. 存在性定理在它的解答中所起的作用，比起8.3节的例子还来得微妙.

自从法国数学家费马在17世纪中叶把某些质数表成平方和以后，数学家对这类问题越来越感兴趣. 费马证明了形如 $4n+1$ 的质数

可表成 x^2+y^2,形如 $6n+1$ 的质数可表成 x^2+3y^2,形如 $8n+1$ 的质数可表成 x^2+2y^2 等. 在 1773 年,法国数学家拉格朗日观察了更一般的形式,试把整数表示成 $ax^2+bxy+cy^2$,从而开展了二元二次型的研究. 要是我们通过某类可还原的变换把变元 x、y 转为 x'、y',原来的二次型化成另一个二次型 $a'x'^2+b'x'y'+c'y'^2$,变换后的二次型与原来的二次型表示相同的整数集合,这样的两个二次型就叫作等价的. 例如,经过变换 $x=2x'+y'$, $y=x'+y'$,二次型 x^2+2y^2 化作二次型 $6x'^2+8x'y'+3y'^2$,它们表示相同的整数集合,17 固可表成 $3^2+2\times2^2$,但也可表成 $6\times1^2+8\times1\times1+3\times1^2$. 拉格朗日还发现等价的二次型有相同的判别式 $D=b^2-4ac$. 例如,x^2+2y^2 的判别式是 $-4\times1\times2=-8$, $6x'^2+8x'y'+3y'^2$ 的判别式也是 $8^2-4\times6\times3=-8$. 他还证明了每个二元二次型可经这类变换化成一个叫作标准型的二次型,而且这是唯一的. 所以,当时的一个重要问题,是计算具相同判别式的标准型共有多少个,也就是二元二次型的分类问题. 伟大的德国数学家高斯在这方面做了大量重要的工作,载于他的经典名著《算术研究》,所以今天我们把 $h(D)$(D 表整数,$h(D)$表示判别式等于 D 的标准型的个数)的计算叫作高斯类数问题. 高斯在书里宣布了一个猜想:给定一个正整数 h,只有有限多个负整数 D 使 $h(D)=h$(对正整数的情况,高斯也有一个猜想,他相信有无穷多个正整数 D 使 $h(D)=1$,这个猜想至今悬而未决). 直到 20 世纪初,数学家对这个猜想的了解,比高斯所知道的多不了多少,但在 1918 年,德国数学家兰道发表了赫克(E. Hecke)在一次讲演中证明的定理. 大意是在某些条件下,$h(D)$随$|D|$的增大而增大(D 是负整数),因此,使 $h(D)=h$ 的负整数 D 只有有限多个. 定理述及的条件涉及一个有名的函数,叫作 L 函数,是狄利克雷在 1839 年因研究质数理论而引入的,我不打算扯上过多技术细节,不如只叙述它的一个特殊情况,就是在
2.1 节提及的 ζ 函数. 这个函数最耐人寻味的特点是它的零点分布,也就是著名的黎曼假设. 狄利克雷的 L 函数比 ζ 函数更广泛,它也有类似的猜想,关于某些零点的实数部分是否都是 $\frac{1}{2}$,这个猜想称作"推广的黎曼假设". 若推广的黎曼假设成立,则赫克的定理也成立,也就

是说高斯的猜想给证实了. 在 1933 年,德国数学家多伊林(M. Deuring)证明了一个出人意料的定理:若黎曼假设不成立,则对足够大的 $|D|$,有 $h(D) \geqslant 2$(D 是负整数). 翌年,英国数学家莫德尔(L. J. Mordell)把它改进成为:若黎曼假设不成立,则 $h(D)$ 随 $|D|$ 的增大而增大(D 是负整数). 同一年,海尔布伦(H. Heilbronn)更证明了:若推广的黎曼假设不成立,则 $h(D)$ 随 $|D|$ 的增大而增大(D 是负整数),因此,使 $h(D)=h$ 的负整数 D 只有有限多个. 把赫克的定理和海尔布伦的定理合起来,我们便知道高斯类数猜想是对的. 有趣的一点是,虽然高斯猜想给证明了,我们却不知道推广的黎曼假设是对还是错? 更有趣的是,既然无论推广的黎曼假设是对还是错,结论都是高斯猜想是对,那么照理不必动用这个假设也能证明同一结论吧? 但又不然. 在证明里,利用假设成立的一部分,是凭它去保证某些充分条件成立;利用假设不成立的一部分更妙,是凭这一点保证存在一个实数部分不是 $\frac{1}{2}$ 的零点,由此才得以继续下去. 若假设是对的(很多人都相信它是对的),这种零点却又根本不存在!

高斯猜想的特殊情形也备受注意,他本人计算了全部使 $h(D)=1$ 的负整数 D 的值(由于他给判别式的定义略有不同,他只计算了偶数值). 到了 20 世纪初,数学家知道的值仅有 9 个,即 $D=-3,-4,-7,-8,-11,-19,-43,-67,-163$. 这个问题也可描述成一个关于唯一因子分解的问题. 若 $h(D)=1$,则形如 $a+b\sqrt{D}$ 的所谓"整数"享有像普通整数一样的唯一质因子分解性质,反之亦然. 在 1934 年,海尔布伦与林富特(E. H. Linfoot)把解决高斯类数猜想的方法应用于 $h(D)=1$ 这个特殊情况,得出结论为顶多只有 10 个负数 D,使 $h(D)=1$. 即,除已知的 9 个以外,顶多再有 1 个. 这个如鬼魅似的"第十个数"与 L 函数的零点有关,是捉摸不着的,但如果找着了,也就推翻了推广的黎曼假设,因此寻找这"第十个数"成为 20 世纪 30 年代以来最大的研究目标. 不过,若它不存在,却无从推论推广的黎曼假设是否成立. 其实,多数人倾向于相信它不存在,也有人指出若存在那样的负整数 D,$|D|$ 必须大于 5×10^{9}. 1952 年,有位中学数学教师希格纳(K. Heegner)发表了一篇文章,宣称解答了这个问题,只有 9 个负整

数 D,使 $h(D)=1$. 可惜他的文章写得不清晰,而且有漏洞,没受到应有的重视,直至去世之日,仍然无人真正了解他的工作的重要意义. 到了 1966 年,英国数学家贝克(A. Baker)利用苏联数学家盖尔丰德(A. O. Gelfond)和林尼克(Yu. Linnik)在 20 世纪 40 年代后期开展的方法证明了不存在"第十个数";同一年,美国数学家斯塔克(H. M. Stark)用完全不同的方法(但与希格纳的想法相似)也证明了这一回事;其后不久,多伊林把希格纳的证明补足,于是高斯类数一问题才获得了圆满解决.

8.5 存在性证明的功用

有些读者可能见过下面的习题:

计算 $$\sqrt{(2+\sqrt{(2+\sqrt{(2+\cdots)})})}$$

有些课本提出这样的"快捷"解法:设该式是 a,便有 $\sqrt{2+a}=a$,故 $2+a=a^2$,或 $a^2-a-2=0$,解这个二次方程得两根,一为 2,另一为 -1;显然 a 不是负数,所以答案是 2. 这种说法是有问题的,它漏掉了一项很重要的声明,就是假定答案是存在的,或者说,那个无穷根式是有意义的. 说得精确一点,考虑以下这样定义的数列 $\{a_n\}$:

$$a_0=\sqrt{2},a_{n+1}=\sqrt{2+a_n}$$

先证明 $\{a_n\}$ 是个收敛的数列,有极限 a,就是说当 n 越来越大时,a_n 越来越接近 a,而且要多接近可多接近. 上面的无穷根式,其实是指这个极限. 知道了这个极限存在,便能回到那个"快捷"解法. 其间涉及的步骤,仅用初等数学分析知识,是全部能严密证明的. 有趣的一点,当我们证明极限存在时,我们不必知道它是什么,也无从知道它是什么;但必须晓得极限存在以后,才能把它计算出来!

有些读者会问:"真的要花那番气力吗? 从原根式等于 a 得到 $\sqrt{2+a}=a$,再算出 $a=2$,那还不够吗?"让我们看一个貌虽类似、实质却复杂得多的问题,以资比较:

计算实数 x,使

$$x^{x^{x^{\cdot^{\cdot^{\cdot}}}}}=2$$

为印刷上的方便,以后用 $h(x)$ 表示式子左边的无穷重复指数式,它其实是指下面数列$\{a_n\}$的极限：

$$a_0=x, a_{n+1}=x^{a_n}$$

与第一个例子类似，它的“快捷”解法是考虑 $x^{h(x)}=2$，既然 $h(x)=2$，故 $x^2=2$，即 $x=\sqrt{2}$. 置 $x=\sqrt{2}$ 于数列的定义去计算，极限的确是 2，答案是对的. 有一次在美国中学生数学竞赛中出现了一道很相似的试题：计算实数 x，使 $h(x)=8$. 若按照刚才的“快捷”解法，得到 $x=8^{1/8}=1.2968\cdots$. 可是，置 $x=8^{1/8}$ 于数列的定义去计算，它虽收敛，极限却不是 8，是1.4625…！这一题的答案应是没有实数 x，使 $h(x)=8$. 可见不先弄清楚答案存在与否即盲目做形式计算，会导致不合理的答案.

也许我该补上一笔，交代一下 $h(x)$这个奇怪的东西. 原来这个无穷重复指数函数有一段历史，多次为人重新发现和研究，关于它的文章多得不可胜数. 早在 1778 年瑞士数学家欧拉就研究并证明了 $h(x)$ 只在$[e^{-e}, e^{\frac{1}{e}}]$这个闭区间上有极限，在别的点上它都发散（为了方便直觉认识，我抄下一些数值，$e=2.7182\cdots$，$\frac{1}{e}=0.3678\cdots$，$e^{-e}=0.0659\cdots$，$e^{\frac{1}{e}}=1.4446\cdots$）. 他也知道在那区间里，$h(x)$的值落在$\frac{1}{e}$至 e 之间，而且对任意在$\frac{1}{e}$和 e 之间的数 x，有$h(x^{1/x})=x$（图 8-1）. 这解

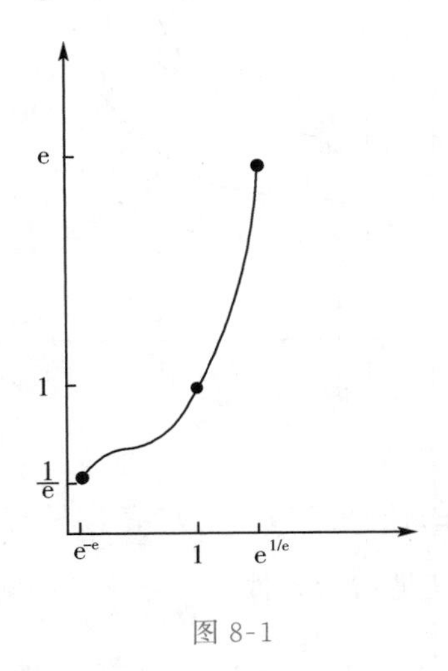

图 8-1

释了为什么 $x=\sqrt{2}$是 $h(x)=2$ 的解，但 $h(x)=8$ 却没有解. 那个 $8^{1/8}=1.2968\cdots$是另一个方程$h(x)=1.4625\cdots$的解吧. 我不想扯得太远，全部细节一概略掉不讨论了.

上面的例子说明了有些问题的答案可以依靠它的存在性证明去寻找.下面让我们再看一些存在性证明的别的功用.英国数学家斯图尔特(I. Stewart)曾经提及在他近年来的研究工作中的一个例子,他想寻找某一种叫作嘉当(Cartan)子代数的代数结构.详情并不重要,甚至什么叫作嘉当子代数也不重要,读者只需注意有一条定理说这些东西是存在的,不过那个证明是非构造性的.斯图尔特却从另一个角度去看这个问题,找到了一种算法,把嘉当子代数构作了出来.但为了证明该算法获得要求的结果,他竟又要用上那条存在性定理呢!

另外有些问题,从另一方面借助了存在(唯一)性定理.我们先证明解答存在并且唯一,往往那个证明并不是构造性的,然后我们想方设法获得一个解答,由此断定它就是唯一的解答.最常见的例子乃微分方程的解,让我以一阶微分方程为例,为求更多读者明白其中的思想,我不采用严谨的叙述,转用形象的描述.满足一阶微分方程$\frac{dy}{dx}=F(x,y)$的解 $y=f(x)$可以看作一条曲线,处处有切线,而且切线的斜率由 $F(x,y)$确定,这样的曲线叫作积分曲线.如果该解满足初始条件 $y_0=f(x_0)$,则此曲线通过点(x_0,y_0),我们把(x_0,y_0)叫作该解的初始值(图 8-2).有一条基本定理告诉我们,当函数 F 满足某些合理的条

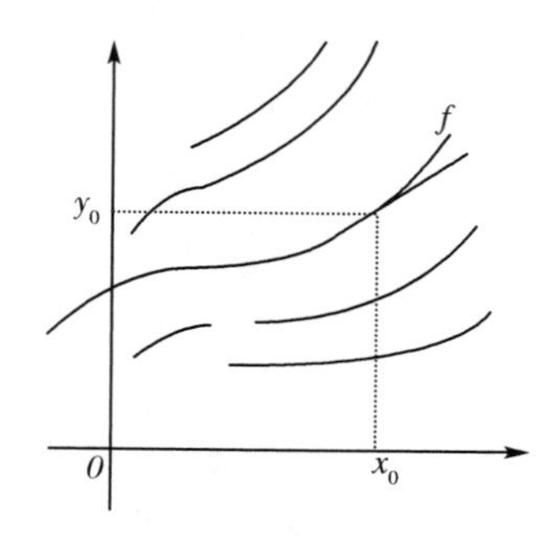

图 8-2

件时,在某个区域内的任一点(x_0,y_0),有且只有一条积分曲线通过它,即有且只有一个满足初始条件 $y_0=f(x_0)$的解.看一个特例,微分方程是$\frac{dy}{dx}=y$,考虑指数函数 $y=Ce^x$(C 是个常数),这是一个解.其实我们已捕获全部解,因为从任何解 $y=f(x)$可算得 $f(0)=A$,则 $y=Ae^x$ 也是解,且与 $f(x)$有相同的初始值$(0,A)$,故$f(x)=Ae^x$.

8.6 极值问题的解的存在性

利用解的存在去求解，除了 8.5 节提到的例子外，另一经典例子是极值问题. 让我从一个大家都熟悉的例子开始：已知一正实数 S，把它分成 n 个正数之和，使这 n 个正数的积最大. 即，求 $x_1, x_2, \cdots, x_n$，使 $S=x_1+x_2+\cdots+x_n$，且 $P=x_1x_2\cdots x_n$ 取极大值. 假定已知这样的解存在，设为 $x_1=a_1, x_2=a_2, \cdots, x_n=a_n$，我将证明 $a_1=a_2=\cdots=a_n$. 知道了这一点，便知道答案是取 $x_1=x_2=\cdots=x_n=\frac{S}{n}$，故 P 的最大值是 $(\frac{S}{n})^n$，怎样证明 $a_1=a_2=\cdots=a_n$ 呢？假定并非全部 a_i 相等，那么必有两个不相等，不妨设为 a_1 和 a_2（否则同理），再考虑 $x'_1=x'_2=\frac{1}{2}(a_1+a_2)$，其余的 x'_i 仍取值 a_i，那么有 $S=x'_1+x'_2+\cdots+x'_n$，但由于 $a_1^2+a_2^2>2a_1a_2$，故

$$x'_1x'_2\cdots x'_n=\frac{1}{4}(a_1+a_2)^2a_3\cdots a_n>a_1a_2a_3\cdots a_n$$

这是个矛盾，因为按假定 $a_1a_2\cdots a_n$ 已达极大值！定理得证. 不过，要注意一点，严格地说我们只证明了若解存在，则它满足 $x_1=x_2=\cdots=x_n$，所以必是 $x_1=x_2=\cdots=x_n=\frac{S}{n}$. 单独这回事，并不足以证明满足该性质的必是解.

为了更好说明解的充分条件与必要条件的区别，德国数学家佩龙（O. Perron）曾经设计了一个这样的怪论，证明 1 是最大的自然数！设 n 是最大的自然数，则 $n\geqslant n^2$，即 $n(n-1)\leqslant 0$，故 $n-1\leqslant 0$，亦即 $n\leqslant 1$；但 $n\geqslant 1$，由此得 $n=1$，证毕. 当然，这个证明是错的，因为它假定了一个不存在的东西存在. 或者说. 它其实只证明了若有最大的自然数，它就是 1，既然有别的自然数大于 1，其实也就证明了没有最大的自然数. 读者现在应该相信存在性很重要了吧！

但由于很多问题的解显然存在，直到 19 世纪末，数学家仍然把极值问题的解的存在视作理所当然. 历史上最有名的例子是关于"狄利克雷原理"的故事. 那原理是关于某类二重积分的极小值的存在性，19 世纪一些最伟大的数学家，如高斯、狄利克雷、黎曼，在他们的工作中都不加考虑地把这个假设用作数学物理和函数论中某些深刻定理

的基础.特别是黎曼在他的1851年博士论文里无拘束地运用这个原理作为他的函数论基础,并给它冠上他的老师狄利克雷的名字.狄利克雷曾经在特殊情形下运用过这个假设.这个假设不只有合理的物理意义,即使就数学直觉来说,也是合理的,但当然这不等于说它是已经被证明了的.当时另一位德国数学家魏尔斯特拉斯严厉地批评了这一点.他认为未经证明就假设有那样的函数使积分达到极小值,是绝对站不住脚的.黎曼承认魏尔斯特拉斯的批评是公平合理的,但他也深信一个在物理上有意义的结果在数学上也必有意义,而且总可以有数学上的证明.可惜黎曼不到40岁便在1866年去世.他死后不到几年,魏尔斯特拉斯证明了狄利克雷原理不可能永远成立.他构作了一个反例,使积分达极小值的函数并不存在.因为这个反例,使黎曼的理论有一段时期受到普遍忽视.也有一些数学家企图避开这个原理,重建黎曼的函数论,但总不如原来的理论优美.这个原理实在太有用了,就此抛弃,十分可惜.最终拯救了狄利克雷原理的人,是希尔伯特.他曾说过这个原理的诱人的简明性和无可否认的丰富的应用可能性,与它内在的真实性有密切关系.在1899年,他克服了这个难题,证明了只要加上某些限制,就可以消除魏尔斯特拉斯所批评的缺陷,使黎曼的理论恢复它原有的简明优美.从黎曼发表他的论文至希尔伯特解决这个难题,经历了差不多半个世纪.美国数学家克莱因(M. Kline)在他的著述《古今数学思想》(*Mathematical Thought from Ancient to Modern Times*,1972年,有中译本)里说:"狄利克雷原理的历史是值得重视的.格林(G. Green)、狄利克雷、汤姆森(W. Thomson)以及与他们同时代的其他一些人把这原理认为是完全可靠的方法并且无拘束地运用它.后来,黎曼在复变函数中指出它对导出主要结果是非凡的工具.所有这些人都明白基本的存在性问题还没有解决,甚至在1870年魏尔斯特拉斯宣布他的批判之前,他们也明白这一点.魏尔斯特拉斯的批判使该方法受怀疑达几十年.后来,希尔伯特拯救了这原理,它在20世纪得到应用并给扩充了.假如应用这原理得到的进展等待有了希尔伯特的解答才开展,那么19世纪很大一段关于位势理论和函数论的工作就会丧失掉了."

8.7　有理数与无理数

要判定一个已知数是有理数还是无理数，并非易事，最著名的一个例子是欧拉常数：

$$r=\lim_{n\to\infty}\left(1+\frac{1}{2}+\frac{1}{3}+\cdots+\frac{1}{n}-\log_{e}n\right)$$

至今仍无人能判断它是有理数还是无理数. 如果读者以为高速电子计算机对这类问题有帮助的话，试看数坛传奇人物拉马努金在1913年提出的一个数 $e^{\pi\sqrt{163}}$，e是自然对数的底，值为2.7182…. 假定你能用电子计算机算出25位，答案是

$$262537412640768743.9999999$$

假定你能多算5个位，答案是

$$262537412640768743.999999999999$$

看到一个这样的数，你心里怎么想？在1975年加德纳开了个玩笑. 在那一年的《科学美国人》杂志四月号刊登了这则故事，但捏造了一些枝叶，说数学家终于证明了 $e^{\pi\sqrt{163}}$ 是个整数(4月1日在西方叫作“愚人节”，有些人喜欢在当天开一些无伤大雅的玩笑)！其实，只要具备一点关于代数数与超越数的知识(参看下一节)，不难知道 $e^{\pi\sqrt{163}}$ 是个超越数，更不要说是整数了. 拉马努金在文章里正是要构作一些十分接近整数的无理数，这个 $e^{\pi\sqrt{163}}$，背后有深刻的数学支持. 目光锐利的读者，或者认得那个数163，与8.4节提到的高斯类数猜想有关. 数学各领域之间的联系的确很神秘，引人入胜. 小数后接连出现12个9(下一个位数字是2，不再是9)，虽使人吃惊，却有它的道理，不过其中牵涉深刻的高等数学知识，无从在这里讲述了.

好了，你应相信不易判定一个数是有理数或是无理数了吧. 现在让我问你一个问题：有没有一个形如 a^b 的有理数，a 和 b 却都是无理数？有些读者会说：“待我懂了超越数理论后才答复你吧，目前我没有足够的知识作答.”不是的，只要你懂了指数法则，便能明白解答. 考虑 $\sqrt{2}^{\sqrt{2}}$ 这个数，它或是有理数，或是无理数. 若是前者，它即答案，取 $a=\sqrt{2}$，$b=\sqrt{2}$；若是后者，取 $a=\sqrt{2}^{\sqrt{2}}$，$b=\sqrt{2}$，则 $a^b=2$ 是有理数，也就是答案. 无论是哪一种情况，我们都能肯定存在那样的有理数，但注意我可没有告诉你 $\sqrt{2}^{\sqrt{2}}$ 是有理数或是无理数，我也毋需知道它是有理数或

是无理数！（看罢下一节，你便知道$\sqrt{2}^{\sqrt{2}}$其实是个超越数，所以是个无理数.）

8.8 代数数与超越数

化圆为方这个古老的著名难题(参看 9.3 节)，把数学家对圆周率的兴趣，由单纯计算它的值推广到了研究它的性质. 德国数学家兰伯特(J. H. Lambert)在 1761 年证明了 π 是无理数，后来法国数学家勒让德还怀疑 π 不单是无理数，就连任何整系数多项式方程它都不满足. 这样把全部实数分为两类，一类能满足某条整系数多项式方程，另一类不能满足任何整系数多项式方程. 实际上，欧拉早在 1744 年已经提出，前者叫作代数数，后者叫作超越数，因为欧拉认为后者已超越了代数方法的范围.

但直至 1844 年，人们还不能肯定有没有超越数. 说不定任何实数都满足某一整系数多项式方程呢！在这一年，法国数学家刘维尔展示了一个超越数，就是

$$0.110001000000000000000001000\cdots$$

这里的 1 出现于小数后第 1!位、第 2!位、第 3!位、第4!位等. 再过了几乎 30 年后，法国数学家埃尔米特(C. Hermite)才在 1873 年证明了 e 是超越数. 他写信告诉朋友，证明 π 是超越数将会是很困难的工作；不过 9 年后，德国数学家林德曼在埃尔米特的工作基础上，证明了 π 是超越数. 一般而言，要判定一个数是代数数或是超越数，是很困难的. 希尔伯特在 1900 年的巴黎国际数学家会议上发表了一个重要讲演，提出了 23 个问题，其中第 7 个就是关于这一点：试证明若 $\alpha(\neq 0,1)$，β 是代数数，且 β 是无理数，那么 α^{β} 是超越数，或至少是无理数. 在 1919 年，希尔伯特在另一次讲演中再次提到这个问题，他还把它与另外两个著名的数学悬疑相提并论. 他相信在自己有生之年能见到黎曼假设的解答，至于费马最后定理或需崭新的概念和工具，恐怕自己见不到它的解答了，在座的年轻人却应有机会见到；但即使在座最年轻的听众，大抵在他有生之年也不会知道究竟 $2^{\sqrt{2}}$ 是否是超越数！过了 70 多年后，我们仍然不知道黎曼假设与费马最后定理是对是错(请参看 2.1 节和 6.2 节)，但我们不只知道 $2^{\sqrt{2}}$ 是超越数，还知道得更多. 当

时在座听讲演的有位年轻的德国大学生西格尔(C. E. Siegel),过了10年左右,他证明了 $2^{\sqrt{2}}$ 是个超越数. 至于更一般的希尔伯特第七问题,在1934年被苏联数学家盖尔丰德解决了,翌年德国数学家施奈德(T. Schneider)也独立地解决了这个问题. 英国数学家贝克在1966年把这些方法做了推广,得出了一系列关于代数数对数的线性型定理,由此接二连三解决了好几个数论上的重要问题. 但对超越数,我们还有很多不知道的事情,例如没有人知道 π^{π} 或者 $e+\pi$ 是代数数还是超越数.

1874年,德国一本数学杂志上出现了德国数学家康托尔(G. Cantor)的一篇只有几页的文章,题为《关于实代数数的特性》,证明了存在超越数,从而印证了刘维尔的发现. 不过,他的证明方法与前人走的路大有区别. 他是这样考虑的:先证明全部实代数数是可数的,就是说能把它们排队,一个接一个,每个代数数都在队中某处出现,且只出现一次;他再证明全部实数是不可数的,就是没办法这样排队,因此必有一个实数不是代数数,它就是一个超越数.

怎样把代数数排队呢? 康托尔把所有整系数多项式方程分类,如果方程是 $a_nx^n+\cdots+a_1x+a_0=0$(不妨设 $n\geqslant1$ 和 $a_n>0$),便说它的高是 $n+|a_n|+\cdots+|a_1|+|a_0|$(康托尔原来的定义,以 $n-1$ 为首项). 对每个正整数 h,只有有限多个整系数多项式方程的高是 h,而每个这样的方程又只有有限多个根. 于是凭着高的递增,我们能"网罗"全部代数数. 固然这样做是重复捕捉了好些代数数,但不要紧,我们约定只要头一次出现那一个,以后有重复,丢掉了便是. 于是我们把代数数排队. 例如没有高是1的方程;高是2的方程只有 x,根是0;高是3的方程有 $x^2,2x,x+1,x-1$,根是 $0,1,-1$;高是4的方程有 $x^3,2x^2,x^2+x,x^2-x,x^2+1,x^2-1,3x,x+2,x-2,2x+1,2x-1$,根是 $0,1,-1,2,-2,\frac{1}{2},-\frac{1}{2}$(还有 i、$-\mathrm{i}$,不是实数,可不理会),等等. 排起队来,是 $0,1,-1,2,-2,\frac{1}{2},-\frac{1}{2},\cdots$.

为什么不能把实数也排队呢? 康托尔后来在1891年给出了另一个更巧妙的证明,我打算叙述第二个证明,这与1874年的文章里的不相同. 康托尔证明了不能把0与1之间的实数排队(这已足够证明全部实数不能排队,因为两者之间有一一对应关系),为此我们约定用小数表示,凡碰到尾巴全是 9 的数一律进一位,例如0.2399999…写作0.240000….假如我们能把它们排队,便有一个无穷排列,例如:

0.135681231…

0.146198766…

0.230000000…

0.718125412…

0.003260000…

0.044301859…

⋮

每个在 0 与 1 之间的实数必在某列出现,且只出现一次.现在我们考虑一个这样的实数,小数后第 n 位的数是 1 或 2.排列方法是:第 n 列那个实数的小数后第 n 位不是 1 就排 1,是 1 就排 2.例如按照上面的排列,得出来的实数便是

0.211212…

这样的数不可能在排列中任一列出现,它与第一列的数在第一位不同,与第二列的数在第二位不同,与第三列的数在第三位不同,依此类推.这怎么可能呢?全部在 0 与 1 之间的实数理应在某列出现呀!结论就是全部在 0 与 1 之间的实数不能排队.这个构作是从排列的左上角向右下角斜着扫视,故称为康托尔的“对角线方法”,是数学上一个优美精妙的意念,在别的场合也有用途.例如,原籍奥地利美国数学家哥德尔证明他那著名的不完全性定理时,使用了这个巧妙的方法(请参看 9.5 节).

值得注意的是,这篇文章的题目其实掩盖了它最有意义的一点,即证明了无穷亦有等级之分.例如自然数

1,2,3,4,5,6,…

有无穷多个,平方数

1,4,9,16,25,36,…

也有无穷多个,实数亦有无穷多个;但伽利略在 17 世纪已留意到自然数与平方数是一样多的,虽然他认为这是一个悖论,违反了全部比部分更大这条公理;康托尔在文章里证明了实数比自然数或平方数来得

更多,前者不可数而后者可数.认识了这一点,他才开展了后来的无穷集理论研究,这是 19 世纪后期一项伟大的数学成就.但为什么文章却用了一个这么低调的题目呢?超越数存在与否,刘维尔不是早已答复了吗?也许这点跟当时德国的数学气候有关.当时在德国数学界极具影响力的克罗内克强烈地认为,除非我们能用有限构造方法获得某个东西,否则我们不能宣称该东西在数学上存在.据说在一次宴会上他说过这样一句话:“上帝创造了自然数,别的一切都是人做的工作.”顿成后世传诵之名言.据说还有一次他对林德曼说:“你那个关于 π 的漂亮研究有什么用呢?无理数根本就不存在,你为什么还研究这种问题?”他有一项宏伟的构想,就是从数学中清除一切非构造性的概念,把数学彻底“算术化”.作为数学家,克罗内克纵有许多值得赞美的品质,但他攻击那些在数学及哲学上与他持不同观点的人,却流于偏激刻薄甚至针对个人.康托尔与克罗内克便曾有过一段因数学意见不同导致的个人恩怨.但在初期,康托尔还是让他三分的,可能为使文章得以发表,康托尔特意不把主要发现在题目里标明,却用了代数数这种克罗内克也能接受的字眼!

这几类关于超越数的结果,很好地说明了存在性与构造性证明的关系.康托尔的证明是存在性证明,刘维尔的证明是构造性证明,而埃尔米特与林德曼的证明介乎其间,是在别的场合出现了一个这样那样的数,凭着该数的某些属性证明了它是超越数.构造性味道最浓的证明应该是有一个算法,使人能按部就班地判定一个给定的数是超越数还是代数数.但至今我们还没有这样的算法,也许根本不会有这样的算法!

九　不可能性证明

在数学上有一些所谓“不可能”的问题，就是说某些问题不可能被解决. 这个“不可能”有它特定的意义. 关于这一点，同样值得我们学习. 下面就让我们看一些不可能性证明的问题.

9.1　十五方块的玩意

很多读者都见过或玩过这样一个玩意儿，它是由十五块标上从 1 至 15 号码的小方块组成的，边挨边放在一个方匣里(图 9-1). 由于还有一格空位，在空位四周的小方块便可以上下左右滑动，给移进空位去. 游戏的目的就是单凭这种移动方式，要从一个初始的排列方式得出另一个规定的排列方式. 比如说，初始的排列方式是从 1 至 15 的顺序，空位在右下角，怎样移动小方块才得出另一排列方式，仍然是 1 至 15 的顺序，但空位在左上角. 要是你曾玩过这个玩意儿，你会发现试来试去总不成功，渐渐地你可能会产生这样一个疑问：究竟是自己技艺未精，还是根本不可能办到呢(图 9-2)？固然，自己解决不了一个问题并不表示那个问题是没办法解决的，但要是某个问题是不可能的，我们就要去证明它. 有些读者会觉得奇怪，既是不可能有答案，又怎会有结论呢？就让我用这个特例来说明：

1	2	3	4
5	6	7	8
9	10	11	12
13	14	15	

图 9-1

	1	2	3
4	5	6	7
8	9	10	11
12	13	14	15

图 9-2

先看每次移动一个小方块后有什么结果. 在这里，我们采用一个

方便继续讨论的记法，假想那十五块并非放在方匣里，而是一字排开来. 例如，开始时它们的位置是

1 2 3 4 5 6 7 8 9 10 11 12 13 14 15 16

16 表示空位. 到最后它们的位置应该是

16 1 2 3 4 5 6 7 8 9 10 11 12 13 14 15

如果第一次把标上 12 的小方块滑动到空位，即得到

1 2 3 4 5 6 7 8 9 10 11 $\underline{16}$ 13 14 15 $\underline{12}$

第二次把标上 11 的小方块滑动到空位，即得到

1 2 3 4 5 6 7 8 9 10 $\underline{16}$ $\underline{11}$ 13 14 15 12

第三次把标上 7 的小方块滑动到空位，即得到

1 2 3 4 5 6 $\underline{16}$ 8 9 10 $\underline{7}$ 11 13 14 15 12

第四次把标上 3 的小方块滑动到空位，即得到

1 2 $\underline{16}$ 4 5 6 $\underline{3}$ 8 9 10 7 11 13 14 15 12

这样，每一次移动只把其中两个数字互易位置，其余不动，一步一步地做下去，目标是得出最后的排列. 在上面一连串的移动中，互易位置的数字底下划上线. 理论上我们可以把全部移动过程罗列出来，检查有没有一个结果是那个最后的排列，但你可以想象，这样做不只极费时间(且不论人力上是否行得通)，而且没有点出关键所在. 换句话说，即使我们知道答案是什么，也不知道答案怎么是那样的. 不如看看排列中的任一对数 x 和 y(依排列中出现的先后次序)，若 $x>y$，便称作一个反转. 数一数排列中共有多少个反转. 例如开始的排列有 0 个反转，移动一次后的排列有 7 个反转(见上面的例子)，再移动一次后的排列有 8 个反转，再移动一次后的排列有 15 个反转，再移动一次后的排列有 22 个反转，而最后的排列共有 15 个反转. 这些反转的数目看似杂乱无章，却似乎有个规律，即每经一次移动后，这个数目便从偶数变奇数，或从奇数变偶数. 是否真正如此呢？只好求助证明了. 幸好那并不难证明，因为我们只用看一次移动，即互易两个数字的位置，其余不动. 设互易位置的是 a 和 b(依排列中出现的先后次序)，我们可以不理会在 a 左边的数字和在 b 右边的数字，只用理会 a 和 b 及夹在它们之间的数字有多少个反转. 只有 6 种情况需要检验(请读者想一想是哪 6 种情况?). 这里我只解释其中一种：设 $a>c>b$，在原来的排列中，

a 和 c,a 和 b,c 和 b 都是反转;在移动后的排列中,b 和 c,b 和 a,c 和 a 都不是反转.因此,移动后的排列里反转的数目和原来的排列里反转的数目相差一个奇数(在这个特殊情况下,相差 3).读者可自行检验其他五种情况,结论是一样的,所以每经过一次移动后,反转的数目从奇数变偶数,或从偶数变奇数.既然开始的排列有 0 个反转,0 是偶数,结尾的排列有 15 个反转,15 是奇数,中间必定经过奇数次移动;要是我们也能证明无论怎样移动,移动的次数必是偶数,便产生矛盾.也就是说,不可能从

1 2 3 4 5 6 7 8 9 10 11 12 13 14 15 16

经哪种移动得出

16 1 2 3 4 5 6 7 8 9 10 11 12 13 14 15

有个巧妙的方法可以证明移动次数必是偶数.想象那方匣里的十六格涂上黑白两色,并且黑白相间,有如国际象棋的棋盘.注意每一次移动,标上 16 的小方块(即空位)总是从黑格走到白格,或从白格走到黑格.开始的时候,16 是在右下角,结尾的时候,16 是在左上角,这两格的颜色是相同的,所以移动次数必是偶数.至此,读者该相信答案是不可能了吧.如果你有兴趣做进一步探讨,可试想想并证明,有哪些排列方式可从开始的排列方式得出?有哪些排列方式不可能从开始的排列方式得出?

9.2 一个很古老的不可能性证明

在 7.1 节我们谈到了古希腊数学家如何运用反证法证明了正方形的边和对角线不可能有公共度量,这大抵是最古老的不可能性证明了.那个短小精悍的证明,寥寥数语即道出矛盾所在,可谓一针见血,尤其出自两千多年前的人之手,着实叫人佩服.不过,证明中用到的奇偶性质,却掩盖了事情的真面目.让我们再看另一个证明,这个证明把矛盾揭露得更清楚.仍从 $M^2=2N^2$ 开始,注意等式的左边是个平方数,它的质因子必是成双成对地出现,但等式的右边的质因子,却肯定不是成双成对地出现,因为 2 本身是个质因子,而 N^2 的质因子又是成双成对地出现.由于产生了这个矛盾,我们得出结论,$M^2=2N^2$ 这种等式不能成立.当然,这个证明用了算术基本定理,就是说:任何大

于 1 的正整数都可分解为质因子的乘积，而且若不计较因子的次序，这个分解是唯一的(请参看 6.2 节). 同样的证明可导致一个更广泛的定理：若正整数 K 不是平方数，不可能有整数 M 和 N，使 $M^2=KN^2$，也就是说，$\sqrt{K}$不是个有理数. 为了说明不同的证明能给予我们不同层次的理解，让我们把这个定理再玩味一下，看看第三个证明. 不妨假定 M 和 N 无公共因子，从 $M^2=KN^2$ 得知 N 整除 M^2，故 N 只能是 ± 1，即 K 是个平方数，与题设不符，故 $M^2=KN^2$ 不能成立. 这个证明增添了多少理解呢？小心的读者会看到 $M^2=KN^2$，等于说$\frac{M}{N}$是方程 $x^2-K=0$ 的一个有理数根. 更一般地，如果$\frac{M}{N}$是方程

$$x^s+a_{s-1}x^{s-1}+\cdots+a_1x+a_0=0$$

的有理数根，其中 $a_{s-1},\cdots,a_1,a_0$ 均为整数，则同样可以证明得出 $N=\pm 1$. 亦即，这个有理数根其实是个整数. 我们把所有整系数的代数方程的(复数)根称作代数数，例如$\sqrt{2}$，i，$\frac{1}{2}(1+\sqrt{3})$都是代数数，它们分别是 $x^2-2=0$，$x^2+1=0$，$2x^2-2x-1=0$ 的根. 不是代数数的(复)数便称作超越数，寻找超越数及证明某已知数是代数数还是超越数是数学史上的著名问题，标志了人类对数系认识的前进，我们在 8.8 节已经谈过了.

整数自然是代数数，而且是很特别的一类，它们满足形如 $x-M=0$这种首项系数是 1 的方程. 我们会问：满足更一般的首项系数是 1 的整系数代数方程的根是什么样的数？我们把这种代数数叫作代数整数，例如$\frac{1}{2}(1+\sqrt{5})$是个代数整数，它是 $x^2-x-1=0$ 的根. 但$\frac{1}{2}(1+\sqrt{3})$却不是代数整数，读者可试证明它不是. 代数整数的性质有些像整数. 事实上，在有理数的范畴里，代数整数的集合恰好是整数的集合，这就是上面刚刚证明了的定理：若一有理数是代数整数，它必是个整数. 你看，这条定理其实是两千多年前关于正方形的边和对角线不可公度量的延伸吧. 但一经修饰，它的内容却丰富得多！

9.3 古代三大难题

读者见过两个不可能性证明后,应该不再对它感到不自在了吧. 9.1 节的问题,理论上还可全部罗列,逐一检验;9.2 节的问题,已经涉及无穷多个情况,触及了不可能性证明的精妙之处.提到不可能性证明,若不谈谈古希腊的三个作图问题,总像欠了一点什么似的.实际上,这些问题也在某种意义上标志了人们对证明的理论要求的深化,也与本书的主题有关.

多数读者都知道古代三大难题:(1)三等分角;(2)倍立方体;(3)化圆为方.其实还有另外两个,也同样重要,就是化新月形为方与等分圆,后者相当于作正多边形.但习惯上,我们只把前三个较易描述的问题并称三大难题.说得清楚一点,就是单用圆规及(没刻度的)直尺,在有限多步内,解决那三个问题:(1)把任意已知角分成三等分;(2)从单位线段出发,得出另一个线段,它的长自乘三次等于 2;(3)构作一个正方形,它的面积等于任意已知圆的面积.

这三个问题,自从公元前 5 世纪被提出以后,虽经历代杰出数学家的努力,但始终解决不了.不过,他们的努力推动了古希腊几何的进展,例如圆锥曲线的研究,便是其中一大收获结果,到两千多年后的 19 世纪,这三个问题才被数学家陆续解决.(新月形化为方形的问题,还得等到 20 世纪中叶呢!)为什么这些貌似不难的问题会经历如此漫长的艰难岁月呢?从数学后来的发展中我们知道,原来这些看似初等几何的问题,实质却涉及代数的深刻概念,单用初等几何知识,是解决不了的.古代数学家竟能提出这种问题,标志着对理论要求的深化,因为若单看应用,不难利用别的工具获得三大难题的解答;或者不要求真的解,用圆规及直尺也可以得出颇精确的近似解,对实际应用已经足够了.结果,他们就像把小船驶向冰山,浮在水面可以见到的仅是少许尖端,不知道水下面竟是庞然大物!随着数学的进展,我们积累了知识、工具、理解,前人的困难问题变得容易了,前人的复杂证明变得简洁了,就像有了破冰船,冰山也不怕.不过,面前当然还有更大的冰山,每一代人都会提出另一批难题,向下一代人提出挑战,从而推动数学的进展.

相信很多读者都曾被这些难题困扰过，尤其三等分角这个问题，看似几何课本上的习作，因为刚学完平分角自然会问三分角. 难怪每一位爱好数学的少年人，总会在这个问题上花费或多或少的心血；即使听了老师说那是不可能办到的，心里还是不服气，或者渴望知道为什么不可能办到. 往往学生得来的回复是："当你学了抽象代数，你便晓得如何证明它是办不到的了."的确，三大难题的答案，都是抽象代数的域论里的简捷推论，学过基本的域论，三言两语便能解释为何三大难题不能解决. 但借用上一段的比喻，抽象代数是那破冰船，对于一个划小艇的人来说，登上破冰船还遥遥无期！让我试以中学数学知识为基础，在这里解释为什么不可能三等分任意角. 固然，这不会是一个严密简洁的证明，但即使是一个大致的说明，相信也可以使读者再一次感觉到不可能性证明之引人入胜之处.

在说明这个问题之前，必须弄清楚一个原则，就是什么叫作从某些已知的线段和点，用圆规及直尺构作别的线段和点. 若某一线段的长(或某一点的坐标)是由已知的线段的长(或已知的点的坐标)经过有限次的加减乘除及开平方根后得出来的，则此线段(或点)是可以用圆规及直尺构作出来的. 对两线段长的和、差，这是明显不过的；对它们的积、商，可由比例作图而得(图 9-3)；对一线段的长的开平方根，也可由作半圆而得(图 9-3). 例如，以单位圆为外接圆的正五边形的边长是$\frac{1}{2}\sqrt{10-2\sqrt{5}}$，可以用圆规及直尺构作出来，所以正五边形是能用圆规及直尺构作的.(这构作是欧几里得的《原本》卷四第十一条定理的内容，关键在于卷二第十一条定理，那其实是解某条二次方程的几何方法.)反之，如果某一线段(或点)可以用圆规及直尺构作出来，则此线段的长(或此点的坐标)必可由已知线段的长(或已知点的坐标)的有限次加减乘除及开平方根表示出来. 要证明这点，只需运用解析几何的知识(这里略去了). 中心思想倒简单，因为该线段(或点)是以已知线段的长(或已知点的坐标)为基础作成的线或圆，并经过线与线、线与圆、圆与圆的交点确定，而这种种，不外涉及二次方程的解.

利用上述原则，我们要证明：如果有理系数的三次方程 $x^3+Ax^2+Bx+C=0$ 的一个根(看成是线段的长)可用圆规及直尺构作(从单位

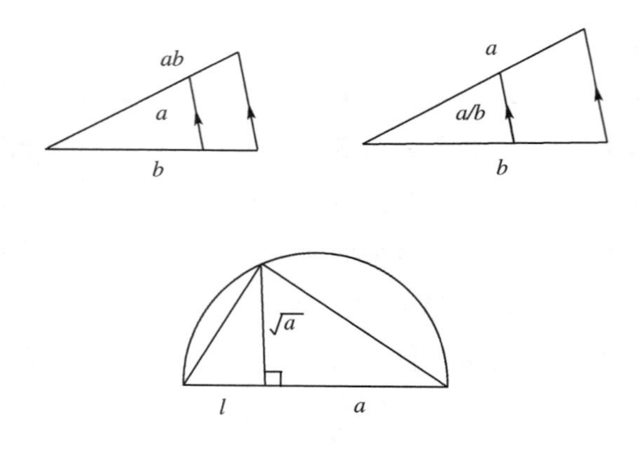

图 9-3

线段为出发点),则此三次方程必有一有理数根.例如,$x^3-3x=0$ 的一个根是$\sqrt{3}$,可用圆规及直尺构作出来,它的确有一有理数根(在这个特例中它是 0).以下是一个大致的说明,懂得域论的读者自然辨认得出二次域扩张的影子.我们把形如 $a+b\sqrt{c}$ 这类式叫作一层根式,其中 a,b,c 都是有理数,但$\sqrt{c}$不是有理数;形如 $a'+b'\sqrt{c'}$ 这类式叫作二层根式,其中 a',b',c' 都是一层根式或有理数,但$\sqrt{c'}$不是一层根式或有理数;形如 $a''+b''\sqrt{c''}$ 这类式叫作三层根式,其中 a'',b'',c'' 都是二层根式或一层根式或有理数,但$\sqrt{c''}$不是二层根式或一层根式或有理数;依此类推,有四层根式、五层根式等.设方程无有理数根,则方程亦无一根是一层根式,否则若 $a+b\sqrt{c}$ 是根,则 $a-b\sqrt{c}$ 也是根(直接验算便知),但方程的三根之和等于 A,而 a 和 A 都是有理数,所以第三个根是有理数,与题设不符!故技重施,可知方程亦无一根是二层根式,由此继续得知方程亦无一根是三层根式、无一根是四层根式等.但根据上一段述及的原则,该三次方程的一个根可用圆规及直尺构作出来,它必是形如某层根式,这就产生了矛盾,故定理得证.

好了,我们可回到三等分角的问题.从三角恒等式 $\cos 3\theta=4(\cos\theta)^3-3\cos\theta$ 可得$(2\cos\theta)^3-3(2\cos\theta)-2\cos 3\theta=0$.三等分已知角 3θ,等于构作 $x=2\cos\theta$,即问:三次方程 $x^3-3x-2\cos 3\theta=0$ 有没有一个根可用圆规及直尺构作出来?对某些角来说,那是办得到的,比方当 $3\theta=90°$时,方程是 $x^3-3x=0$,它的根可用圆规及直尺构作出来.但一般而言,那是办不到的,例如取 $3\theta=60°$时,方程是 $x^3-3x-1=$

0,根据上面的定理,若它有一个根可用圆规及直尺构作出来,则它应有一个有理数根.但若它有一个有理数根,按照9.2节的叙述,该有理数根其实是整数根.那怎么可能呢?对于方程 $x^3-3x=1$,若有整数根,只能是1或−1,不论是哪一个都不满足方程.因此,结论是:不能用圆规及直尺构作一个20°的角,或者说,不能用圆规及直尺三等分60°的角.

9.4 不可能证明的证明

从很早的时候开始,人们对欧几里得的《原本》卷一中一条公理感到不自在,那就是著名的第五公设:"若两直线与第三直线相交,而且在同一侧所构成的两个同旁内角之和小于两个直角,则该两直线沿这一侧延长后必定相交."人们对它的怀疑,倒不是由于不相信它是对的.那个时候几何虽云公理化,但还处于实质公理化的阶段,公理只是不说自明的直观常识.以上一段话,看图自明(图9-4).人们感到不自在,是因为这条公理在叙述上较另外四条公理累赘多了,看似是一条定理多于一条公理,尤其因为它的逆命题的确是《原本》卷一第十七条定理:"三角形内任意两内角之和小于两个直角."就更使人怀疑能否从别的公理把它推导出来.公元5世纪希腊数学家普罗克洛斯注疏《原本》时便曾认为没有理由判断不了一条定理的逆命题是对或错!

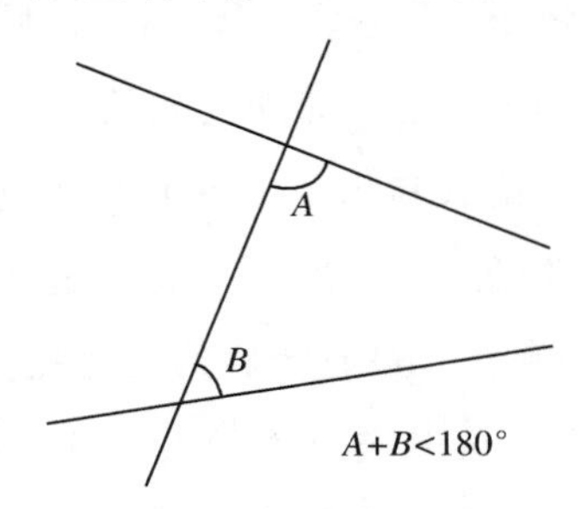

图9-4

说来有趣,第一个对第五公设感到不满意的人就是欧几里得,因为他尽量拖延使用这条公理,直至为了证明卷一第二十九条定理(关于平行线的同位角、内错角、同旁内角),才头一回使用第五公设.自此以后的二千多年里,无数大大小小的数学家,都曾致力于解决这个数学难题,或者尝试从其他公理出发来证明第五公设,或者尝试提出一条更浅显的公理代替第五公设.但所有人的努力都失败了,不是在证明中不自觉地用了与第五公设有关的定理,便是提出的新公理与第五公设逻辑等价.不过,这些错误与失败为后来的成功铺了路.终于到了1830年左右,匈牙利数学家波尔约(J. Bolyai)与俄国数学家罗巴切夫斯基(N. I. Lobachevsky)分别独立地证明了即使把第五公设换作自身的否定,仍然可以建立起另一套自圆其说的几何学来.德国数学家高斯在更早的时候,已经有相同的发现,但他没有勇气面对旁人反对这惊世骇俗的反传统意念,根本不考虑发表他的见解.由此可见,欧氏几何统治数学之久与影响人的思想之深,已经形成了一股保守势力.在他们三个人的几何世界里,通过一点可以有无穷多条直线与点外一直线平行,随之产生的是一连串与直观不符的定理,但每一条都可以严格地证明出来.今天,我们把这种几何叫作双曲几何学或者罗氏几何学,以志罗巴切夫斯基不畏世人反对而为非欧几何获得承认奋斗终身的业绩.这段非欧几何的发现经过,不只是数学史上一幕多姿多彩的戏剧,也是人类思想文化史上的一个重要里程碑,影响深远.[后记:由第五公设的争论引起的探讨,透过高斯和黎曼的慧眼,揭示了几何与物理的深刻关系,引致20世纪初爱因斯坦(A. Einstein)给出时空及引力的数学阐述.20世纪后半期迄今,通过数学家和物理学家的努力,特别是陈省身和杨振宁的工作,这方面的理论发展更蓬勃了.]它本身就是另一本书的题材了,这里也就不再叙述了,这里要讲述的是怎样证明我们不能证明第五公设是对还是错.

虽然罗巴切夫斯基诸人指出了非欧几何可能存在,严格地说,他们并没有证明它真正存在,因为我们怎能肯定从罗氏几何的公理出发,真的建立起来了一套自身没有矛盾的几何呢?这涉及一个公理系统的相容性问题.也就是说,在这个公理系统里,能否肯定绝不会推导出两个互相矛盾的命题.就表面看,有时很难看出来,就像下面这个近乎开玩笑的悖论,虽然表面看来只是一句普通的话.据说有位年轻人跟随一位老律师学习法律,正式授课前,他们签了一份合约:"学生第一场诉讼胜诉,才用交学费."几年后,年轻人学成开业,但一直没有人找他,老律师等得不耐烦,便催促年轻人交学费,否则便要控告他欠债不还.老律师说:"若告上法庭,不论胜诉败诉,你都要交学费的.若我胜诉,法庭判决你应交学费;若我败诉,那么这是你的第一场诉讼得到胜利，按合约你也应交学费.”谁料学生不慌不忙地说：“若告上法庭，不论胜诉败诉，我都不必交学费的.若我胜诉，法庭判决我不必交学费；若我败诉，那么这是我的第一场诉讼得不到胜利，按合约我也不必交学费.”读者们，究竟谁是谁非呢？还是哪句话本身已隐含了不相容的性质呢？数学上的公理系统，通常只有很少几条公理，由这几条公理一直推导下去，得出越来越多的定理，就像罗氏几何的公理系统，数学家推论了很多条定理，过了很久都没有产生矛盾，便以为无大问题了.想深一层，却不对劲.过了数十年甚至数百年都没产生矛盾，并不保证今后永远不会产生矛盾呀！这么说，要证明一个公理系统的相容性，岂非难之又难吗？可是，数学家想出了一个办法，在某种意义上解决了这个看似无从解决的难题，那就是构作模型.

什么叫作模型呢？首先我们要明白一个公理系统由什么组成的.希腊哲学家亚里士多德在《分析后篇》(*Posterior Analytics*，公元前4世纪)已经阐述得十分清楚，先有初始概念和公理，然后从它们推导出定理.让我们订出一套翻译的规则，把公理系统里的初始概念赋予某种我们较熟悉的意义.如果按照这套翻译规则，公理系统的全部公理变成是真的命题，我们便说该公理系统有一个模型.我先采用一个非常简单但也没有什么深刻数学意义的例子做解释：初始概念是一个集 K，它的元叫 $a,b,c,\cdots$，有种关系，写作 aRb(读作 a 对 b 成立关系 R)，满足下列公理：

[P1]若 a 与 b 不相同，则 aRb 或 bRa；

[P2]若 aRb，则 a 与 b 不相同；

[P3]若 aRb 与 bRc，则 aRc；

[P4]K 有四个元.

让我展示两个模型：第一个把 K 看作由1、2、3、4组成的集，aRb 表示 a 小于 b；第二个把 K 看作由四代同堂的曾祖父、祖父、爸爸与儿子组成的集，aRb 表示 a 是 b 的长辈.不难验证，在两种翻译下，[P1]至[P4]都是真的.但如果把 K 看作由三代同堂的祖父、爸爸与两位儿子组成的集，aRb 表示 a 是 b 的长辈，却并不是一个模型，因为[P1]不是真的.

有了模型，便能断言公理系统是不是相容(或称无矛盾)的.因为如果能从公理推导出矛盾,那么在那个熟悉的系统里也一样有矛盾.比如上面的公理系统是相容的,否则四代同堂的关系便有矛盾,但四代同堂这种关系,怎么会有矛盾呢?同样地,把[P1]换作自身的否定,保持[P2]至[P4]不变,也是一个相容的公理系统,三代同堂的关系即它的一个模型.这也说明了我们没办法单利用[P2]至[P4]去证明[P1],因此我们说[P1]是公理系统里的一条独立(与别的无关)的公理.非欧几何跟这个简单例子有点相似,以下我们便要说明为什么第五公设是欧氏几何的一条独立的公理.

构作数学上公理系统的模型,往往要借助别的公理系统,即把公理系统甲的初始概念换作公理系统乙的对象和关系.如果公理系统甲的公理变成是公理系统乙的定理,我们便说公理系统甲有一个基于公理系统乙的模型.如果公理系统甲不相容,那么公理系统乙也不相容.基于公理系统乙是相容的假设,公理系统甲是相容的,这种相容性,称为相对相容性.现在,我们借助欧氏几何去构作一个罗氏几何的模型.历史上有几个这样的著名模型,我只介绍其中一个,是法国数学家庞加莱在 1882 年提出的.罗氏几何的点换作欧氏几何里一个定圆的内点(不计圆周上的点),罗氏几何的线换作该圆的一条直径(不计端点)或一条与该圆正交的圆弧(不计端点)(图 9-5).至于结合关系,即点是否在线上或线是否通过点等,与欧氏几何一样解释;顺序关系,即线上的点何者在何者之间等,亦与欧氏几何一样解释.最复杂的是合同关系,即哪些线段与哪些线段相合,哪些图形与哪些图形相合等,需要先定义长度与角度,由于涉及的技术细节较多,略而不谈了.让我们看第一条公理:任何两点必有唯一一条直线通过它们,翻译成欧氏几何的命题:在圆内任给两点,或者两点在一直径上,或者有唯一的圆弧通过该两点,且与圆正交.的确,这是欧氏几何的一条定理,可以证明,读者有兴趣试试吗?(图 9-6)同样地,别的公理也是欧氏几何的定理.特别地,我们可以从图解中明白为什么通过一点有无穷条直线与点外一线平行(图 9-5).注意,所谓两线平行就是两线永不相交.在我们的模型里,我们只考虑圆的内点,所以那些线(指那些圆弧或直径)是并不相交的.

于是,罗氏几何有一个基于欧氏几何的模型,要是罗氏几何不相

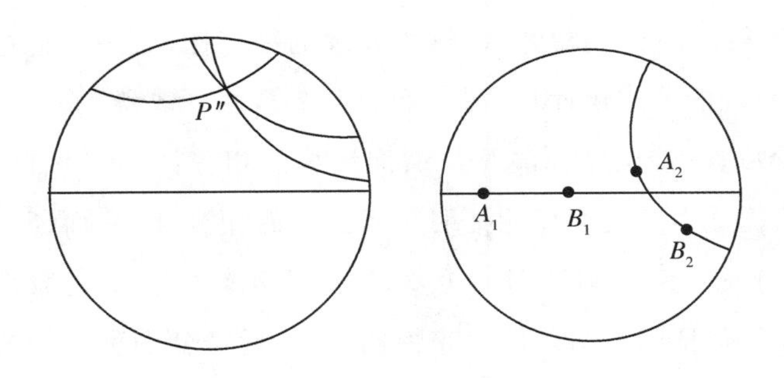

图 9-5　　　　图 9-6

容,欧氏几何也不相容.数学家也成功地为欧氏几何构作了一个基于罗氏几何的模型,所以要是欧氏几何不相容,罗氏几何也不相容.换句话说,欧氏几何与罗氏几何,要则同时承认,要则同时不承认,不能承认一个却否定另一个!现在我们就能解释为什么不能证明第五公设了.因为如果能在欧氏几何里证明第五公设,那么把第五公设换作自身的否定,理应导致一个不相容的公理系统.但那正好是罗氏几何,即罗氏几何不相容,也就是说欧氏几何不相容了.如果我们承认欧氏几何是相容的话,我们就得承认,没办法从其他公理证明第五公设.

9.5　希尔伯特的问题

在 9.4 节我们说明了如何把罗氏几何的相容性问题化为欧氏几何的相容性问题.读者会问,欧氏几何又是否相容呢?利用平面解析几何,我们可以把欧氏几何的相容性问题化为实数系统的相容性问题.归根结底,再化为自然数算术的相容性问题.但这样问下去,始终没有解决问题,只不过把某一公理系统的相容性问题化为另一公理系统的相容性问题罢了.若要证明绝对相容性,必须不用借助别的公理系统,但这种要求有没有实现的希望呢?

1900 年,希尔伯特在著名的《数学问题》讲演中指出了问题对数学发展的重要.他说:"只要一门科学分支能提出大量的问题,它就充满着生命力,而问题缺乏则预示着独立发展的衰亡或中止.正如人类的每项事业都追求着确定的目标一样,数学研究也需要自己的问题.正是通过这些问题的解决,研究者锻炼其钢铁意志,发现新方法和新观点,达到更为广阔和自由的境界."他还列举了当代 23 个重要问题,后被称为希尔伯特问题,对这个世纪的数学发展起了极大的推动作用. 其中第二个问题就是关于算术公理的相容性,后来他把这个设想发展成系统的形式化计划(请参看 2.5 节),并且取得了一定的胜利,证明了数理逻辑里命题演算与谓词演算的相容性. 希尔伯特满怀希望,以为循此形式化途径能证明算术公理的相容性,从而证明数学的相容性. 1931 年,这项计划的美梦,被一位年轻的奥地利数学家哥德尔打破了. 他证明了两条使人震惊的定理,后来分别称为哥德尔第一不完全性定理和第二不完全性定理. 第一条定理说:如果形式算术系统是相容的,那么它是不完全的. 即在该系统中存在一个命题 A,使 A 及它的否定 $\neg A$ 都不是系统的定理. 这样既不能证明它对又不能证明它错的命题,叫作不可判定的命题. 第二条定理说:如果形式算术系统是相容的,那么不能用系统内的形式方法来证明它是相容的.

要明白这两条定理的证明可不容易,涉及不少技术细节,在这里我企图勾画一个大致的轮廓,希望至少指出其中心思想. 哥德尔改造了古希腊哲学家埃皮门尼德(Epimenides)著名的说谎者悖论,得出一个不可判定的命题. 原来的悖论是一句话:"我正在说的这句话是假的."若这句话是真的,它便是假的;若这句话是假的,它便是真的! 这句话并不是有真假值的命题,不属于命题演算的讨论范围. 哥德尔把它改为:"这个命题在系统中不是可以证明的."若命题是假,那么它便可证明,所以它便是真,这便产生了矛盾;于是命题只能是真,但那表示它是一个不可以证明的真命题,正是我们要构作的东西. 固然,话是这么说,要把这个意念严格地表述成形式算术系统里的一个命题,还得花不少工夫. 这些工夫既巧妙又曲折,那是哥德尔的文章的技术内容,就不再叙述了. 有兴趣的读者,可以参看美国哲学家纳格尔(E. Nagel)与数学家纽曼(J. R. Newman)的一篇普及文章(Gödel's proof, *Scientific American*, 1956(194):71-86,168,170),另外也可参看张家龙著的《公理学、元数学与哲学》(1983 年).

哥德尔的发现,与希尔伯特在 1900 年的讲演中的论调可谓背道而驰. 希尔伯特说:"有时会碰到这样的情况,我们是在不充分的前提下或不正确的意义上寻求问题的解答,因此不能获得成功. 于是就会产生这样的任务:证明在所给的前提和所考虑的意义下原来的问题是不可能解决的. ……也许正是这一值得注意的事实,加上其他哲学上的因素，给人们以这样的信念(这信念为所有数学家所共有，但至少迄今还没有一个人能给以证明)，即每个确定的数学问题都应该能得到明确的解决，或者成功地对所给问题做出回答，或者证明该问题解的不可能性，从而指明解答原问题的一切努力都肯定要归于失败. ……这种相信每个数学问题都可以解决的信念，对于数学工作者是一种巨大的鼓舞. 在我们中间，常常听到这样的呼声："这里有一个数学问题，去找出它的答案！你能通过纯思维找到它，因为在数学中没有不可知(ignorabimus)！"1930 年，希尔伯特的故乡哥尼斯堡市政会授予了他"荣誉市民"的称号，在题为《认识自然和逻辑》的受礼演说结束时，希尔伯特重申了他这种激励人心的乐观主义. 他坚定有力地说了一句名言："我们必须知道. 我们必将知道. "翌年，哥德尔的文章发表了，数学上推翻了这种观点，但精神上却无损它分毫，数学家还是满怀信心勇往直前，为解答一个又一个的数学难题做出贡献.

希尔伯特的第一个问题，是著名的康托尔连续统假设(Continuum Hypothesis). 早在 1878 年，康托尔已经说过可数集基数与实数集基数之间没有别的基数，用较直观的说法，就是实数集里的一个无穷子集或者与自然数集有一一对应或者与全体实数集有一一对应，此外别无其他可能. 希尔伯特说虽然那是一个合理的命题，却没有人能证明它. 另一个有关的假设是康托尔在 1883 年提出的良序原理，粗略的说法就是任何集的元都可以定义先后次序，使得集里的任何子集都有最先的元. (想象一下实数集，它原有的大小比较关系并不满足这个性质，比如(0,1)这个开区间可没有最先的元. 但良序原理却保证你可另定一种先后次序，使实数集具备这个性质，岂非怪哉！)希尔伯特提出这两个问题后，很快便带来极有趣的重要进展，但并非如他意料中的结果！1904 年，德国数学家策梅洛(E. Zermelo)证明了良序原理，但在证明中却揭示了另一件看似明显实非明显的事情. 他用到这样的事实：可以从一族非空的集合里各选一个元素构成一个新的集合. 以后这个事实被称作选择公理(Axiom of Choice). 原来它与良序原理是逻辑等价的. 但选择公理看似如此明显，良序原理却使人迷惑！后来，凭着选择公理，数学家证明了越来越多绝不明显的定理，包括了在第 2 章开始介绍过的巴拿赫-塔斯基悖论，着实叫人吃惊. 这些困惑绝非坏事,它促使数学家去审视基础理论. 1908 年,策梅洛提出了一种不会产生悖论的集合论,另一位数学家弗伦克尔(A. A. Fraenkel)在 1921 年加以改进,形成了今天通用的 ZF 集合论公理系统. 到了 1938 年,哥德尔证明了选择公理与 ZF 集合论公理系统不会产生矛盾,即不可能在这种集合论里证明它是错的. 1963 年,美国数学家科恩(P. J. Cohen)证明了选择公理与 ZF 集合论公理系统是独立无关的,即不可能在这种集合论里证明它是对的. 类似地,连续统假设亦复一样. 1938 年,哥德尔证明了连续统假设与 ZF 集合论公理系统不会产生矛盾. 1963 年,科恩证明了它与 ZF 集合论公理系统是独立无关的.

希尔伯特第十问题也有相似的命运,说明了另一种不可能性,是算法上的不可能！所谓算法,就是按照一定程序,获致答案的方法. 例如解代数方程,如果只要求近似解,我国南宋数学家秦九韶在 13 世纪中叶已经在前人工作的基础上建立了一套解高次方程的数值算法,与后来 19 世纪初西方称为鲁菲尼(P. Ruffini)-霍纳(W. G. Horner)算法基本上是一致的. 但如果要求真正的解,只准运用四则计算、开方根,并且仅涉及系数的话,却只有一次、二次、三次及四次方程有这样的公式算法. 挪威数学家阿贝尔在 1824 年证明了一般五次或更高次代数方程不能以根式求解,这或许是最早的不可能算法证明了. 到了 1831 年,法国数学奇才伽罗瓦更进一步证明了哪些方程可以根式求解,哪些方程不可以根式求解,并且由此大大推动了以后的代数的发展(请参看 3.3 节). 希尔伯特第十问题是讨论另一种方程的解,就是所谓丢番图方程,它是一条整系数的代数方程,但只考虑整数解. 例如,方程 $x^2+y^2-2=0$ 的解只有 4 个,即:(1) $x=1, y=1$;(2) $x=-1, y=1$;(3) $x=1, y=-1$;(4) $x=-1, y=-1$.(希腊数学家丢番图考虑过这种方程,但他包括有理数解在内,后人却只算整数解.)这类方程并不易解,最著名的例子当推方程 $x^n+y^n=z^n$ 了(请参看 6.2 节). 希尔伯特第十问题说:试设计一种方法,根据这种方法可以通过有限步运算来判定该方程是否有整数解. 美国数学家鲁宾逊(J. Robinson)、戴维斯(M. Davis)、普特南(H. Putnam)在 20 世纪 50 年代取得了重要突破. 到了 1970 年,苏联青年数学家马蒂塞维奇(J. V. Matyasevich)在上述工作的基础上证明了不可能有这样的算法！尽管这是否定的结果，它却带来很多有价值的与计算机科学有密切关系的副产品.就数学而言，它也有不少有意思的结果.对一般人来说，下面的两件事情是相当引人入胜的.第一，可以写下一个多项式函数，代入整数后，它的值或是负整数或是质数，且任一质数均可由此得来.有人曾写下具体的多项式，只用了 26 个不变数.第二，存在一个丢番图方程，我们肯定它没有整数解，但却不可能证明它没有整数解！读者会说，那岂非自相矛盾乎？既不能证明它没有解又怎知它没有解呢？我不能在这里解说了，只能说这是结合了第十问题与哥德尔不可判定的命题这两件工作得到的.

十　一次亲身经历:最长周长的内接多边形

在前面九章,我们从不同的角度描绘了数学证明的面目.在这一章里,我打算叙述一段亲身经历.从中可以了解到一条定理和它的证明如何由孕育、诞生而至成长.这个案例,或能从侧面再去说明前面九章的论点.我选用这段经历,主要是因为只需用中学数学语言就能叙述,但它的结局却又比中学数学曲折,甚至带一点"悬疑"的成分!固然,对于有自己参与的经历,比别人是多了那一份亲切感的.

10.1　一个熟悉的问题

在我任教的数学系里,有位思想活跃的年轻同事(曾启文博士,以下简称为曾),我喜欢经常跟他讨论各式各样的数学问题.有一次,我们谈及内接于某定圆的 n 边形的最大面积问题(很多书本都提及了这个问题).答案是:内接于某定圆的 n 边形中,面积最大的是正 n 边形.有兴趣一试的读者,可先求证.除了几何的综合证明外,也可直接计算 n 边形的面积,查看它的最大值.为了接着讨论,关于后者我想多说一点.不妨设圆是单位圆,每边对着的圆心角分别是 $\alpha_1,\alpha_2,\cdots,\alpha_n$,则面积是

$$A=\frac{1}{2}(\sin\alpha_1+\sin\alpha_2+\cdots+\sin\alpha_n)$$

当 $0\leqslant\alpha_1,\alpha_2,\cdots,\alpha_n\leqslant\pi$ 时,以下的不等式

$$\frac{1}{n}(\sin\alpha_1+\sin\alpha_2+\cdots+\sin\alpha_n)\leqslant\sin\left(\frac{\alpha_1+\alpha_2+\cdots+\alpha_n}{n}\right)$$

等号当且仅当 $\alpha_1=\alpha_2=\cdots=\alpha_n$ 才成立.

不难知道当且仅当 n 边形是正 n 边形时,A 才取最大值.我不打算在这里证明上述不等式,请读者注意一点,它同时说明了另一个问题:内接于单位圆的 n 边形中,周长最长的也是正 n 边形.这是因为周

长是 $l=2\left(\sin\frac{\alpha_1}{2}+\sin\frac{\alpha_2}{2}+\cdots+\sin\frac{\alpha_n}{2}\right)$的缘故. 一个自然的提问是：把圆换作椭圆又如何呢？

关于面积问题，答案也是熟知的. 你只要留意到一个性质极佳的变换：$x'=\frac{x}{a}$，$y'=\frac{y}{b}$；它把方程是$\frac{x^2}{a^2}+\frac{y^2}{b^2}=1$的椭圆变成方程是$x'^2+y'^2=1$的圆，而在变换过程中，原来的面积乘上常数$\frac{1}{ab}$便是变换后的面积了. 于是，我们马上可以得出结论：方程是$\frac{x^2}{a^2}+\frac{y^2}{b^2}=1$的椭圆上已知一点 P，坐标是$(a\cos\theta, b\sin\theta)$，以 P 为一顶点而又内接于该椭圆的 n 边形中，有且只有一个的面积是最大，它的顶点的坐标是$\left(a\cos\left(\theta+\frac{2k\pi}{n}\right), b\sin\left(\theta+\frac{2k\pi}{n}\right)\right)$，$k=0,1,2,\cdots,n-1$. 这个最大面积的 n 边形的形状和位置随 P 移动而变更，但它的面积却是个常数，与 P 的位置无关. 至于周长问题又如何呢？让我们先看最简单的情况，就是内接于椭圆的三角形$(n=3)$，我们要寻找下式的极大值：

$$
\begin{aligned}
&[a^2(\cos\theta-\cos x)^2+b^2(\sin\theta-\sin x)^2]^{1/2}+\\
&[a^2(\cos\theta-\cos y)^2+b^2(\sin\theta-\sin y)^2]^{1/2}+\\
&[a^2(\cos x-\cos y)^2+b^2(\sin x-\sin y)^2]^{1/2}
\end{aligned}
$$

即使懂微积分的读者，只要你试算一算，便知道下笔即泥足深陷，寸步难行！

10.2　初步的试验结果

遇到看似无从入手的问题，一个办法是做实验以收集数据，至少那还是我力能胜任的. 我考虑一个特殊的椭圆，它的方程是$\frac{x^2}{4}+y^2=1$，取椭圆上一点 P，对应的 θ 是$\frac{\pi}{2}$[坐标是$(0,1)$]. 凭直觉，我相信答案应是一个对称于长轴的三角形. 在起步阶段，这纯粹是大胆假设而已，并没有坚实的论据支持. 这种对称的想法，是基于另一个假定，即有且只有一个周长是最长的内接三角形. 但就当时茫无所知的情况下，连这一点也是未经证实的. 以下当我提及周长最长的三角形，也带着这种大胆断言的含义. 但基于这种对称想法，便不难计算最长周长是 8.53084164….这个特例已足以使企图采用 $x'=\frac{x}{a}, y'=\frac{y}{b}$ 这个变换去获得答案的美梦破灭.采用这个变换得来的内接三角形的周长,只是 8.04667731…而已,还不及刚才那一个长.其实,我早知道那变换对周长问题起不了作用,因为椭圆的周长并非初等函数能应付得了的.接着,我取另一点 P,对应的 θ 是 0(亦即坐标是(2,0)),又从对称于短轴的三角形中寻找周长最长的那个,算出来的答案是 8.53084164….咦,怎么两个答案这样相近?它们是否相同呢?要验算亦不难,基于上述的想法,我们能写下两个答案的表达式:对应于 $\theta=\frac{\pi}{2}$ 的是

$$l=\frac{8}{3}\sqrt{2\sqrt{13}-5}+2\sqrt{2\sqrt{13}-2}$$

对应于 $\theta=0$ 的是

$$l=\frac{2}{3}\sqrt{2\sqrt{13}-5}+2\sqrt{2\sqrt{13}+7}$$

只要稍做计算,便知道两者是相同的.不过,请读者注意,至此为止,其实什么也没有证明,因为以上的计算,是基于很多未经证实的假设,而且亦只限于某些特例而已.但到了这个阶段,我有点怀疑是否不论在椭圆上哪儿取 P,以 P 为一顶点的周长最长的内接三角形都有相同的周长,就如同面积最大的内接三角形都有相同的面积.那晚回到家里,我还在算,花了整个晚上用袖珍计算器多算了一些情况.例如:当 P 的坐标是 $(\sqrt{2}, \frac{1}{\sqrt{2}})$ 时,试验结果是 $l=8.53084164\cdots$;当 P 的坐标是(1.6,0.6)时,试验结果也是 $l=8.53084164\cdots$.我兴奋极了,翌日大清早便跑回系里工作间,用电子计算机进行了更有系统、更迅速的验算.果然,对不同的 P,l 还是徘徊在 8.53084164…左右.即使换了另一个椭圆,这种周长最长的内接三角形的周长与 P 位置无关的现象依然出现.固然,我计算得来的 l 始终是近似值,难保算至小数后第九或第十位情况亦复一样,但我已满怀信心写下猜想:

ε 是个椭圆,P 是 ε 上一点,以 P 为一顶点而又内接于 ε 的三角形中,有且只有一个的周长最长,记它为△(P).再者,△(P)的周长是个常数,与 P 的位置无关.

我急忙把这个猜想告诉曾，起初他不相信，但看了那么多实验数据后，他也很兴奋. 我们开始进入较理论性的讨论，探讨这个（仍不知道是否存在的）三角形$\triangle(P)$有什么几何性质.

10.3　旁敲侧击

让我从头开始，假定$\triangle(P)$是一个以 P 为一顶点而又内接于椭圆 ε 的三角形，周长达最大值. 这个最大值与这样的$\triangle(P)$是存在的，不过要说明的话，可要借助一点高等数学的知识，即定义在紧致空间上的连续函数达到它的极值这个定理. 在这里无须多说，反正对讨论的主题没有多大影响，读者不妨先接受它. 但应注意，我可没有说它是唯一给 P 确定的，只是说存在这样的一个三角形$\triangle(P)$. 因为唯一与否，并不要紧（事后便知道，它其实是唯一的）. 在下面的图（图 10-1）中，

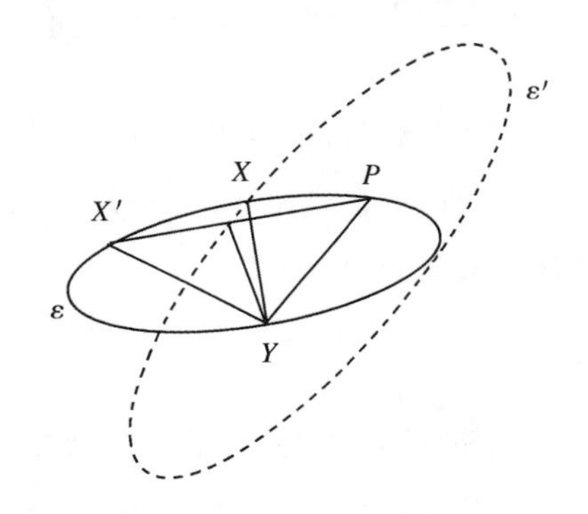

图 10-1

PXY 是一个这样的$\triangle(P)$. 以 P 和 Y 为焦点作一椭圆 ε' 通过点 X，它必须与 ε 相切于 X，否则 ε 上有一点 X' 使 $PX+X'Y>PX+XY$，因而 PXY 的周长未达最大值，与选择不符. 但若 ε' 与 ε 相切于 X，则 PX 和 XY 与 ε 在 X 上的切线成相等的交角，让我们把这个现象称作 X 上的反射特性. 同理，以 P 和 X 为焦点作一椭圆通过点 Y，得知 Y 上亦有反射特性. 让我们来个假想的物理实验，ε 是个反光的镜面，从 P 发出一条光射线，直达至 X，在 X 经反射后直达至 Y，在 Y 经反射后直达至 P，问题是：这条光射线在 P 经反射后是否又回到 X，然后周而复始呢？换句话说：P 上是否也有反射特性？若 ε 是个圆，那是毫无疑问的. 一个自然的想法是采用射影变换，化椭圆为圆. 可惜射影变换并不保角，故此路不通！如果我们相信猜想是对的，这个结果也应该

是对的;其实它必须是对的,否则运用刚才的方法,以 X 和 Y 为焦点作一椭圆通过点 P,可得 ε 上另一点 P' 使 $P'X+P'Y>PX+PY$,亦即,$\triangle(X)$ 的周长比 $\triangle(P)$ 的周长更长,与猜想不符.

当我和曾的讨论进行至这个阶段的时候,6 月来临了,曾启程赴挪威参加一个数学学术叙会,然后转赴美国普林斯顿高等研究所工作两个月.7 月初我收到曾从美国寄来的信,他说他相信猜想是对的,而且还知道 $\triangle(P)$ 的周长是

$$l=\frac{2\sqrt{3}(a^2+b^2+D)}{\sqrt{a^2+b^2+2D}},D=\sqrt{a^4+b^4-a^2b^2}$$

我读到这里,兴奋极了,我从没想过答案竟是这么简单漂亮的. 我马上置 a 为 2、置 b 为 1,得出

$$L=\frac{2\sqrt{3}(5+\sqrt{13})}{\sqrt{5+2\sqrt{13}}}=8.530841643\cdots$$

就是那个我连走路吃饭时也记得的数值! 过了不久,我自己也启程赴美国参加一个数学学术研讨会,直至 8 月中旬我和曾才再在数学系里碰面,听他叙述他发现上面的公式的经过.

10.4 艰苦战斗

以下要描述的一段过程中的工作,虽说是蛮干,却充分显示了曾那坚韧不拔的风格、顽强旺盛的斗志、超卓熟练的计算能力,堪为莘莘学子之典范. 读者将要看到不少使人望而生畏的算式,但不必担心,浏览一番便成.

曾最先提出的问题是:方程是 $\frac{x^2}{a^2}+\frac{y^2}{b^2}=1$ 的椭圆上有三点 P、X、Y,分别对应于 θ 为 α、β、γ(θ 是指坐标($a\cos\theta,b\sin\theta$)里的角),若 X 和 Y 上均有反射特性,P 上是否也有反射特性呢? 经过很多页纸张的计算,他知道三点上均有反射特性的等价条件是

$$\cot\gamma=\frac{(\sin\alpha-\sin\beta)[(a^2-b^2)\cos\alpha\cos\beta-a^2]}{(\cos\alpha-\cos\beta)[(a^2-b^2)\sin\alpha\sin\beta+b^2]}$$

$$\cot\beta=\frac{(\sin\gamma-\sin\alpha)[(a^2-b^2)\cos\gamma\cos\alpha-a^2]}{(\cos\gamma-\cos\alpha)[(a^2-b^2)\sin\gamma\sin\alpha+b^2]}$$

$$\cot\alpha=\frac{(\sin\beta-\sin\gamma)[(a^2-b^2)\cos\beta\cos\gamma-a^2]}{(\cos\beta-\cos\gamma)[(a^2-b^2)\sin\beta\sin\gamma+b^2]}$$

而且从任何两式可推算得第三式. 把第一式代入第二式并消去 γ,得到

$$
\begin{aligned}
&(\sin\alpha-\sin\beta)^2[(a^2-b^2)\cos\alpha\cos\beta-a^2]^2\cdot\\
&[a^2\sin\alpha\sin\beta+b^2\cos\alpha\cos\beta]^2+(\cos\alpha-\cos\beta)^2\cdot\\
&[(a^2-b^2)\sin\alpha\sin\beta+b^2]^2[a^2\sin\alpha\sin\beta+b^2\cos\alpha\cos\beta]^2\\
=&[\sin(\alpha-\beta)]^2[(a^2-b^2)\cos\alpha\cos\beta-a^2]^2\cdot\\
&[(a^2-b^2)\sin\alpha\sin\beta+b^2]^2
\end{aligned}
$$

曾的锐利目光看透了上式,原来它是几项因子的乘积等于零!

$$
\begin{aligned}
&[a^2(a^2-b^2)(\sin\alpha)^2(\sin\beta)^2-b^2(a^2-b^2)(\cos\alpha)^2\cdot\\
&(\cos\beta)^2+a^2b^2]\cdot[a^2(a^2-b^2)(\sin\alpha)(\sin\beta)-\\
&(a^2-b^2)(a^2-b^2-D)(\cos\alpha)(\cos\beta)+a^2(a^2-D)]\cdot\\
&[a^2(a^2-b^2)(\sin\alpha)(\sin\beta)-(a^2-b^2)(a^2-b^2+D)\cdot\\
&(\cos\alpha)(\cos\beta)+a^2(a^2+D)]=0
\end{aligned}
$$

$$D=\sqrt{a^4+b^4-a^2b^2}$$

第一项不能是零,所以第二项或第三项是零,由此便得出 α 和 β 的关系,并可将 β 表作 α 的关系式,从而得出 P、X、Y 的坐标(由于 β 可代表点 X 或 Y,故答案有二).

P 坐标:$(a\cos\alpha,b\sin\alpha)$

X 坐标:

$$
\begin{aligned}
&(a\cos\beta,b\sin\beta)\\
=&\left(\frac{a^3}{(b^2+D)U}[-V\sin\alpha-(a^2-b^2-D)^2\cos\alpha],\right.\\
&\left.\frac{b(a^2-b^2-D)}{(b^2+D)U}[a^4\sin\alpha-V\cos\alpha]\right)
\end{aligned}
$$

Y 坐标:

$$
\begin{aligned}
&(a\cos\gamma,b\sin\gamma)\\
=&\left(\frac{a^3}{(b^2+D)U}[V\sin\alpha-(a^2-b^2-D)^2\cos\alpha],\right.\\
&\left.\frac{b(a^2-b^2-D)}{(b^2+D)U}[a^4\sin\alpha+V\cos\alpha]\right)
\end{aligned}
$$

$$U=a^4(\sin\alpha)^2+(a^2-b^2-D)^2(\cos\alpha)^2$$

$$V=\sqrt{a^6(\sin\alpha)^2+b^2(a^2-b^2-D)^2(\cos\alpha)^2}\cdot$$

$\sqrt{2D+2b^2-a^2}$

于是，我们能计算最长周长 $l=l_1+l_2+l_3$（图 10-2），其中

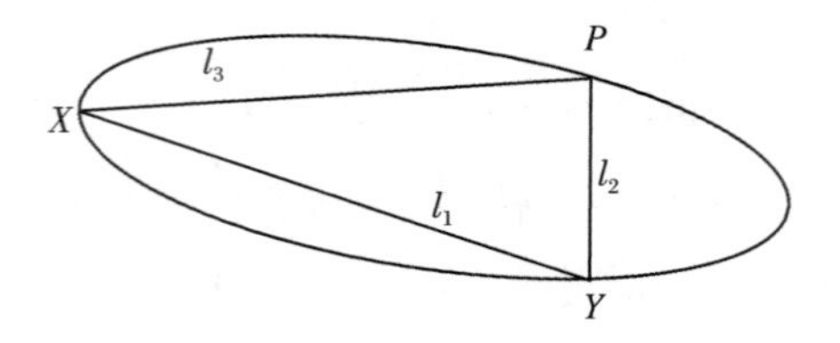

图 10-2

$$l_1=\frac{2V^2}{\sqrt{2D+2b^2-a^2}(b^2+D)U}$$

$$l_2=\frac{\sqrt{2D+2b^2-a^2}}{(b^2+D)U}[a^4(b^2+D)(\sin\alpha)^2+$$
$$b^2(D+b^2-a^2)(b^2+D)(\cos\alpha)^2-$$
$$(a^2-b^2)V\sin\alpha\cos\alpha]$$

$$l_3=\frac{\sqrt{2D+2b^2-a^2}}{(b^2+D)U}[a^4(b^2+D)(\sin\alpha)^2+$$
$$b^2(D+b^2-a^2)(b^2+D)(\cos\alpha)^2+$$
$$(a^2-b^2)V\sin\alpha\cos\alpha]$$

不妨看看特例，取 $\alpha=\frac{\pi}{2}$，则 $U=a^4$，$V=a^3\sqrt{2D+2b^2-a^2}$，且

$$l_1=\frac{2a^2\sqrt{2D+2b^2-a^2}}{b^2+D}$$

$$l_2=l_3=\sqrt{2D+2b^2-a^2}$$

所以

$$l=\sqrt{2D+2b^2-a^2}\left(\frac{2a^2}{b^2+D}+2\right)$$
$$=\frac{2\sqrt{2D+2b^2-a^2}(a^2+b^2+D)}{b^2+D}$$

注意到 $(2D+2b^2-a^2)(a^2+b^2+2D)=3(b^2+D)^2$，便知道

$$l=\frac{2\sqrt{3}(a^2+b^2+D)}{\sqrt{a^2+b^2+2D}}$$

即曾在信上告诉我的答案了. 若要验证猜想，仍需对一般 α 计算 $l=l_1+l_2+l_3$，看它是否又是上面的答案. 曾竟然连这项工作也做了，他

给我看的草稿本，是厚厚的一大叠！

以上列举的繁复算式，绝不是要求读者逐步核算，实际上，我自己当时也只核算了其中一部分而已. 我把它们展示出来，意在说明一条定理在诞生过程中经历的阵痛！固然，我十分佩服曾的毅力和技巧，但我与他一样，对这样的解释并不满意. 虽然它增强了我们对猜想的信念，但它仍未指出应走的路向，一者整个计算之繁复程度使人望而却步，二者不要忘记我们的目标是更广泛的内接 n 边形. 刚才的叙述只是 $n=3$ 的情况，把它推广至 $n=4$ 的情况尚且有困难，更不要说一般的 n 了. 苏联数学家马宁(Yuri I. Manin)说过一句很有意思的话："一个好的证明应使我们更明智."上面的计算并没有使我们达此境界！

10.5　拨开云雾见青天

曾的计算结果，撩起了我们对这个猜想更大的兴味. 而且在计算过程中，曾与问题混熟了，很多对别人来说意思不大的算式却逃不过他的目光，被他辨认出来. 对以后的探索，这点是极有帮助的.

让我们提出一个类比的问题：ε 是个椭圆，P 是 ε 上的一点，外切于 ε 并且其中有一边与 ε 相切于 P 的三角形中，哪一个的周长最短呢？这个问题好像较前一个更难，理由有二. 其一，在 ε 上任取三点，总是某个内接于 ε 的三角形的顶点；但在 ε 上任取三点，却不一定存在一个外切于 ε 的三角形，与 ε 相切于该三点. 其二，把内接于 ε 的三角形的两点规定了，移动第三点时，只变更另两边，有一边没变更；但外切于 ε 的三角形中，即使规定了两个切点，移动第三个切点时，三条边都会变更. 骤看去，既然二者困难程度有别，关系不会大. 固然，起初我们有个粗糙的想法，就是先取周长最长的 $\triangle(P)$，然后构作这个三角形的顶点上与 ε 相切的切线，它们构成一个三角形，会否是答案呢？但只要计算一些特例，便知道不对头了. 事后却知道，这种"三明治"想法，总算错不到哪儿去，只是选错了三明治的面包和夹肉吧！原来并非用两个三角形夹着椭圆，而是用两个椭圆夹着三角形.

既然茫无头绪，不如回到实验. 曾绘了不少图(图10-3)，瞪着那些外切于 ε 而周长最短的三角形的顶点，他觉得它们好像都落在一个椭

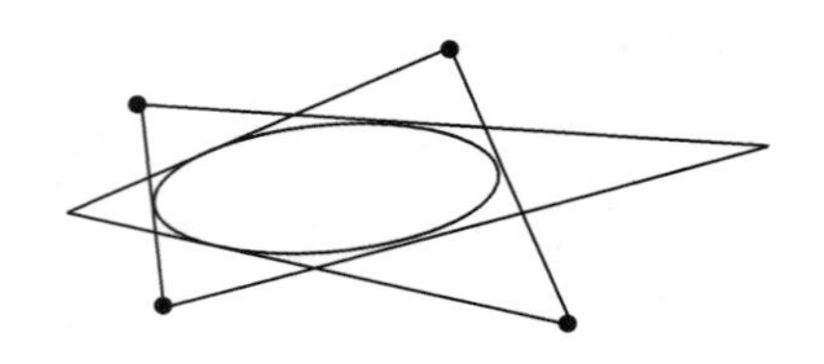

图 10-3

圆上. 接着,他做了一些计算,仔细查看那些点是否满足某条方程. 凭着他从前面的繁复计算积累而来的经验,他的敏锐观察再一次发挥了作用,而且是迈出了关键的一步. 他认为这些点不单落在一个椭圆上,这个椭圆还是与 ε 同焦点的! 到了这一地步,我们确信撒下的网已经捕捉了大鱼,剩下的工夫是把网收起来. 我们心目中的定理应该是这样的(图 10-4):ε 是个椭圆,对 ε 上任一点 P,有且只有一个三角形 $\triangle(P)$,是以 P 为一顶点而又内接于 ε 的三角形中,周长是最长的. 同时,$\triangle(P)$ 外切于某个与 ε 同焦点的定椭圆 ε'. 再者,$\triangle(P)$ 的周长与 P 的位置无关,同时它也是外切于 ε' 的三角形中,周长是最短的一个,当 P 在 ε 上移动时,相应的 $\triangle(P)$ 的形状变更,但每次都是内接于 ε 而又外切于 ε'. 这里好像有很多块拼凑在一起的碎片,在 10.6 节里它们便会变得清晰.

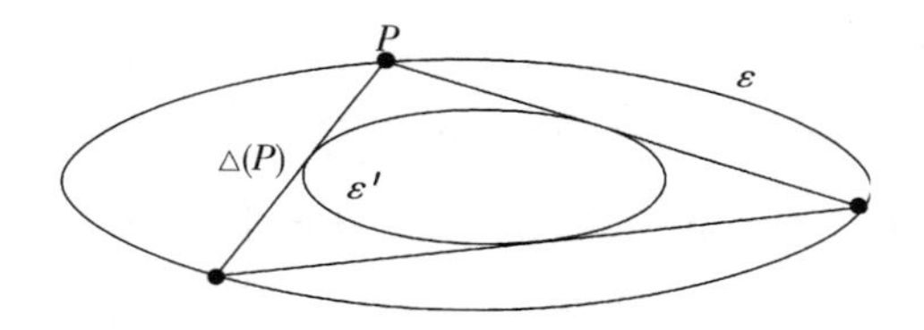

图 10-4

正好在这个时候,我在图书馆浏览新到的杂志时,翻到一篇有趣的文章,叙述法国数学家彭赛列(J. V. Poncelet)在 1822 年发表的一条优美定理的演化历史(文章刊登于 *Expositiones Mathematicae*,1987(5):289-364,作者是 H. J. M. Bos,C. Kers,F. Oort 和 D. W. Raven),后来这条定理被称作庞斯莱闭包定理:C 和 D 是圆锥曲线,若有一 n 边形既内接于 C 又外切于 D,则对 C 上任一点 P,必有一 n 边形,以 P 为一个顶点,内接于 C 又外切于 D. 这条定理的内容,比起上面我提及的那条,自是更深刻,更包罗万象,但它再一次增强了我们的信念. 我把这篇文章告诉曾,原来他在别的场合也碰上庞斯莱闭包定理,而且在查阅书本的时候，碰上更多与我们手头上的问题有直接关系的定理. 当我们知道答案与同焦椭圆有关后，查阅文献便变成有的放矢而非漫无边际地搜索了. 不过，这方面的材料，只能在旧书堆里寻找，幸好大学图书馆里还藏有几本 19 世纪的圆锥曲线专著，其中最著名的是爱尔兰数学家萨蒙(G. Salmon)的《圆锥曲线专论》(*A Treatise on Conic Sections*)，初版于 1848 年，第六版见于 1954 年)，提供了不少有用的材料.

10.6　各归其位

在这一节里我将总结这个问题的解答，但只能概括地叙述而不能逐点详尽地证明. 让我先写下三个结果：

(1)设 $PP_1P_2\cdots P_{n-1}$是以 P 为一顶点且内接于椭圆 ε 的 n 边形中周长最长的一个，则在 $P_1,P_2,\cdots,P_{n-1}$上均有反射特性. 在 10.3 节我们见过 $n=3$ 时的解释，对一般 n 亦类似.

(2)有且只有一个 n 边形 $PP_1P_2\cdots P_{n-1}$ 以 P 为一顶点且内接于椭圆 ε，在 $P_1,P_2,\cdots,P_{n-1}$上有反射特性. 一个解释是考虑一条光射线从 P 出发，直达至 P_1，反射至 P_2，再反射至 P_3，依此类推，直至反射至 P_{n-1}，再反射至一点 Z. 当 P_1 渐远离 P 移动时，Z 渐向 P 挪近，这种变动是连续的，只有一点 P_1 的位置使相应的 Z 与 P 重合(图 10-5).

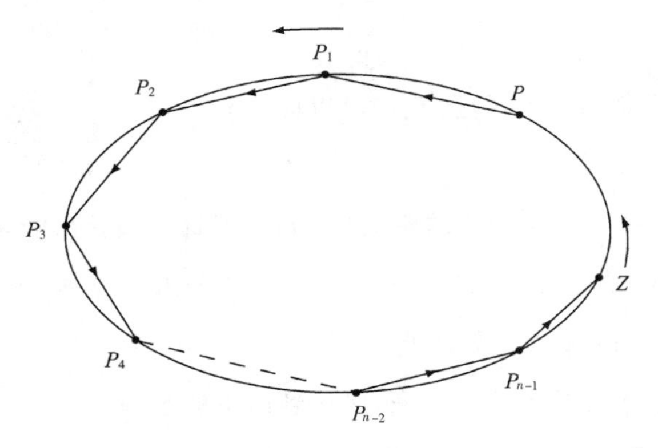

图 10-5

(3)若内接于椭圆 ε 的 n 边形的 $n-1$ 个顶点上有反射特性，则余下的一个顶点上也有反射特性. 要了解这一点，需要知道两个关于椭圆的性质(这里不证了)：

性质 1:YH,YK 是从椭圆 ε 外一点 Y 到 ε 的两条切线,与 ε 相切于 H,K. 若 S、S' 是 ε 的焦点,则 $\angle SYH=\angle S'YK$(图10-6).

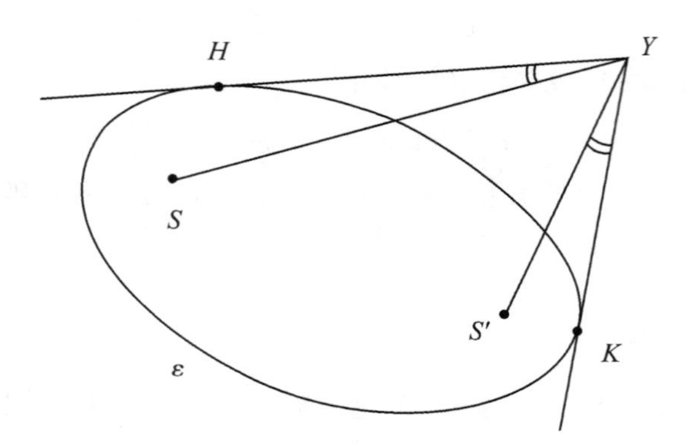

图 10-6

性质 2:YU,YV 是椭圆 ε 的两条弦,在 Y 上的法线平分 $\angle UYV$ 的充要条件是 YU,YV 与某个与 ε 同焦的椭圆 ε' 相切(图 10-7).

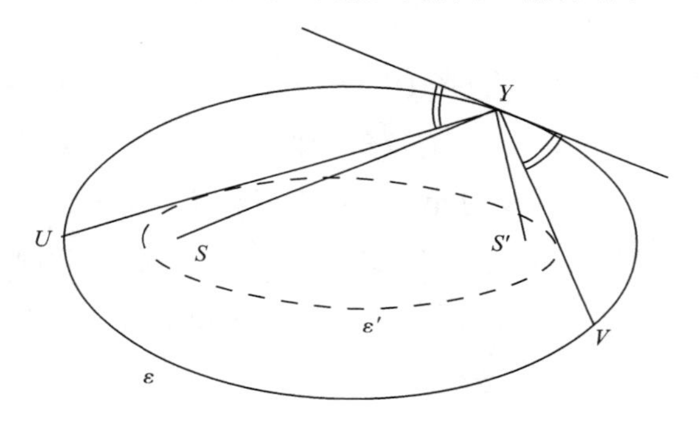

图 10-7

知道了这两个性质后,我们可以回头看(3):

考虑每一对弦 P_iP_{i+1},$P_{i-1}P_i$($i=1,2,\cdots,n-1$,P_0 及 P_n 即 P),它们分别与某个与 ε 同焦的椭圆 ε_i 相切,但每一条弦不能与多于一个同焦椭圆相切,故 $\varepsilon_1=\varepsilon_2=\cdots=\varepsilon_{n-1}$,称此公共同焦椭圆作 ε'. 由于 PP_1,PP_{n-1} 与 ε' 相切,故 P 上有反射特性.

把以上各个结果综合起来,便得到以下的定理:

ε 是个椭圆,P 是 ε 上一点. 以 P 为一顶点且内接于 ε 的 n 边形中,有且只有一个的周长最长,称它作 $n(P)$.

$n(P)$可由下面两个等价条件之一界定:

(1)$n(P)$的全部顶点上有反射特性;

(2)$n(P)$外切于某个与 ε 同焦的椭圆 $\varepsilon(P)$.

再者，条件(2)里的 $\varepsilon(P)$与 P 的位置无关，称它作 ε'. $n(P)$的周长亦与 P 的位置无关.

除了最后一部分需要说明外，定理的其余部分均可从结果(1)、(2)、(3)及性质 2 推导得来. 先让我们看看为什么 $\varepsilon(P)$与 P 的位置无关. 要了解这一点，又要多引入一个关于椭圆的性质(也略去证明)：

性质 3：若一 n 边形外切于椭圆 ε'，而且它的 $n-1$ 个顶点在某些与 ε'同焦的椭圆上移动，则余下那个顶点的轨迹也是一个与 ε'同焦的椭圆.

有了性质 3，便不难证明 $\varepsilon(P)$与 P 的位置无关. 设$\varepsilon(P)$是对应于 P 的同焦椭圆，在 ε 上取另一点 X，作 ε 上的点 $X_1, X_2, \cdots, X_{n-2}$ 使 $XX_1, X_1X_2, \cdots, X_{n-3}X_{n-2}$ 与 $\varepsilon(P)$相切，然后作 X_{n-1} 使 $X_{n-2}X_{n-1}$ 和 $X_{n-1}X$ 亦与 $\varepsilon(P)$相切. 根据性质 3，X_{n-1} 也落在 ε 上，故 $\varepsilon(X)$即 $\varepsilon(P)$(如果你不介意动用彭赛列闭包定理，不用性质 3 也能证明 $\varepsilon(P)$与 P 的位置无关). 最后，让我们看看为什么 $n(P)$的周长与 P 的位置无关. 为此我们要再引入一条 19 世纪英国数学家格雷夫斯(B. Graves)证明的漂亮定理：ε 和 ε'是两个同焦椭圆，Y 是 ε 上的一点，YH 和 YK 是从 Y 到 ε'的两条切线，与 ε'相切于 H，K. 则 YH，YK 的长之和减去椭圆弧段$\overset{\frown}{HK}$的长是个常数. 萨蒙的《圆锥曲线专论》里有这个定理的证明，但要用上微积分思想，不在这里叙述了. 现在看看 $n(P)$(图 10-8)，它的周长等于

$$\begin{aligned}&PP_1+P_1P_2+\cdots+P_{n-1}P\\&=(PQ_{n-1}+PQ)+(P_1Q+P_1Q_1)+\cdots+\\&\quad(P_{n-1}Q_{n-2}+P_{n-1}Q_{n-1})\\&=(\overset{\frown}{Q_{n-1}Q}+K)+(\overset{\frown}{Q_1Q}+K)+\cdots+(\overset{\frown}{Q_{n-2}Q_{n-1}}+K)\end{aligned}$$

这里用了格雷夫斯的定理，K 是个常数. 最末一列的和其实是 ε'的周长加上 nK，既然 ε'与 P 的位置无关，这仍然是一个与 P 的位置无关的常数，定理得证.

如果读者有兴趣的话，可试解释定理在 $n=3$ 的情况，并计算出 ε'来.(提示：只用选一个特殊的三角形考虑，不妨采用一个有一顶点落在直轴的.)你会发现若 ε 的方程是$\frac{x^2}{a^2}+\frac{y^2}{b^2}=1$，则 ε'的方程是

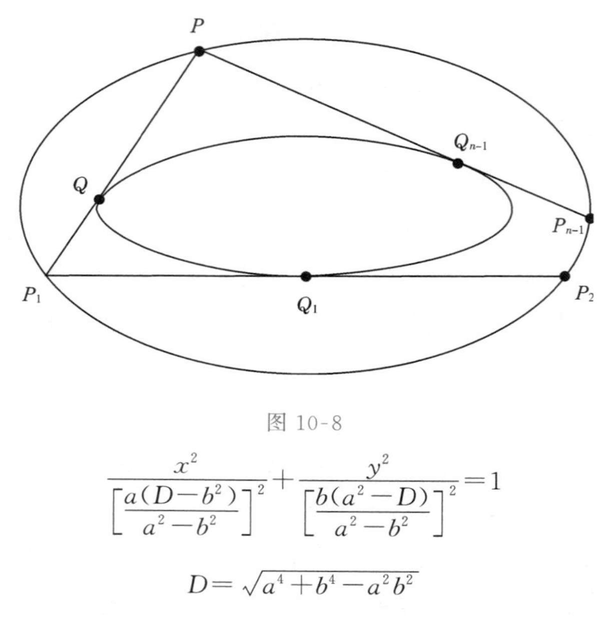

图 10-8

$$\frac{x^2}{\left[\frac{a(D-b^2)}{a^2-b^2}\right]^2}+\frac{y^2}{\left[\frac{b(a^2-D)}{a^2-b^2}\right]^2}=1$$

$$D=\sqrt{a^4+b^4-a^2b^2}$$

对已知的 P,即能计算$\triangle(P)$. 要计算最长的周长,更只需选一个适当的 P,例如坐标是$(0,b)$的点,自然算出曾写信告诉我的答案了.

10.7 余音未了

其实,还有一条与 10.6 节的定理成对偶的定理,是关于刻画外切于椭圆的 n 边形中周长最短的那一个,但我相信上面的故事已足够说明前面九章的论点,没必要把读者卷入更多的技术细节中去,故省掉了. 不过,故事还有一段尾声,跟本书亟欲传达的信息有点关系,让我一并告诉读者. 解决了这个问题后,过了半年,加拿大阿尔拔特大学的克兰金(M. S. Klamkin)写信来,他知道曾与我提出过这样的问题,他又知道在更早的时候美国密迪逊大学的舍恩伯格(I. J. Schoenberg)曾在一本荷兰数学杂志上提过同一个问题(刊于 *Nieuw Archief voor Wiskunde*, Vol. 26, 1978),并且解答了. 克兰金还在同一本杂志上对该解答做了补充,指出马蒂斯(G. B. Mathews)在 1892 年发表过一篇文章,解答了问题. 有趣的是,克兰金在评注里勾画的证明,与我们在 10.6 节里描述的几乎一模一样. 再者,在马蒂斯的文章里,他提到一位更早解决这个问题的人,就是 19 世纪的瑞士几何学家施坦纳.

"研究"这个词的英文乃 research,若把它分成两截,变成 re-search,意思却是再度探索,有重复前人工作的含义! 看来,我们以为自己在做研究，结果却是再度探索而已．那么，把已经证明了的定理重又证明，岂不是一点意思也没有吗？不是的，如果我们不把证明的功用规限于核实，那么，即使再度证明前人已知道的定理又何妨．一来在证明的过程中我们往往获致深入一点的理解，二来这样做带来个人在发现过程中那种难以言喻的喜悦．一部真正的数学史，是充满这种 research 与 re-search 的．数学本身有它自己的调节机制，把重要的、次要的、不重要的区分开来，各赋予恰如其分的评价，把众多的定理保存、传播，或者遗忘．通过同一定理的不同证明，数学本身也融会了看似无关的结果，重整了知识，免使这门学科沦为支离破碎而又庞大纷杂的一团混沌．

公元前 6 世纪的希腊哲学家赫拉克利特（Heraclitus）有句名言："一切皆流，无物常住．"用更浅白的语言，是说你不能两次走进同一条河流中去，因为涉足长流，举足复入，已非前水！或者我们可借此形容一个同样的证明予不同的人或者在不同的学习阶段予同一个人的不同感受．从这个角度看，证明不是仅供核实的死板样本，而是活生生的演化．下次，当你读到一个证明的时候，不要尽信它，尝试从不同的角度去理解它，说不定你能发掘出宝藏呢！

附　录

附录1　证　明

——作为一项在文化、社会政治及智力范畴内的数学探究活动

萧文强，香港大学数学系

摘要：本文通过一些数学事例，探讨证明作为一项在文化、社会政治及智力范畴内的数学探究活动．讨论目的之一，是要说明数学是人类文化活动的组成部分，并非只是通常在课堂教授的技术内容而已．作为“额外得益”，我们同时会谈及教学方面，如何提升几个数学课题的理解．

1．序言：第二十九届 IMO（国际数学奥林匹克）第六题

数学证明在某种程度上是一项个人活动，同时也是一项社群活动．它是一项个人活动，因为一个突破或一点火花念头的出现，都是个人运用智力得到的成果，虽然有时也是与其他数学家讨论后得到帮助和启发．它又是一项社群活动，因为一个数学证明要得到别的数学家同意和接纳．因此，讨论将以作者亲身经历的一个例子开始．这个例子突显了证明的主要作用，是要说明问题而不仅是核实猜测．随后，我们会通过四个例子探讨数学证明作为一项在文化、社会政治及智力范畴内的数学探究活动．

第二十九届 IMO 第六条问题如下：

“设 a、b 为正整数，且 $ab+1$ 整除 a^2+b^2．求证 $\frac{a^2+b^2}{ab+1}$ 是完全平方整数．”

保加利亚队一名少年用了一个非常巧妙的方法，获得当年的特别奖．他的做法是，先假设 $k=\frac{a^2+b^2}{ab+1}$ 不是平方数，然后把它写成下面的

形式：

$$a^2-kab+b^2=k，\text{其中 } k \text{ 是给定的正整数} \qquad (*)$$

注意，任何满足式（*）的整数数偶 (a,b)，都满足 $ab\geqslant0$，否则 $ab\leqslant-1$，加上已知 $a^2+b^2=k(ab+1)\leqslant0$，便得到 $a=b=0$，因此 $k=0$！而且，由于 k 不是完全平方，因此 $ab>0$，亦即 a 或 b 都不可能等于 0. 设 (a,b) 是满足式（*）的整数数偶，其中 $a>0$（因此 $b>0$），而且 $a+b$ 取最小值. 由于对称原因，可以假设 $a\geqslant b$. 把算式（*）看作二次方程，a 和 a' 为方程（*）的根，则 $a+a'=kb$，$aa'=b^2-k$. 因此 a' 也是整数，(a',b) 是一对满足方程（*）的整数数偶. 由于 $b>0$，因此 $a'>0$. 但由于

$$a'=\frac{b^2-k}{a}\leqslant\frac{b^2-1}{a}\leqslant\frac{a^2-1}{a}<a$$

故 $a'+b<a+b$，这样便与 (a,b) 的选择构成矛盾！这便证明了 $\frac{a^2+b^2}{ab+1}$ 一定是一个整数的平方.

纵使这个证明十分巧妙，却引起一些疑问：(1)是什么令人想到 $\frac{a^2+b^2}{ab+1}$ 是完全平方？(2)这个归谬法论证的关键步骤在于先假设了 k 不是完全平方，但证明的过程好像对于这一点轻轻带过，不容易令人看到如果 k 不是完全平方时会出什么乱子. 更重要的是，这个用反证法的证明，即使确认了结果，却没有解释为何 $\frac{a^2+b^2}{ab+1}$ 一定是完全平方. [(Antonini，Mariotti，2008) 的文章讨论了用反证法去证题时学生面对的认知与学习困难.]

作为对比，请看一个没有那么漂亮的解答，是我尝试给出的. 当我首次看到这个问题时，有一个"错误念头"：令 $a=N^3$，$b=N$，则

$$a^2+b^2=N^2(N^4+1)=N^2(ab+1)$$

我便得来一个印象，以为 $k=\frac{a^2+b^2}{ab+1}$ 的任何整数解 (a,b,k) 都是 (N^3,N,N^2) 这个形式，因此我做了一项策略，要从 $a^2+b^2=k(ab+1)$ 推导出下面的等式：

$$\begin{aligned}&[a-(3b^2-3b+1)]^2+(b-1)^2\\=&[k-(2b-1)]\{[a-(3b^2-3b+1)](b-1)+1\}\end{aligned}$$

如果成功,我便能把 b 逐步减 1 至最后得到 $k=\frac{a^2+1}{a+1}$,因而 $a=k=1$. 逆转刚才的步骤便可以解答问题. 基于这项策略,我反复计算了好一阵子,但得不到结果. 回到家后,借助计算器硬干,有系统地查证并找出真正的解,得到以下(部分)解:

a	**1**	**8**	**27**	30	**64**	112	**125**	**216**	240	**343**	418	**512**	…
b	**1**	**2**	**3**	8	**4**	30	**5**	**6**	27	**7**	112	**8**	…
k	**1**	**4**	**9**	4	**16**	4	**25**	**36**	9	**49**	4	**64**	…

此时我看到为何我的策略失败,原因是除了(N^3,N,N^2)这个形式的解,还有别的. 不过,工夫也不是白费. 当我盯着这些答案,我看到对于某一个 k,以递归方法可以得到答案(a_i,b_i,k_i),其中 $a_{i+1}=a_ik_i-b_i$,$b_{i+1}=a_i$,$k_{i+1}=k_i=k$.

余下要做的是验证,如果正确,一切都清楚了. 一组“基本解”的形式是(N^3,N,N^2),其中 $N\in\{1,2,3,\cdots\}$. 其他的解都是由这“基本解”以上述的递归方法产生. 特别地,$k=\frac{a^2+b^2}{ab+1}$ 是一整数的完全平方. 通过这番工夫,我理解问题所在,比我只是阅读前述的巧妙证明清楚得多.

2. 证明与数学学习和教学的相关性

上述的例子说明了证明拥有强大的解释能力,这种能力已经由很多学者指出并用大量文章加以讨论说明. 文章的数量太多,我不能一一列出,就算勉强为之,一定不完整,而且还将有新的文章继续刊登呢. 不如让我介绍一篇概括论述(Hanna, 2000)、两个网站(Hanna, Mariotti)和三本著作(Davis, Hersh, 2006; Hanna, 1983; 萧文强, 1990/2007/2008),以及这些著作中提及的参考文献.

既然这类文章数量如浩瀚大海,这一篇只是沧海一粟,为什么还要写呢? 有什么独特见解要提出呢? 正如本文标题指出,我要探讨证明作为一项在文化、社会政治及智力范畴内的数学探究活动. 我希望带出一个更加广阔的信息,即:数学是人类文化活动的组成部分,并非只是通常在课堂教授的技术内容而已.

有一篇文章（Siu，2006）指出，教师对于数学教学与数学历史结合有所保留，其中的一个原因是，他们顾虑到学生欠缺总体文化知识，特别地不能欣赏数学历史. 这个可能是事实. 不过，我们可以反过来看问题. 我们可以把数学历史与日常的数学教学结合，作为让学生认识总体文化的一个机会. 而且，证明是数学教育的一个非常重要部分，我们实在不应轻易把这个机会流失. 虽然，本文的主要论点是关于课堂的数学学习和教学，数学严谨标准的进化过程，和数学证明的认识论观点（Lakatos，1976；Rav，1999），都不是讨论的焦点，但无可避免我们也要谈及这两方面.

我会讨论以下四个例子：

(1)公元十五世纪和十六世纪，欧洲“探索时代”的探索和冒险精神对数学发展的影响；

(2)公元三世纪至六世纪，中国的三国和魏晋时期的思潮，对数学探究活动的影响，以刘徽为例子说明（公元三世纪中叶是刘徽工作的盛期）；

(3)中国古代道教对数学探究活动的影响，以天文量度和地距测量的例子说明；

(4)比较欧几里得的《原本》对西方文化的影响，与利玛窦（1552—1610）和徐光启（1562—1633）在 1607 年合译《几何原本》后对中国文化产生的影响.

例(1)涉及数学探究活动的广阔思想转变，所产生影响不单在于数学的呈现形式，更重要在于引入了对数学的探索精神. 例(2)指出同样历史过程，以不同的理由出现于东方世界，而且更多着重于论证方面. 例(3)是关于宗教、哲学（或甚至神秘主义）在数学实践中可能起的作用. 例(4)指出这样的影响会以相反方向出现，即数学探究活动的思想，可以孕育出其他人类文化活动. 作为“额外得益”，这些例子可能提供一些更好理解个别课题的方法.

3.“探索年代”

由公元 15 世纪中叶至公元 16 世纪，欧洲出现一批“海洋探险者”（视乎每个人的立场和对历史的看法，有人会称他们为“十字军”或“殖民主义者”，甚至“海盗”）. 他们远航冒险至一些从未听说过的地方，在历史中留有名声的有：哥伦布(C. Columbus，1451—1506)，达伽马(Vasco da Gama，1460—1524)，麦哲伦(F. Magellan，1480—1521)，德雷克(F. Drake，1540—1596)，罗利(W. Raleigh，1554—1618)等. 无论他们的动机是什么，我们都得赞叹他们的探索和冒险精神.

探索和冒险精神为现代科学倡议者提供了模式和灵感(Alexander，2002). 培根(F. Bacon)在他的著作《新工具》(*Novum Organum*)中这样写道：

> "我们应该同时考虑到，远洋航海和旅行(现今越来越普遍)令大自然很多事情或呈现或被发现，而它们能够在哲学层面产生新作用. 如果现在的物质世界——土地、海洋、星宿——得到开发和勘探，而智力世界却还被旧有的发现和狭窄的界线规限，那是人类不光彩的事情."(Bacon，1620/2000，Book Ⅰ，Section LXXXIV)

在同一卷他又写道：

> "因此，我们应该揭示和发表我们的猜测，并举出理由使人相信希望是有的；正如哥伦布在横渡大西洋的壮举前，举出理由为什么他那么坚定相信可以找到从来没有人听过的新大陆. 最初人们排斥他的理由，其后经验证实了，而且还是伟大事业的前因和开端."(Bacon，1620/2000，Book Ⅰ，Section XCII)

也许数学看起来是一门纯理论和抽象的学科，并不符合这个趋势. 用比喻来说，数学稳坐在欧几里得几何的固定根基，而探险家却要走进波涛汹涌的大海去探索，发现新世界. 不过，在公元十七世纪，数学也出现变化. 伽里略(G. Galilei)和笛卡儿(R. Descartes)以哲学的观点摒弃这种看法：

伽里略说：

> "在我看来，逻辑教我们检验一项已被完全发现的论点是否确实，但我不相信逻辑能教我们如何发现正确的论点和证明."(Kline，1977:118)

笛卡儿说：

> "我认为，在逻辑方面，三段论和大部分与它相关的法则，只能用作向别人解释自己知道的东西，或甚至，如卢利(R. Lully)的

学艺，不加判断说出自己所知道的，而不是要学新的东西.”(R. Descartes, 1637/1968:40)

大胆冒险尝试的其中一项成果，是解释和发现在陌生的无穷领域中的数学，例如开普勒(J. Kepler, 1571-1630)在 *Nova Stereometria Doliorum Vinariorum* (1615)采用无穷小的方法，和卡瓦列里(B. Cavalieri, 1598-1647)在 *Geometria Indivisbilus Continuorum Nova Quadam Ratione Promota*(1635)采用事物不可分割的方法. 前者把几何体看成是由众多同一维而“非常小”的物体组成，后者则把几何体看成是由低一维的物体组成(Calinger, 1982/1995; Mancosu, 1996). 其实，很久以前东方和西方数学家都有类似的想法(例如，西方有公元前三世纪的阿基米德(Archimedes)，中国有公元三世纪的刘徽和公元五世纪的祖冲之和祖暅). 这些例子可以提供能促进学习和富启发性的课堂教学材料. (Calinger, 1982/1995; 沈康身, 1997; Siu, 1993; Wagner, 1978,1979)

圆球体积的计算特别值得注意，因为它不单巧妙地采用了不可分割方法先计算相关几何体“牟合方盖”，即两个半径相同的圆柱体垂直插入得到的共同部分，而且因为刘徽显示了他的学术诚实和谦逊：当他把计算想法概略叙述后，他继续说：

“欲陋形措意，惧失正理. 敢不阙疑，以俟能言者.”①

这让我想起俄国数学教育家沙雷金所说的：

“数学社群的生命建构在证明的理念上，而这是最崇高的一种道德理念.”

学习数学证明有“道德教育”的意义！

有趣的是，令人激奋的微积分发现后两百多年，即公元十九世纪，其发展却返回更保守的方式，逐步回复到由“恶名昭著”(被不同年代的大学本科生认为！)的“epsilon-delta 分析方法”所主导.

公元二十世纪后期，电算机的能力不断强大，无数多功能软件不断面世，数学家又进入另一个“探索年代”. 有些人甚至开始怀疑证明的角色是否应该重新厘订，展开有争议性的哲学辩论 (Davis, 2006).

---

① 白话译文：“想以我的浅陋解决这个问题，又担心背离正确的数理. 我岂敢不把疑惑搁置起来，等待有能力阐明这个问题的人呢？”

4. 公元三世纪至六世纪中国知识界的思潮

英国著名数学家哈代(G. H. Hardy, 1877—1947)曾经有以下的评论:“现代数学家也能明白古希腊人最先使用的语言,正如利特尔伍德(J. E. Littlewood, 1885—1977)曾对我说:‘他们不是聪明的学童,也不是‘奖学金的应试者’,他们是‘另一学院的院士’’.”(Hardy, 1940) 他是从另一角度去论说:从古希腊继承过来、长久受人尊敬、欧几里得的《原本》(*Elements*)示范的公理演绎传统,是唯一正确的证明模式. 有些学者利用其他数学文化中的例子,抗衡这种说法 (Chemla, 1996; Chemla, 1997; Joseph, 1991/1994/2000; 萧文强, 1990/2007/2008; Wilder, 1968/1978).

又一篇文章 (Siu, 1993) 详细描述了刘徽对《九章算术》注释中的几个特别例子,其中有些以图解辅助可以用作有利教学的材料. 一个显著的例子是第九章问题十六:“今有勾(句)八步,股一十五步. 问:勾(句)中容圆径几何. 答曰:六步.”本书给出圆形直径的正确公式,即 $d=2ab/(a+b+c)$,其中 a, b 是直角三角形的两直角边, c 是斜边. 在注释中,刘徽用了三个不同的证明. 第一个证明用分割法,每分割片加上颜色,不用文字便证明了(详情可参看文章(Siu, 1993, Figure 3)的“以图作证”.)第二个证明采用数量比例的知识. 从证明作用的角度来看,第三个证明最为有趣,因为刘徽可能在寻找“(定理与)已知数学结果整体的一致性”(Hanna, 1983:70). (有关此处的数学内容,文章(Siu, 1993:section 3)有详细讨论.)

刘徽在注释的序言中说:

> “徽幼习《九章》,长再详览. 观阴阳之割裂,总算术之根源,探赜之暇,遂悟其意. 是以敢竭顽鲁,采其所见,为之作注. 事类相推,各有攸归,故枝条虽分而同本干知,发其一端而已. 又所析理以辞,解体用图,庶亦约而能周,通而不黩,览之者思过半矣.”①

① 白话译文:“我童年的时候学习过《九章算术》,成年后又做了详细研究. 我考查了阴阳的区别对立,总结了算术的根源,在窥探它的深邃道理的余暇时间,领悟了它的思想. 因此,我不揣冒昧,竭尽愚顽,搜集所见到的资料,为它注释. 各种事物按照它们所属的类别互相推求,分别有自己的归宿. 所以,它们的枝条虽然分离而具有同一个本干的原因,就在于都发自于一个开端. 如果用言辞表述对数理的分析,用图形表示对立体的分解,那差不多就会使之简约而周密,通达而不烦琐,凡是阅读它的人都能理解其大半的内容.”

这段话不单指出了一种不同的数学工作方法，而且还展示其思想状态与传统儒家思想截然不同，而儒家在公元前一世纪末已成为汉朝的正统思想，排挤所有其他思想学说.

让我们从历史角度看这个趋势. 公元三世纪，即刘徽的工作盛期，中国正处于非常重要的历史时期. 由公元220年汉朝没落开始，至公元581年隋朝建立的四百年间，中国经历了"长时期的国家不统一和混乱……受中原和南方控制地区出现王朝之间战事和政治分裂，受北方控制的又是另一串战事"(Feng, 1948). 虽然无秩序和不安状态持续很久，是中国政治和社会的"黑暗时代"，但同时又是"中国文化在好几个方面达到高峰的时期"(Feng, 1948). 讽刺地，当政治和社会秩序衰退带来正统思想没落时，自由和奔放的思想有了出路. 这个时期的偏好是修辞与逻辑论证，表现于文人雅士的"清谈"活动. 历史学家余英时指出，这时期知识界思潮，是个人和群体"自我觉醒"的结果；"自我觉醒"是东汉(25—220)后期在"士"阶层中形成(余英时, 1987, 第六～七章). ("士"在中国文化历史中是一个相当奇特又十分重要的社会阶层，大致可以说"士"是文人、学者、士大夫或知识分子，但没有单一的名词可以全盘概括其含义.)很自然我们可以想象，当科学和数学的领域处于思想自由和奔放的气氛，偏好修辞与辩证，对提升证明的概念十分有利. (可参阅(洪万生, 1982)，文章对此论点有详尽说明.)

5. 道家思想与中国数学发展

道家思想作为中国哲学的一派起源于公元前四世纪，在东汉(25—220)末期，它发展成为一项宗教，一般称为道教. 在这里，我们只讨论道家思想的哲学理念. 道家的中心思想是"道"，即自然力量的流动，令万物走到一起而后转变，反映出中国人认为事物变更是常态这一根深蒂固的信念. 古代和中世纪期间道家思想与中国科学和数学的关系，是不少学者的学术研究项目. [文章 (Volkov, 1996a)的作者对此做了概述，并表达自己的新见解.]

特别要指出，公元前二世纪道家思想的专著《淮南子》，是汉朝(前206—220)开国皇帝刘邦的孙子淮南王刘安(前179年—前122)主事编制的百科全书式汇集，天文是其中一项. 卷三《天文训》有以下量度太阳高度的问题：

“欲知天之高.树表高一丈.正南北相去千里.同日度其阴.北表二尺.南表尺九寸.是南千阴短寸.南二万里无景,是直日下也.阴二尺而得高一丈者,南一而高五也.则置从此南至日下里数.因而五之.为十万里.则天高也.若使景与表等.则高与远等也.”[①](《淮南子·卷三:天文训》)

下图用现代的数学符号表示以助解释计算:

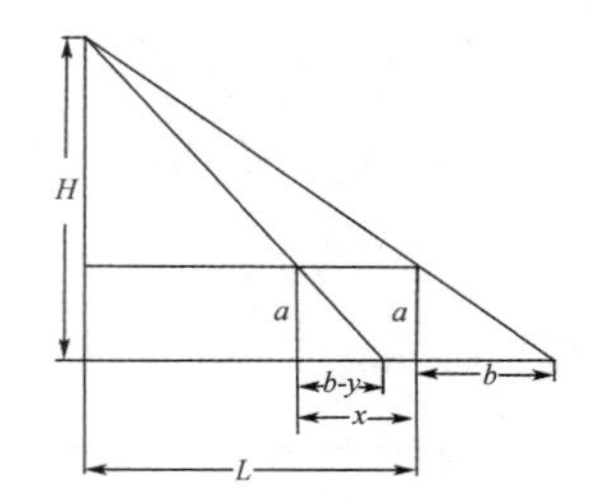

y(影的长度缩短)是 x(圭表的移动距离)的函数,即 $y = f(x)$.怎样使 $f(x) = 2$? 是当 $x=L$ 时.如果我们知道 $f(x)$ 是什么,便可计算 L,即可算出 H.

让我们试找出 $f(x)$.已知

$$\frac{a}{b-y}=\frac{H}{L-(x-b+y)} \tag{1}$$

$$\frac{a}{b}=\frac{H}{b+L} \tag{2}$$

从(1)与(2)得到 $y=\left(\frac{a}{H-a}\right)x=\alpha x$,其中 α 是一常数.

当 $x = 1000$ 时,$y = 0.1$,因此 $\alpha = 0.0001$,即 $y = 0.0001x$.(注意:x 的单位是“里”而 y 的单位是“尺”.)当 $x = 20000$(里),$y = 2$(尺)时,没有影,即 $L = 20000$(里).

$$H=(b+L)\frac{a}{b}=\left(\frac{2}{180}+20000\right)\left(\frac{10}{2}\right)=100000+\frac{1}{18}(\text{里})$$

(以里为单位)[②]

以上的计算基于非常简化的“天与地”模型,因此并没有量度到

① 白话译文:“要找出天(即太阳)的高度,我们需要用两个长为十尺的圭表,同一天在南北相隔十里量度它们的影的长度.如果北方的影长为两尺,南方的影长将会是一尺九寸.若向南走多一里,影的长度会减小一寸,向南走至二万里后,圭表将无影,那么此处乃在太阳直照之下.影长为两尺圭表之高是十尺,南边的影长为一尺则圭表之高是五尺,由这里向南走至无影,把走过的里数乘以五得十万里,这就是天之高.”

② 1里=180尺

"天的高度".不过同样的方法,可以量度不可达至远距离对象的距离与高度.公元三世纪刘徽著作《海岛算经》详尽记载如何使用两个圭表量度,找出答案;公元六世纪初印度数学家阿利亚百德(Aryabhata)以同样的方法解释;约在十四世纪初西方发明测量仪器"测量棒"(cross-staff/Jacob staff),也采用同样方法.刘徽的计算公式,后来由杨辉(他的盛期是十三世纪中叶)证明了,记载于他在1275年的著作《续古摘奇算法》中.证明基于巧妙的面积计算,下图可以说明:

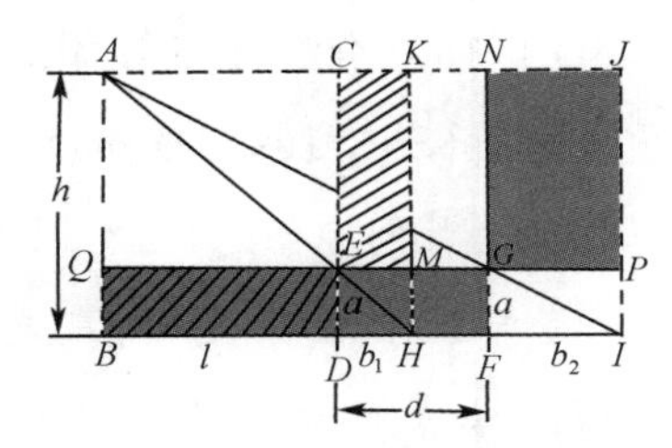

$$EGFD = QGFB - QEDB = NJPG - CKME$$

因此

$$ad = b_2(h-a) - b_1(h-a) = (b_2 - b_1)(h-a)$$

$$h = \frac{ad}{b_2 - b_1} + a$$

$QEDB = CKME$,因此

$$al = b_1(h-a) = b_1\left(\frac{ad}{b_2 - b_1}\right)$$

$$l = \frac{b_1 d}{b_2 - b_1}$$

(一题容易的习作:读者可尝试对比此图的 h,l 与前图之 H,L,看看是否一致.)现时中学生面对这样的题目时,多会利用相似三角形,成立 l ,h 的联立方程,答案是相同,不过杨辉的解法却漂亮得多.《淮南子》给出的解,又是另一种处理手法,本身优美之处,是一种函数关系的动态诠释,与道家思想的改变或变换思维合拍.

看来刘徽和杨辉都不知道记载在《淮南子》的方法,其实这道题目和它的解法在公元前100年的《周髀算经》已经出现,后来又出现于道家学者赵友钦于公元1230年所著的《革象新书》(Volkov, 1966b).我们或许可以用汉朝前期的历史背景解释发生的事情:淮南王刘安召集一众道家学者于身旁,委任他们撰写《淮南子》,其后他自己因叛国罪被皇帝赐死，著作因而被禁，或因此导致用函数关系的证明方法，失传于社会大众，只在道家圈子流传.

6.《原本》对西方文化和中国文化的影响

众所周知，作为公理系统范例和逻辑证明楷模，欧几里得的《原本》对西方文化的影响非常显著(Grabiner, 1988). 这一划时代的数学巨著传入中国的过程，是基于意大利耶稣会教士利玛窦(M. Ricci, 1552—1610)与明朝(1368—1644)学者徐光启(1562—1633)合作翻译成中文，取名《几何原本》于 1607 年出版的译本. 徐光启后来在朝廷任要职，在宫廷掌管重要事宜(Siu, 1995/1996).

徐光启在他撰写的文章《几何原本杂议》有以下评论：

> “此书为益，能令学理者祛其浮气，练其精心，学事者资其定法，发其巧思，故举世无一人不当学. ……此书有五不可学：躁心人不可学，粗心人不可学，满心人不可学，妒心人不可学，傲心人不可学. 故学此者不止增才，亦德基也.”①

当时没有多少人留意到《几何原本》，徐光启有点失望，但他臆测一百年后每个人都会阅读此书. 不过到了清朝，李子金(1622—1701)于 1681 年在杜知耕著作《数学钥》的序言中写道：

> “京师诸君子，即素所号为通人者无不望之反走，否则掩卷而不读，或读之亦茫然不得其解.”②

《几何原本》对中国的数学发展几乎没有什么影响，但奇怪的是，它却在别的方面起了作用，影响了在 1898 年发生的“百日维新”中的关键人物，如改革派康有为(1858—1927)和谭嗣同(1865—1898)，不过运动最终悲惨地结束. 看来，徐光启没有想到，他对《几何原本》的影响力过分乐观的预测，出现在政治的舞台上！ 有关《几何原本》在中国产生的影响，可参阅一篇为纪念《几何原本》传入中国四百周年而写的文章(萧文强, 2007).

---

① 白话译文：“阅读此书，益处良多：研习理论的人可驱除浮夸之气，锻炼专注之心；学习办事的人能确立方法，激发巧妙的思想. 因此，每个人都应该学习此书. ……以下五种人却不可能从阅读此书得到益处：浮躁的人、粗心的人、自满的人、嫉妒的人、傲慢的人. 因此，学习此书不但能丰富知识，更可改进品德.”

② 白话译文：“在京城自以为有学识的人，看到这书便避开，或看了便马上掩卷，或读了亦迷惘不理解.”

7. 结语

本文表达的讯息,可以怎样帮助我们教授和学习数学证明呢?它不会提供一些明确的策略或全面的理论,但它可以提醒我们,要把数学学科变得"人性化",让学生感到数学值得花时间学习,最好的办法是把学习数学与人类文明的相互影响联系起来."额外得益"是,如从这个角度来看数学证明,我们可以找到能提高学习一些课题的意念,因而令学习数学成为一项有兴味的活动.

参考文献

[1] 洪万生(1982),重视证明的时代——魏晋南北朝的科技,刊于:洪万生(编),《中国文化新论,卷十二(科技篇)》,台北:联经出版社,105-163 页.

[2] 沈康身(1997),《九章算术导读》,武汉:湖北教育出版社.英译本:K. S. Shen, J. N. Crossley, A. W. C, Lun, The Nine Chapters on the Mathematical Art: Companion & Commentary, Oxford University Press, 1999.

[3] 萧文强 (1990/2007/2008),《数学证明》,南京:江苏教育出版社;修订本:台北:九章出版社;大连:大连理工大学出版社.

[4] 萧文强(2007),"欧先生"来华四百年,《科学文化评论》,4(6),12-30 页.

[5] 余英时(1987),《士与中国文化》,上海:上海人民出版社.

[6] Alexander, AR. (2002). Geometrical Landscapes: The Voyages of Discovery and the Transformation of Mathematical Practice. Stanford: Stanford University Press.

[7] Antonini, S., Mariotti, M. A. (2008). Indirect proof: what is specific of this mode of proving? this issue of Zentralblatt für Didaktik der Mathematik.

[8] Bacon, F. (1620/2000). The New Organon (edited by L. Jardine, M. Silverthorne). Cambridge: Cambridge University Press.

[9] Calinger, R. (Ed.) (1982/1995). Classics of Mathematics. Oak Park: Moore Publ.; reprinted, Englewood: Prentice Hall.

[10] Chemla, K. (1996). Relations between procedure and demonstration. In H. N. Jahnke et al (Eds.), History of Mathematics and Education: Ideas and Experiences (p. 69-112). Göttingen: Vandenhoeck & Ruprecht.

[11] Chemla, K. (1997). What is at stake in mathematical

proofs from third century China? Science in Context, 10(2), 227-251.

[12] Davis, P. J. (2006). Mathematics and Common Sense: A Case of Creative Tension. Wellesley: A. K. Peters.

[13] Davis, P. J. ,Hersh, R. (1980). The Mathematical Experience. Boston-Basel-Stuttgart: Birkhäuser.

[14] Descartes, R. (1637/1968). Discourse on Method and the Meditations (translated by F. E. Sutcliffe). Harmondsworth: Penguin.

[15] Feng [Fung], Y. L. (1948). A Short History of Chinese Philosophy (edited by D. Bodde). New York: Macmillan.

[16] Grabiner, J. V. (1988). The centrality of mathematics in the history of western thought, Math. Magazine, 61, 220-230.

[17] Hanna, G. (1983). Rigorous Proof in Mathematics Education. Toronto: OISE Press.

[18] Hanna, G. (2000). Proof and its classroom role: A survey. In M. J. Saraiva et al (Eds.), Proceedings of Conference en el IX Encontro de Investigaçao en Educaçao Matematica (p. 75-104). Funado.

[19] Hardy, G. H. (1940). A Mathematician's Apology. Cambridge: Cambridge University Press.

[20] Joseph, G. G. (1991/1994/2000). The Crest of the Peacock: The Non-European Roots of Mathematics. London: Tauris; reprinted, London: Penguin; reprinted, Princeton: Princeton University Press.

[21] Kline, M. (1977). Why the Professor Can't Teach? New York: St. Martin Press.

[22] Lakatos, I. (1976). Proofs and Refutations. Cambridge: Cambridge University Press.

[23] Mancosu, P. (1996). Philosophy of Mathematics and Mathematical Practice in the Seventeenth Century. Oxford: Oxford University Press.

[24] Needham, J. (1959). Science and Civilization in China, Volume 3. Cambridge: Cambridge University Press.

[25] Rav, Y. (1999). Why do we prove theorems? Philosophia Mathematica, (3)7, 5-41.

[26] Siu, M. K. (1993). Proof and pedagogy in ancient China: Examples from Liu Hui's Commentary on Jiu ZhangSuan Shu, Edu-

cational Studies in Mathematics, 24, 345-357.

[27] Siu, M. K. (1995/1996). Success and failure of XuGuang-qi: Response to the first dissemination of European science in Ming China, Studies in History of Medicine & Science, 15(1-2), New Series, 137-179.

[28] Siu, M. K. (2006). "No, I don't use history of mathematics in my class. Why?" In F. Furinghetti et al (Eds.). Proceedings of HPM2004 & ESU4, July 2004 (p. 268-277). Uppsala: Uppsala Universitet.

[29] Volkov, A. (1996a). Science and Daoism: An introduction, Taiwanese Journal for Philosophy and History of Science, 5(1), 1-58.

[30] Volkov, A. (1996b). The mathematical work of Zhao You-qin: Remote surveying and the computation of φ, Taiwanese Journal for Philosophy and History of Science, 5(1), 129-189.

[31] Wagner, D. B. (1978). Liu Hui and Tsu Keng-Chih on the volume of a sphere, Chinese Science, 3, 59-79.

[32] Wagner, D. B. (1979). An early Chinese derivation of the volume of a pyramid: Liu Hui, third century AD, Historia Mathematica, 6, 164-188.

[33] Wilder, R. (1968/1978). Evolution of Mathematical Concepts. New York: Wiley; reprinted, Milton Keynes: Open University Press.

[34] http://fcis.oise.utoronto.ca/~ghanna/ (website on proof maintained by G. Hanna)

[35] http://www.lettredelapreuve.it (website on proof maintained by M. A. Mariotti)

[原英文本刊于：ZDM (Zentralblatt für Didaktik der Mathematik-The International Journal of Mathematics Education), 40(3) (2008), 355-361.]

附录2 东西方传统文化中的数学证明

——对数学教育的启示①

萧文强,香港大学数学系

数学中有一些东西,无论在什么种族、文化或社会的范畴都是共通的.例如,没有数学家会接纳以下这个由佩龙(O. Perron, 1880—1975)提出的“戏谑证明”,但它也并非没有教学上的用途:

定理:1是最大的自然数.

证明:假设N是最大的自然数,那么N^2不可能超越N,因此$N(N-1)=N^2-N$不是正数,亦即$N-1$不是正数,那么N不能超越1.但是,N最少是1,因此$N=1$,证毕.

东西方都有一些互相类似的著名悖论,例如,公元前四世纪希腊哲学家欧布里德(Eubulides)提出的“说谎者悖论”,是一句简练而令人困惑的句子:“我是一名说谎者.”中国古代哲学家韩非子的矛与盾故事有同样味道:

“吾盾之坚,物莫能陷之.吾矛之利,于物无不陷也.”

“以子之矛陷子之盾,何如?”

(《韩非子》,卷15,段26;约公元前三世纪)

在汉语中,“矛盾”一词便是用来表达抵触或不一致的意思.诚然,韩非子用这个故事作为类比,以证明儒家学说的不足,而法家学说更有效,因此法家比儒家优胜②.他的证明用的是“归谬法”(reductio ad absurdum).

英国数学家哈代(G. H. Hardy, 1877—1947)在他的著作《一个数学家的辩白》(*A Mathematician's Apology*)里面说:“欧几里得非常喜爱的‘归谬法’,是数学家最有效的武器.”(Hardy, 1940/1967:

① 第十九届ICMI研讨会全体会议发言,台北,2009年.原英文本刊于:Proof and Proving in Mathematics Education: The 19th ICMI Study, edited by G. Hanna, M. de Villiers, Springer-Verlag, New York-Heidelberg, 2012, 431-440.

② 儒家学说与法家学说是中国古代思想两个学派,涉及内容非常广泛,哪怕只是简略描绘,本文也做不到,现只需要指出,法家学派坚持良好政府管治是基于法律和权威,而不是以统治者的特殊能力和个人美德作为楷模来影响人民大众.特别地,对于儒家学派高度颂扬为贤王的两名传说人物尧和舜,法家学派利用矛和盾的故事,强调这两人不可能拥有同样的至高地位.

94)很多人受到这句说话的影响,认为使用反证法这种证明技巧是西方的常规做法,更有甚者认为这技巧与古希腊有密切关系,因而属于西方的文化.我曾被人问及,中国学生学习用反证法证明时,有没有承受前人的困难,因为他们认为传统中国数学没有这一类的论证方法.我实时的反应是,这类困难大部分学生都会有,无论是否是中国学生,它与学生的文化背景无关.不过,这个疑问促使我去寻找传统中国思想中使用反证法的例子.从那时开始,我搜集了一些例子,但大多数都不是与数学有关.有一个接近用反证法的数学证明例子,出现于刘徽(约公元三世纪)为《九章算术》第一章所写的注疏,解释以3作为圆周与直径的比并不正确(Siu, 1993:348).就算如此,我还没有在中国古代书籍找到任何可以辨认出是显著地、独立地,按照希腊人的"归谬法"写出的证明.

不过,证明的概念在不同文化背景下和不同历史时代都不是那么清楚明确.在不同文化背景下和不同历史时代,进行数学活动的作风和重点都有所不同,研究一下这些不同之处,有助于学习和教授数学.

可惜的是,很多西方的数学家认为东方数学传统不是"真正"的数学.例如,哈代有以下的评论:

> "对我们来说,希腊人至今仍然是'真正'的第一批数学家.东方的数学可能令人们觉得有趣和能引起好奇,但希腊的数学是真正的东西.现代数学家也能明白古希腊人最先使用的语言,正如利特尔伍德(J. E. Littlewood, 1885—1977)曾对我说:'他们不是聪明的学童',也不是'奖学金的应试者',他们是'另一学院的院士'". (Hardy, 1940/1967:80)

不过,在认真研究不同的传统文化之后,我们并不同意哈代的评论.一个十分古老的典型例子,它跨越文化,有不同的风格和重点,西方称为毕达哥拉斯定理.对比欧几里得的《原本》(约公元前三世纪)卷一第四十七条定理所用的证明(图1),以及印度数学家婆什迦罗(Bhaskara, 1114—1185)给出的证明(图2),前者采用的是演绎推理,每一步都有正式理由,后者使用剪贴拼凑方法,如此清楚,以致婆什迦罗认为论据只需一句:"看啊!"(Behold!)

嘉宾娜(J. Grabiner)在本会全体会议发言(全文刊于本书),提到

图 1　欧几里得:毕达哥拉斯定理之证明

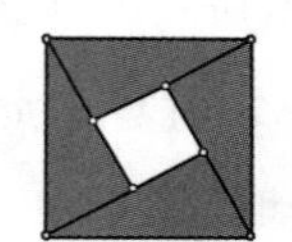
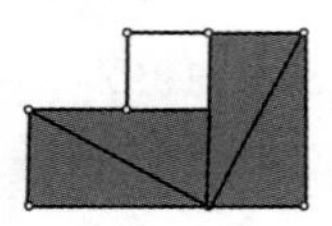

图 2　Bhaskara:毕达哥拉斯定理之证明

在西方世界,证明的概念如何渗入人类的各种活动. 诚然,我们可以在昆提利安(M. F. Quintilianus)(公元一世纪)的著作 *Institutio Oratoria* 卷 1. 10 找到以下章节:

> 几何(数学)可以分为两部分,一是处理数字,一是处理形. 数字的知识不单是雄辩家必须拥有,而且是每个有基本教育的人也要拥有. ……首先,次序是几何的必要元素,它不也是雄辩术的必要元素吗? 几何用前一命题证明后一命题,用确信的证明不确信的,我们说话时不正是如此吗? 再者,要解决一个问题不是差不多全赖三段论法吗? …… 最后,最有效的证明一般称为"线性演绎". 如果不是证明,那么雄辩的目的是什么? 几何用推理去找出那些貌似事实的虚假. 因此,如果(如下一卷所证明)雄辩家要演说所有题材,他不能没有几何(数学)知识. (Quintilian, 2001:231, 233, 237)

英国哲学家图尔明(S. Toulmin, 1922—2009)检验"至何程度逻辑可以成为一门形式学科,而却仍然能够用于精确评价实际的讨论(Toulmin, 1958:3) ". 他认为证明概念出现的一个原因是与法律辩论有关. 他提议需要把逻辑学和认识论重新联结起来,把历史、经验,甚至人类学各方面的因素,重新注入证明概念里,这是哲学家曾以其纯净为荣的学科：

> 举例说，几何光学的辩论模式与其他专业的辩论模式十分不同，例如，一项历史的推测、微积分学的证明，或因疏忽导致损失的民事诉讼．这些不同领域中的辩论，在大方面可能有相同之处……但是我们要做的，不是要不顾一切找出相同的地方，而是要睁大眼睛发现潜在的分歧．(Toulmin，1958:256)

本年(2009 年)是英国伟大自然生物学家达尔文(C. Darwin，1809—1882)诞辰二百周年，也是他的著作《物种起源》出版一百五十周年．可能没有多少人留意到他在自传中曾经提及的有关数学的话：

> 我曾尝试学习数学，1828 年的夏天甚至跑到巴茅斯城(Barmouth)，跟随一位私人导师(非常沉闷的人)学习，但学习进度非常缓慢．我厌恶这种学习，主要是因为对代数最初的步骤不理解．这种不耐烦的态度十分愚蠢，以至多年后我十分后悔当时没有学懂至少是一些数学的主要原理，人类因为这些原理取得"额外的感觉"．(Darwin，1887，Chapter Ⅱ，Volume Ⅰ:46)

这种"额外的感觉"在另一位重要历史人物身上出现，他是美国博学之人富兰克林(B. Franklin，1706—1790)．他使用一种严格和理性的方法，思考看似不是数学的问题，又在有关社会议题的辩论中，使用数学论据．(Pasles，2008，Chapter 1，Chapter 4)

东方世界的其他领域，也同样使用数学论据，例如，英籍印度学者、1998 年诺贝尔经济学奖获得者阿马蒂亚·森(A. Sen)，他在著作 *The Argumentative Indian: Writings on Indian Culture, History and Identity* (2005)中对印度这个国家就这方面做了有趣的讨论．

接着，我要指出做数学的两种不同类型，借用安希西(P. Henrici)使用的词，标签为"辩证方式"和"算法方式"．大体来说，"辩证方式"的数学是一种有严谨逻辑的科学，"命题不是正确就是错误，有特殊性质的对象不是存在就是不存在．"另一方面，"算法方式"的数学是解决问题的一种工具，"我们不单关注数学对象的存在，也会关注存在的凭据．"(Henrici，1974:80)

在2002年7月的一次讲演中,我尝试从教学角度把这两方面融合,所用的例子是从东西方文化的数学发展历史中取材.在第十九届ICMI研讨会中,我以证明为重点,重申这个主张,讨论在证明活动中这两方面如何互相取长补短(Siu, 2009b).程序(算法)方式帮助我们预备更好巩固的基础,以便理解概念;反之,能够较好地理解概念(辩证方式),我们能更流畅地掌握算法,甚至可以改善或创造新的算法,就好像中国哲学中的“阴”与“阳”,两方面互相取长补短,你中有我,我中有你.

数学教育的好几个主要问题,都根源于如何理解“辩证方式数学”和“算法方式数学”的互补.这些问题包括:(1)程序知识相对概念知识;(2)学习过程相对学习目标;(3)学习中使用计算器相对不使用计算器;(4)教与学中“强调符号”相对“强调几何”;(5)“东方的学习者/教学者”相对“西方的学习者/教学者”. Anna Sfard在一篇会议文章中阐述这二元性,并将其发展为一个深刻的模式:“运算”与“建构”两个阶段的互动,是概念形成的过程.(Sfard, 1991).

人们一贯认为,古希腊发展过来的西方数学是辩证方式的,而古埃及、古巴比伦、中国和古印度发展过来的东方数学是算法方式的.就算总的来说这可能有一点正确成分,但再仔细检视一下,这种说法未免过于简单化.另一位演讲者林力娜(K. Chemla)的文章(Chemla, 1996)详尽解释了这一点.本次研讨会的另外两位演讲者在讲述这个问题时,主要注重中国数学的经典著作.让我在这部分从欧几里得的《原本》抽取例子,讨论这个问题.

美国数学家史达来(S. Stahl)曾概括地指出古希腊对数学的贡献:

> 几何用作量度图形,不少古代文明在公元前几千年已经自然地发展起来.现今我们认识的几何科学,是关于一系列理想图形的命题,证明它们的真实性,需要的只是纯理由,这是由希腊人创造的.(Stahl, 1993:1)

欧几里得的《原本》,有系统、有组织地呈现了这样的整套知识.

在历史中,很多西方著名学者,讲述他们从学习《原本》或由它衍生的著作中得到的好处.例如,罗素(B. Russell, 1872—1970)在自传中写道：

> 十一岁时在哥哥的指导下，我开始研习欧几里得的巨著(《原本》). 这是我平生经历的一件大事，令我目眩神迷，恍如初恋. ……别人告诉我欧几里得擅长证明定理，但开始我只见公理，叫人大失所望. 初时我拒绝接受这些公理，非要哥哥给我一个要接受它的理由. 哥哥说："如果你不接受这些公理，我们便没法学下去."我很想学下去，只好极不情愿地暂时接受了它. (Russell, 1967:36)

另一例子，爱因斯坦（A. Einstein, 1879—1955）在自传中写道：

> 十二岁时我经历了平生第二桩奇妙的事情，与第一桩的性质极不相同. 学期初我获得一本小书，讲述欧几里得平面几何. ……那种清晰与确定，给我的印象深刻得难以形容. ……希腊人首次让我们看到，如何在几何上凭着纯理性思考达到这种程度的确定与纯净，实在叫人非常惊讶. (Schilepp, 1949:9, 11)

一直以来，人们都强调欧几里得在《原本》采用的公理和逻辑方法. 不过，亚嘉殊(S. D. Agashe)举出了理由（Agashe, 1989)，使我们注意到《原本》的另一特色：甫开始，计算几何在此书已经有重要角色，不单在文章的铺排说明，甚至在引起兴趣的内容设计，而且在论证中有一种程序的风格.

例如，《原本》卷二，命题 14 提出："作正方形等于已知的直线形."此题有趣的地方，是要比较两直线形的面积. 它的一维类似问题，即比较两直线段的长短，容易解决，只要把一线段铺在另一线段上，检查其中的一线段是否包含另一线段，或两线段完全重叠. 事实上这正是卷一命题 3 要做的："已知两线段长短不一，试从长线段截取与短线段长短相同的线段."要证明结果，需要利用第 1、2 和 3 公理. 二维的问题就不是那么简单了，除非两个直线形都是正方形，这时要比较它们的面积只需要比较它们的边长，把小的正方形放在大的正方形的左下角. 顺便一提，此处需要利用第 4 公理. 卷二命题 14 本来要比较两个直线形的大小，现在化为比较两个正方形(图 3).

卷二命题 14 的证明可以分为两步骤：(1)作一矩形面积与已知多

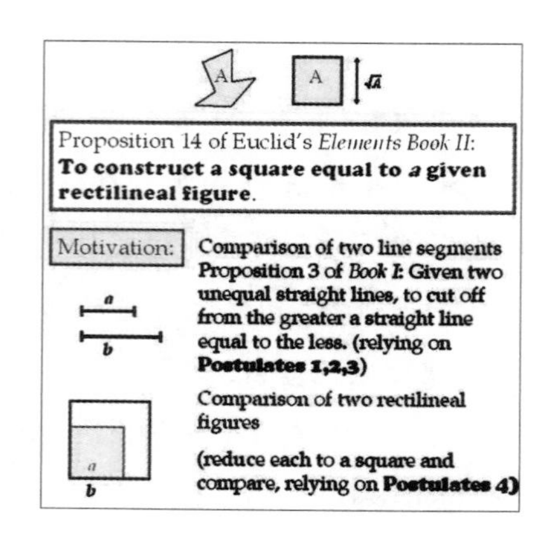

图 3 《几何原本》卷二,命题 14

边形相等(图 4);(2)作一正方形面积与已知矩形相等(图 5). 注意:步骤(1)已经在卷一命题 42、44 和 45 解释了,即把已知的多边形分成众多三角形,然后化每个三角形为面积相等的矩形. 顺带一提,证明这些结果,需要使用著名(抑或"恶名昭著"?)的第五(不)平行公理. 要得到步骤(2)的结果,初步是要化矩形为面积相等的 L-形磬折形,方法出现在卷二命题 5:"如果把一条线段分成相等的两线段,再分成不相等的线段. 则由两不相等的线段构成的矩形与两个分点之间一段上的正方形的和等于原来线段一半上的正方形."

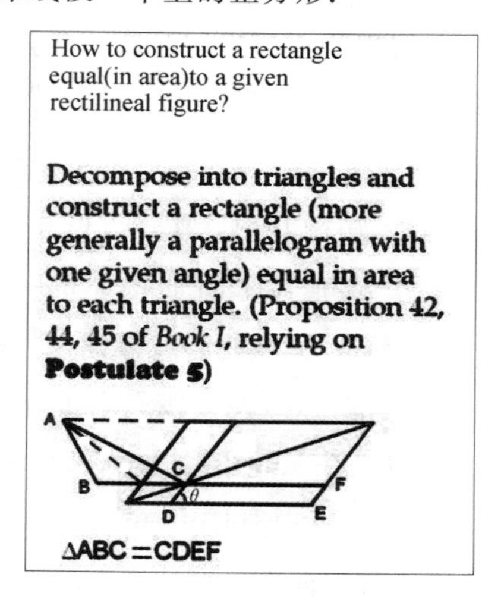

图 4 作矩形(面积)等于已知的多边形

卷二命题 5 确立了矩形(面积)等于由正方形(c^2)除去另一正方形(b^2)而得到的磬折形. 步骤(2)最后的一步是要作一正方形(a^2)是两正方形的差(c^2-b^2);亦即,正方(c^2)是两正方的和(a^2+b^2).

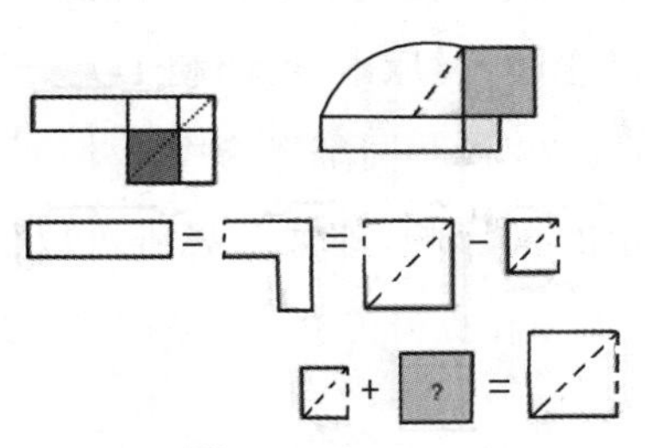

图 5　化矩形为正方形

自然地,我们便得到毕达哥拉斯定理,即卷一命题 47,这命题概括了形和数,几何和代数之间的互相依赖.(克莱罗(Alexi Claude Clairaut,1713—1765)的*Eléments de géométrie*[1741,1753]载有一段富有启发性、关于毕达哥拉斯定理的阐述,详情请阅(Siu 2009a:106-107).)学习如何比较两个多边形的问题,让我们看到在《原本》的卷一和卷二,算法方式数学和辩证方式数学是如何融合起来的.

不过,虽然有这样的证据说明西方与东方有类似的数学传统,很多老师对于把数学历史融入课堂中的数学教育显得犹豫.他们的忧虑是,学生一般欠缺文化历史知识,更不用说要他们欣赏数学历史.也许这是事实,不过,我们可以用相反的角度看这个问题,把数学史融入日常的课堂教学,让学生有机会获得多些其他文化的整体知识,特别是有关数学的传统,从中他们可以接触到证明在发展过程中的差异.证明是正规数学教育中的重要元素,我们决不可失掉这样的机会.

早些时候,我提出可以在课堂作为引入数学历史的四个例子(Siu,2008).第一个例子,探讨在十五到十六世纪的"探索时代"时期,探索和冒险的精神如何影响欧洲数学的发展;我们看到,这种精神令数学工作在心态上有了大幅度转变,不单影响到数学表达方式,更重要的是,带来了数学的探索精神.第二个例子,说明同样的情况在东方也出现,虽然着重于论证的层面;中国在公元三至六世纪,即三国和魏晋时代,学术界的思潮同样影响了数学的工作,刘徽的数学工作便是个例.第三个例子,审视宗教、哲学(或甚至玄学)在数学工作可能扮演的角色;中国古代数学受到道家思想影响,特别是在远距离的天文量度和测量上.第四个例子,比较欧几里得的《原本》对西方文化的影响,与对中国文化的影响;(《原本》由明朝士大夫徐光启与意大利耶稣会传教士利玛窦在1670年共同翻译为中译本《几何原本》而传入中国)并指出一种“逆方向”的影响,即数学思维可以促进人类其他方面的思想.作为“额外好处”,在提升一些课题的教学法时,我们或许从这些例子得到启发.

最后,学习证明以及证明方法有一项西方教育极少强调的重要益处,就是在品格培养上的价值.这一点在东方世界,可能是受到儒家哲学传统影响,在比较早的时候已经着重强调.

在一篇关于《几何原本》的文章中,徐光启写下:

> “此书为益,能令学理者祛其浮气,练其精心,学事者资其定法,发其巧思,故举世无一人不当学.……此书有五不可学:躁心人不可学,粗心人不可学,满心人不可学,妒心人不可学,傲心人不可学.故学此者不止增才,亦德基也.”见(siu,2019a,110.)

这样强调证明对品格培养的作用,现代社会也不时出现回响.已故俄罗斯数学教育家沙雷金(Igor Fedorovich Sharygin, 1937—2004)曾说:“学习数学能够树立我们的德行,提升我们的正义感和尊严,增强我们天生的正直和原则.数学社群的生命建构在(凡事需经)证明的理念上,而这是最崇高的一种道德理念.”见(siu,2019a,110.)

参考文献

[1] Agashe, S. D. (1989). The axiomatic method: Its origin and purpose. Journal of the Indian Council of Philosophical Research, 6(3), 109-118.

[2] Chemla, K. (1996). Relations between procedure and demonstration. In H. N. Jahnke, N. Knoche, M. Otte. (Eds.), History of Mathematics and Education: Ideas and Experiences (p. 69-112). Göttingen: Vandenhoeck & Ruprecht.

[3] Darwin, F. (1887). The Life and Letters of Charles Darwin Including an Autobiographical Chapter, 3rd edition. London: John Murray.

[4] Hardy, G. H. (1940/1967). A Mathematician's Apology. Cambridge: Cambridge University Press.

[5] Henrici, P. (1974). Computational complex analysis. Proceedings of Symposia in Applied Mathematiics, 20, 79-86.

[6] Pasles, P. C. (2008). Benjamin Franklin's Numbers: An Unsung Mathematical Odyssey. Princeton: Princeton University Press.

[7] Quintilian. (2001). The Orator's Education [Institutio Oratoria], Books 1-2, Edited and Translated by Donald A. Russell. Cambridge/London: Harvard University Press.

[8] Russell, B. (1967). The Autobiography of Betrand Russell, Volume I. London: Allen & Unwin.

[9] Schilepp, P. A. (1949). Albert Einstein: Philosopher-Scientist, 2nd edition. New York: Tudor.

[10] Sfard, A. (1991). On the dual nature of mathematical conceptions: Reflections on process and objects as different sides of the same coin. Educational Studies in Mathematics, 22, 1-36.

[11] Siu, M. K. (1993). Proof and pedagogy in ancient China: Examples from Liu Hui's Commentary on Jiu ZhangSuan Shu. Educational Studies in Mathematics, 24, 345-357.

[12] Siu, M. K. (2008). Proof as a practice of mathematical pursuit in a cultural, socio-political and intellectual context. ZDM—The International Journal of Mathematics Education, 40 (3), 355-361.

[13] Siu, M. K. (2009a). The world of geometry in the classroom: Virtual or real? In M. Kourkoulos, C. Tzanakis. (Eds.) Proceedings 5th International Colloquium on the Didactics of Mathematics, Volume Ⅱ, (p. 93-112). Rethymnon: University of Crete.

[14] Siu, M. K. (2009b). The algorithmic and dialectic aspects in proof and proving, In F. L. Lin, F. J. Hsieh, G. Hanna, M. de Villiers. (Eds.), Proceedings of the ICMI Study 19 Conference: Proof and Proving in Mathematics Education, Volume 2 (p. 160-165).

[15] Stahl, S. (1993). The Poincaré Half-plane: A Gateway to Modern Geometry. Boston/London: Jones and Bartlett Publishers.

[16] Toulmin, S. (1958). The Uses of Argument. London/New York: Cambridge University Press.

附录3 $\sqrt{2}$是无理数的一束证明①

赖炜诺，圣保罗男女中学

萧文强，香港大学数学系

1. 引 言

$\sqrt{2}$ 是无理数这一回事，大家必定耳熟能详，甚至能举出好几个不同的证明. 这些不同的证明是否真的不同呢? 以下再谈. 既然大家对这一回事耳熟能详，为什么还要就这个课题撰文呢? 还有什么可以添加呢?

撰写本文的原因有两个:

其一，对一条定理作不同的证明，目的是要寻求更深入的理解，从而化简，或推广，并且探究可否引申至别的课题. 数学史上有很多这方面的例子，古代数学较著名的有毕氏定理(Pythagoras' Theorem)，中国称作勾股定理;现代数学较著名的有二次互反律(Law of Quadratic Reciprocity). 前者的证明，多得不可胜数，美国数学家 Elisha Scott Loomis 在 20 世纪上半期搜集了三百七十个证明，编成一册 *The Pythagorean Proposition*[7]. 后者的证明，单是德国数学大师 Carl Friedrich Gauss 便已经在 1801 至 1818 年提出六个证明;美国数学家 Murray Gerstenhaber 甚至在 1963 年写了一则只有一页长的文章，开玩笑地把题目定为《关于二次互反律的第一百五十二个证明》[5]! 德国数学家 Franz Lemmermeyer 设立了一个网页(http://www.rzuser.uni-heidelberg.de/~hb3/fchrono.html)，更列举了二百四十多个有关二次互反律及其推广的证明.

其二，说起来有段故事，与两位作者有关. 作者之一，有缘结识另一位比他年纪相差达一个甲子的小友(另一位作者). 小友就读喇沙小学六年级期间钻研此课题，有一次，他告诉另一位作者，他写下了 $\sqrt{2}$ 是无理数的二十多个证明，并抽取其中十个左右，拍成一辑 YouTube

① 本文原载于:香港的《数学教育》杂志，2019 年，第 41 期，29-39 页.

(https://www.youtube.com/watch?v=xnxx8JOgPlA&t=339s),询问另一位作者的意见.另一位作者在1997年曾经在本地数学杂志发表了一则短文[2],文章结尾有一句话:"上面讨论的六个证明,真的是六个不同的证明吗?还是六个相同的证明呢?"于是,他向小友建议,不妨审视一下众多证明的相互关系、分类、推广等,本文就是这番工夫的一个初步报告和读书札记.当时,刚升上喇沙书院中一年级的小友,与另一作者合作写成此文.

2. 算术形式和代数形式的阐述

以下我们打算介绍一束$\sqrt{2}$是无理数的证明,并且阐明它们之间的关系.有些证明稍作修改便适用于$\sqrt{2}$以外的平方根,其至开方以外的n次根,以致更一般的代数整数(algebraic integer),即整数系数及首项数为1的代数方程的根.读者不妨把证明逐一审视,看看哪一个证明有这种推广,不失为一个有益的习作.

$\sqrt{2}$是无理数的意思,即说$\sqrt{2}$不是形如p/q,其中p和q都是正整数;不妨设p和q无大于1的公共因子,或者说,p/q是不可约的最简分数.以下文中每出现p和q,p和q都是正整数.

第一个证明当然是大家熟悉的经典证明,是最早出现于文献上的证明,见诸于Aristotle的名著《前分析篇》(*Prior Analytics*)(公元前350年左右),用作反证法的示范.它也是最简洁的证明,只用到奇偶数而已.设$\sqrt{2}$形如p/q,p和q无大于1的公共因子,特别地,p和q不同为偶数.由于$p^2=2q^2$,故p^2为偶数,即p亦为偶数,写作$p=2r$,r是某个正整数.由此得到$4r^2=2q^2$,故$q^2=2r^2$也是偶数,即q亦为偶数.p和q同为偶数,矛盾!

如果考虑$\sqrt{a}$,a为质数(prime number),上面的简洁证明可稍为修改,单是奇偶数不够用,需要运用算术基本定理(Fundamental Theorem of Arithmetic),即任何正整数必有唯一质因子分解式(次序不计).设$\sqrt{a}$形如p/q,p和q无大于1的公共因子.由于$p^2=aq^2$,a整除p^2,故a亦整除p(这儿利用了a是质数的性质).置$p=ar$,r是某个正整数,则$a^2r^2=aq^2$,$q^2=ar^2$,故a整除q^2,故a亦整除q.因此a是p和q大于1的公共因子,矛盾!

我们也可以换一个角度看,设 $p=p_1^{s_1}\cdots p_m^{s_m}$,$q=q_1^{t_1}\cdots q_n^{t_n}$,$p_1$ 至 p_m 及 q_1 至 q_n 是互不相同的两组质数(因为 p 和 q 无大于 1 的公共因子),取其当中最大的一个,把它叫作 M. 由于 $p^2=aq^2$,有 $p_1^{2s_1}\cdots p_m^{2s_m}=aq_1^{2t_1}\cdots q_n^{2t_n}$. M 不能是 q_1 至 q_n 当中的一个,否则 M 在左式出现却不在右式出现,矛盾! M 也不能是 p_1 至 p_m 当中的一个,否则 a 必定是 M,因为 M 在右式出现却不是 q_1 至 q_n 当中的一个. 把 M 在左式和右式中消掉,左式仍然出现 M,右式却再没有 M,矛盾!

其实,只用留意到在 $p^2=aq^2$ 中,p^2 的质因子分解式有偶数个质因子,但 aq^2 的质因子分解式却有奇数个质因子(多了一个 a),按照算术基本定理,便马上得到矛盾了! 如果 a 不是质数又如何呢? 首先,若 a 是个完全平方,$\sqrt{a}$是有理数(其实是个整数),所以只需考虑 a 不是个完全平方的情况,也就是说,在 a 的质因子分解式中,不可能每个质因子的次数都是偶数,其中必有某个因子 $a_i^{r_i}$(a_i 是质数)的次数 r_i是奇数. 在 $p^2=aq^2$ 中,由于 p 和 q 无公共因子,这个 $a_i^{r_i}$ 必须在 p^2 的质因子分解式中出现,但所有在 p^2 的质因子分解式中出现的质因子次数皆为偶数,此乃矛盾!

还有一个更简单的证明,也是始于 $p^2=aq^2$,p 和 q 无大于 1 的公共因子. 由于 p^2 和 q^2 亦无大于 1 的公共因子,故必有 $q^2=1$,即 $q=1$(或 $q=-1$). 于是,$a=p^2$ 是个完全平方. 若 a 不是个完全平方,$\sqrt{a}$是无理数.

上面的证明,可以推广至 a 的 n 次根,a 并非是 n 次幂的情况. 为了更好解释这回事,让我们一下子跳到一般情况. 设 $X=p/q$(p 和 q 无大于 1 的公共因子)是代数方程

$$X^n+c_{n-1}X^{n-1}+\cdots+c_1X+c_0=0$$

的有理数根,其中系数 $c_{n-1},\cdots,c_1,c_0$ 都是整数,从而证明 X 其实是整数. 如果证明了这样的一条定理,便把它运用于方程 $X^n-a=0$,得知若 a 不是n 次幂,则 a 的 n 次根必为无理数. 要证明上述定理不是太难,第一步在方程代入 $X=p/q$,得

$$p^n+c_{n-1}p^{n-1}q+c_{n-2}p^{n-2}q^2+\cdots+c_1pq^{n-1}+c_0q^n=0$$

故 $p^n=q[c_{n-1}p^{n-1}+c_{n-2}p^{n-2}q+\cdots+c_1pq^{n-2}+c_0q^{n-1}]$,故 q 整除 p^n. 但 p 和q 无大于 1 的公共因子,故 $q=1$ 或 $q=-1$,也就得知 X(是 p

或是 $-p$)是个整数. 凡是满足系数是整数而且首项是1的代数方程的根称作代数整数,于是我们证明了以下的定理:既是代数整数又是有理数的(复)数必定是整数. 这条定理最简单的特殊情况就是有数千年历史的经典结果:$\sqrt{2}$是无理数.

让我们暂时离开质因子分解、整除性质这类话题,试寻找别的途径去解释为何$\sqrt{2}$是无理数. 设$\sqrt{2}=p/q$,则$\sqrt{2}q(=p)$是正整数,选取一个最小的正整数 q 满足这回事. 我们设法寻找一个比 q 更小的正整数 r 满足这回事,即得矛盾! 如开首所言,p 是偶数,置 $p=2r$,r 是某个正整数. 注意到 $r=p/2<q$(因为 $p=\sqrt{2}q<2q$),而且

$$\sqrt{2}r\left(=\frac{\sqrt{2}p}{2}=\frac{p}{\sqrt{2}}=q\right)$$

也是正整数,于是 r 是一个比 q 更小而满足这回事的正整数,矛盾!

还有另一个方法,就是考虑 $k=p-q$,它是一个比 q 更小的正整数(因为 $2q>\sqrt{2}q=p$),而且$\sqrt{2}k[=\sqrt{2}(p-q)=2q-p]$也是正整数,这是因为

$$\begin{aligned}(2q-p)/(p-q)&=(2q-\sqrt{2}q)/(\sqrt{2}q-q)\\&=(2-\sqrt{2})/(\sqrt{2}-1)=\sqrt{2}\end{aligned}$$

于是,k 是另一个选择,由此得矛盾! 读者可能产生一些疑惑,怎么想到选取 $k=p-q$ 呢? 这将引来一段故事,容后再谈(见下一节). 目前让我们回到先前的那个证明,从$\sqrt{2}=p/q$ 得到$\sqrt{2}=q/r=q/(p/2)$,类似地,可以由此得到$\sqrt{2}=r/(q/2)=(p/2)/(q/2)$等,数学上对这种导致矛盾的思路叫作无穷递降法(infinite descent).

以上介绍的无穷递降法,带来另一个运用不等式做估计的手法,不妨在这儿敘述. 设$\sqrt{2}=p/q$,p 和 q 无大于1的公共因子. 对任何正整数 m,$(\sqrt{2}-1)^m$ 必是形如$\sqrt{2}r-s$,r 和 s 是某对整数,例如

$$(\sqrt{2}-1)^2=\sqrt{2}(-2)-(-3),\ (\sqrt{2}-1)^3=\sqrt{2}(5)-7$$

等等. 注意到

$$|(\sqrt{2}-1)^m|=\left|\sqrt{2}r-s\right|=|(pr-qs)/q|\geqslant 1/q$$

这是因为 $pr-qs\neq 0$,否则便有$\sqrt{2}=1$,矛盾! 但是,当 m 增大

时,$|(\sqrt{2}-1)^m|$却相应地减少(这是因为$0<\sqrt{2}-1<1$),而且当m足够大的时候,$|(\sqrt{2}-1)^m|$ 必小于$1/q$,此乃矛盾!这个证明$\sqrt{2}$是无理数的方法虽然看来远逊于前面多个证明的简洁程度,但我们可以从中学到一些别的东西.

3. 几何形式的阐述

现在,让我们回头再看看上一节那个证明,取$k=p-q$.那其实是数论专家 Theodor Estermann 在 1975 年发表于 *Mathematical Gazette*上的证明,文章只有短短一页[3].后来有人赞曰:“如同所有的精彩念头,一经指出即明显不过,但这个精彩念头却要等到 Pythagoras 两千多年后才给指出来!”(见[10])

古人是否真的从来没有这个念头呢?其实,如果我们试图探究如何选取$k=p-q$这条线索,自然会问:这个等式有何几何诠译?因为古代希腊数学家最精通的研究正是几何.(见[11])

不妨取一个等腰Rt$\triangle ABC$,AB和CB的边长为q,AC边长为p.由毕氏定理得知$p^2=2q^2$,即$\sqrt{2}=p/q$.在AC上取一点B_1使$CB_1=CB=q$,再自B_1构作垂直于AC的直线,与AB相交于C_1.(图 1)

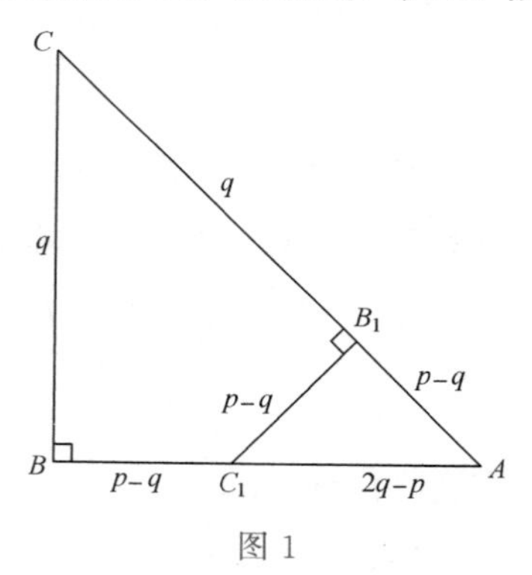

图 1

于是有$C_1B=C_1B_1=AB_1=p-q$,$AC_1=AB-C_1B=q-(p-q)=2q-p$.由于$\triangle ABC$和$\triangle AB_1C_1$相似,得知

$$AC_1:C_1B_1=AC:CB$$

即$(2q-p)/(p-q)=p/q=\sqrt{2}$,那不就是在第二节出现的那条涉及$k=p-q$的等式吗?

如果我们使用辗转丈量法把这个构作方法连续施用于一个正方形及其对角线上(图 2),便能证明正方形的对角线及其边是不可公度量(incommensurable magnitudes). 有些数学史家相信这是两千五百年前希腊数学家发现不可公度量的经过,但也有些数学史家相信更可能的经过是把辗转丈量法施用于一个五角星形(pentagram)(图 3),因为 Pythagoras 学派的标志正是五角星形. 正五边形的对角线 AC 及其边 CD 是不可公度量,等于说$(\sqrt{5}+1)/2$ 是无理数.

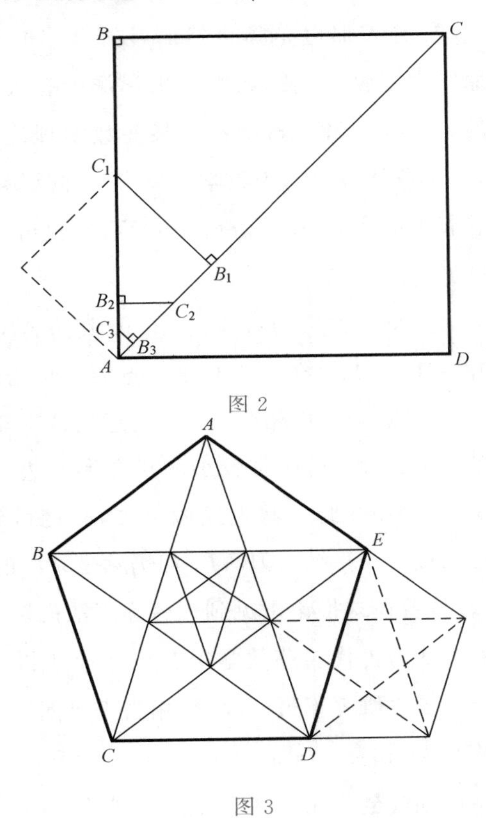

图 2

图 3

顺带交代一句,辗转丈量法几千年前在古代东西方数学都出现过,是个非常重要的算法. 在古代中国经典名著《九章算术》头一章出现,叫作"更相减损术",在古代希腊经典名著 Euclid 的《原本》(*Elements*)第七章出现,后世称之为欧氏算法(Euclidean algorithm).

什么叫作可公度量(和不可公度量)呢? 那是古代希腊数学家的用语,意指存在一个公共度量 AP,使度量 AC 和 AB 各自是 AP 的若干整数倍.(在这儿我们不花篇幅详细说明度量的意思,读者不妨把它看作几何度量,例如线段的长.)用今天的数学语言,即 $AC=pAP$ 和 $AB=qAP$,p 和 q 是某正整数,即 $AC/AB=p/q$,或者说 AC/AB 是有理数. Aristotle 在《前分析篇》说的,就是正方形的对角线及其边是不可公度量,等于说$\sqrt{2}$是无理数. 古代希腊的叙述是以几何语言表达,第二节起首利用奇偶性质的简洁证明,是以今天中学生习用的数学语言把 Aristotle 的叙述翻译过来吧.

古代希腊数学家初时深信任何两个度量是可公度量,只用取足够小的公共度量便成. 看来那也是颇自然而且符合当时 Pythagoras 学派奉为圭臬的原则:"万物皆(整)数". 后来学派中有人发现有些度量是不可公度量的,有如晴天霹雳,动摇了某些数学理论的根基! 后世有人称此谓"第一次数学危机",为数学发展带来深远影响,直至 19 世纪中期以后发展起来的实数(real numbers)理论,也可见其影子!(有兴趣的读者,可以阅读[1].)

在图 2 中设 AP 是正方形的对角线 AC 及其边 AB 的公共度量,有 $AC=pAP$ 和 $AB=qAP$. 在 AC 上取一点 B_1 使 $CB_1=CB$,自 B_1 构作垂直于 AC 的直线,与 AB 相交于 C_1. 注意到 AC_1 和 AB_1 是一个较小的正方形的对角线和边,而且较小的正方形的边 AB_1 小于原来正方形的边 AB 的一半. 按此步骤重复做下去,必定得到一个足够小的正方形,它的边 AB_t 小于 AP,但 AP_t 却仍然是 AP 的若干整数倍,岂非矛盾!(读者是否在这推论中见到无穷递降法的影子呢?)

有些数学史家认为古代希腊数学家在公元前 4 世纪初曾经一度企图用这种辗转丈量法研究不可公度量,相当于企图建立一套基于今天称作连分数表示(representation by continued fraction)的实数理论,可惜当时无功而退,至公元前 370 年左右被 Eudoxus 建立的比例理论取代以解决"第一次数学危机",于是这个非常有意思的尝试湮没无闻,只在 Euclid 的经典著述《原本》后来数章中留下了蛛丝马迹.(有兴趣的读者,可以参考以下两本书:[4],[6].)

现在,让我们从连分数表示这个角度证明$\sqrt{2}$ 是无理数. 在这儿我们不打算介绍连分数的一般理论,已经有不少书本可供参考(例如[8]). 有一种连分数叫作有限连分数,化简后是个有理数而已,例如

$$2+\cfrac{1}{4+\cfrac{1}{3}}=2+\cfrac{1}{\cfrac{13}{3}}=2+\frac{3}{13}=\frac{29}{13}$$

事实上,任何有理数都能够写成这种有限连分数表示. 另一种连分数

叫作无穷连分数，由它产生的部分截断连分数表示组成的数列，收敛于某个实数，该数必定是无理数. 例如$\sqrt{2}$的无穷连分数表示是

$$\begin{aligned}\sqrt{2} &= 1+\frac{1}{\sqrt{2}+1} \\ &= 1+\frac{1}{1+\left(1+\frac{1}{\sqrt{2}+1}\right)} \\ &= 1+\frac{1}{2+\frac{1}{\sqrt{2}+1}} \\ &= 1+\frac{1}{2+\frac{1}{1+\left(1+\frac{1}{\sqrt{2}+1}\right)}} \\ &= 1+\frac{1}{2+\frac{1}{2+\frac{1}{\sqrt{2}+1}}} \\ &= 1+\frac{1}{2+\frac{1}{2+\frac{1}{2+\cdots}}}\end{aligned}$$

读者是否留意到这个连分数表示的几何表述形式正如图 2 所示呢？或者说，图 2 的算术表述形式，就是上面$\sqrt{2}$的连分数表示.

4. $\sqrt{2}$是无理数的“割鸡用牛刀”证明

这一节介绍两个证明，用到的数学内容，较前面用到的是较深刻，看来有“割鸡用牛刀”之嫌. 但借此介绍一些有趣的数论知识，希望读者喜欢. 当中用到的数论知识，在很多数论的入门课本都能找到，这儿不赘，读者可以参看例如 [9].

头一个证明利用德国数学家 Peter Gustav Lejeune Dirichlet 在 1837 年发表的一条定理：在首项及公差互质的算术数列(arithmetic progression)中，有无限个质数. 即有无限多个质数形如 $a+kd$，a 和 d 是互质的正整数，k 是任何正整数. 引入模算术(modulo arithmetic)的语言，可以把这件事描述得更简捷，也方便继续的讨论. 我们说整数 a 和 b 模 d(d 是正整数)同余的意思，是指 $a-b$ 为 d 整除，或者说 $a-b$

$=kd$,k 是某整数.数学上,我们写作 $b\equiv a(\text{mod } d)$. Dirichlet 的定理就是说:若 a 和 d 是互质的正整数,有无限多个质数与 a 模 d 同余.设$\sqrt{2}=p/q$,p 和 q 是正整数.首先找一个大于 q 的奇质数 L,使 $L\equiv 3(\text{mod } 8)$.由于 L 大于 q,必定有正整数 q'使 $qq'\equiv 1(\text{mod}L)$,这儿用到模算术的基本知识,不赘.取 $t=pq'$.由于

$$t^2\equiv(pq')^2\equiv p^2(q')^2\equiv 2q^2(q')^2\equiv 2(qq')^2\equiv 2(\text{mod } L)$$

得知对模 L 而言,2 是个完全平方.用数论的术语,我们说对模 L 而言,2 是个二次剩余(quadratic residue).数论有一条著名法则,用以验证对模 m 而言(m 是奇质数),给定的正整数 a 是否二次剩余.这条由瑞士数学大师 Leonhard Euler 在 1748 年提出的法则,只用计算 $a^{(m-1)/2}(\text{mod } m)$.若答案是 1,$a$ 便是二次剩余;若答案是 -1,a 便不是二次剩余.为了计算 $2^{(m-1)/2}$,我们可以再运用另一位数学大师 Gauss 在 1808 年证明的一个有用的结果,后来叫作 Gauss 引理[Gauss' Lemma],只用数一数

$$a,2a,3a,\cdots,(m-1)a/2(\text{mod } m)$$

当中有多少个是大于 $m/2$.利用这条引理,便能够推论对模 L 而言,2 是个二次剩余的充分与必要条件是 $L\equiv 1(\text{mod } 8)$ 或者 $L\equiv -1(\text{mod } 8)$.既然我们特意选了 L 满足 $L\equiv 3(\text{mod } 8)$,便出现矛盾!

第二个证明更显得做作,但借此可以引进一个深刻的数论难题,自 10 世纪末提出后至今犹未有完全的解答,而且,这道难题与近世代数几何及代数数论有密切关联.这个称作合同数问题(Congruent Number Problem),是要描述全部满足以下条件的正整数 n:n 是某个边长皆为有理数的直角三角形的面积之值.最初提出来的问题并非是这个样子,它是要寻找三个平方数 A^2,B^2,C^2,使 $A^2-B^2=B^2-C^2=n$,n 是已给定的正整数.有哪些 n 是有解的?(读者可以试证明这两种提法是逻辑等价的.)我们把这些正整数叫作合同数,例如 6 是一个例子,它是边长为 3,4,5 的直角三角形的面积之值;5 也是一个例子,它是边长为 3/2,20/3,41/6 的直角三角形的面积之值.奇怪地,有些合同数虽然是某个边长皆为有理数的直角三角形的面积之值,却不可能是某个边长皆为正整数的直角三角形的面积之值.而且,要判断有没有某个边长皆为正整数的直角三角形的面积是 n,并不是很难的事(读者不妨试一试).换了边长是有理数,问题的困难程度却陡然提高!

我们将要证明 2 不是一个合同数，所以$\sqrt{2}$是无理数，否则边长为 $2,2,\sqrt{2}$的直角三角形便满足 2 是合同数的条件！怎样知道 2 不是合同数呢？法国数学家 Pierre de Fermat 在 17 世纪中叶已经利用无穷递降法证明了 $x^4+y^4=z^2$ 没有整数解，由此可以推论 $X^4+1=Z^2$ 没有有理数解. 所以，2 不是合同数. 否则，有边长皆为有理数 a,b,c 的直角三角形的面积是 2(故 $ab=4$，c 为斜边之长)；置 $X=a/2$，$Z=ac/4$，便得到 $X^4+1=Z^2$ 的有理数解了！让我们再介绍另一个近期得到的定理，是 Jerrold B. Tunnell 在 1983 年提出的一个 n 是合同数的必要条件，而且只要知道另一个著名的 BSD 猜想[Birch and Swinnerton-Dyer Conjecture]成立的话，这个必要条件也是充分的[13]. 这个著名的 BSD 猜想，是两位英国数学家 Bryan John Birch 和 Henry Peter Francis Swinnerton-Dyer 在 1965 年提出来的. 在这儿我们不打算把 Tunnell 定理的内容完整地仔细写出来，只看 $n=2$ 的情况. 2 是合同数的必要条件是方程 $2=8x^2+2y^2+16z^2$ 的整数解(x,y,z)的数目等于方程 $2=8x^2+2y^2+64z^2$ 的整数解(x,y,z)的数目的两倍. 容易见到这两条方程的整数解都只有两个，即$(0,1,0)$和$(0,-1,0)$，故必要条件不成立，2 并非是合同数.

5. 结　语

最后我们再介绍一个证明，用图来解表述. 奇怪之处是那幅图(图 4)根本是没有可能画出来的(因为$\sqrt{2}$不是有理数)，但它却展示了这一个反证法的底蕴！按照常理，反证法是由不成立的命题出发，应该是不能画图说明的.

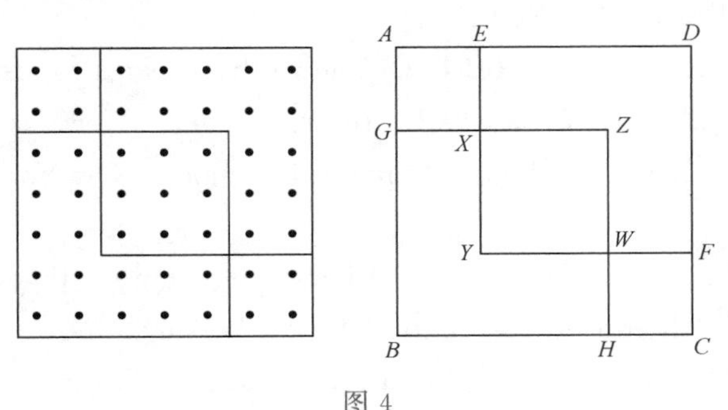

图 4

设$\sqrt{2}=p/q$ 是不可约的最简分数，在 $p\times p$ 点阵（图 4 的正方形 $ABCD$)内，右上角和左下角的 $q\times q$ 点阵($EYFD$ 和 $GBHZ$)的点合起

来正好与原来 $p\times p$ 点阵的点有相同数目(因为 $p^2=2q^2$). 因此,这两个 $q\times q$ 点阵的交叠部分,是一个 $K\times K$ 点阵($XYWZ$),它的点的数目正好是左上角和右下角的 $k\times k$ 点阵($AGXE$ 和 $WHCF$)的点合起来的数目. 即 $K^2=2k^2$,或$\sqrt{2}=K/k$. 但是 $K<p$ 和 $k<q$,与 p 和 q 的选取矛盾!

这个巧妙的图解证明,来自一篇刊登于 1971 年的文章 [14] . 如果我们比对一下第 2 节那个涉及 $k=p-q$ 的证明,是否又回到 Estermann 的简短证明呢? (见 [12].)

至此,我们介绍了十多个 $\sqrt{2}$ 是无理数的证明. 虽然,每个证明的重点不同,数学味道也有分别,但有没有使读者产生第一节结尾提出的感想:这众多不同的证明,是否真的完全不同呢?

参考文献

[1] 梁子杰(2016). 三次数学危机与勇闯无穷大. 香港:教育局课程发展处数学教育组.

[2] 萧文强(1997). $\sqrt{2}$ 是无理数的六个证明. Datum, 36 期, 14-17.

[3] Estermann, T. (1975). The irrationality of. Mathematical Gazette, 59(408), 110.

[4] Fowler, D. H. The mathematics of Plato's Academy : A new reconstruction[M]. 2nd ed. Oxford: Clarendon Press, 1999.

[5] Gerstenhaber, M. (1963). The 152nd proof of the law of quadratic reciprocity. American Mathematical Monthly, 70, 397-398.

[6] Knorr, W. R. (1975). The evolution of the Euclidean 'Elements'. Dordrecht: Reidel.

[7] Loomis, E. S. (1940). The Pythagorean Proposition (2nd edn.). Ann Arbor: Edwards Brothers.

[8] Olds, C. D. (1963). Continued fractions. New York: Random House.

[9] Rosen, K. H. (2011). Elementary number theory and applications (6th edn.). Reading: Addison-Wesley.

[10] Roth, K. & Vaughan R. C. (1994). Obituary of Theodor Estermann. Bulletin of the London Mathematical Society, 26, 593-606.

[11] Siu, M. K. (1998). Estermann and Pythagoras. Mathe-

matical Gazette，82(493)，92-93.

[12] Siu，M. K. (2013). Some more on Estermann and Pythagoras. Mathematical Gazette，97(539)，272-273.

[13] Tunnell，J. B. (1983). A classical Diophantine problem and modular forms of weight 3/2. Inventiones Mathematicae，72，323-334.

[14] Waschkies，H.-J. (1971). Eine neue Hypothese zur Entdeckung der inkommensurablen Größen durch die Griechen. Archive for History of Exact Sciences，7，325-353.

附录 4 关于一位数学家-自行车手 Anna Kiesenhofer 的一则札记

萧文强,香港大学数学系

1. 奥运会自行车公路赛金牌

今年(2021 年)七月至八月间在东京举行的夏季奥运会,吸引了全世界公众的关注,在香港也掀起了一股体育热潮;尤其因为香港代表团取得一金二银三铜的佳绩,叫人振奋了好一阵子.

我的注意力却被一位奥地利选手吸引过去,事缘 7 月 26 日传来一条消息,奥地利自行车手 Anna Kiesenhofer 在奥运会公路自行车赛中获得金牌.她是一位数学家,不骑自行车的时候,从事动力系统(dynamical system)和辛几何(sympletic geometry)的研究.她的表现出乎所有人的意料,让所有人都大吃一惊,包括其他参赛者.当荷兰自行车手 Annemiek Van Vleuten 越过终点线时,以为自己赢得了比赛,她并没有意识到 Kiesenhofer 在她之前已经抵达终点!

2. 数学家 Anna Kiesenhofer 说过的话

出于好奇,我在互联网上查阅了有关 Kiesenhofer 这一壮举的更多信息.我发现她在新闻发布会上所说的话显示了一个数学家的特质.她把比赛看作一个解决问题的过程,就像解决一个数学问题,依靠自己的知识(以及对自己能力的理解).她制订的训练计划和临场战术,不一定遵循包括专家在内的其他人的意见和方法.她敢于与众不同,采取新的方法来解决问题.当被问及她会给刚开始骑自行车的年轻自行车手什么建议时,她立即说:"不要太相信权威.我开始意识到,所有那些说他们知道的人,他们实际上并不知道.他们当中许多人不知道,尤其是那些说他们知道的人,他们不知道,因为那些知道的人反而说他们不知道."借着孔子的智慧我们可以把她的陈述加以补充改进,即"知之为知之,不知为不知,是知也."(英译[3]《论语・为政二》,第 151 页])[顺带说一句,作为命题演算(Propositional Calculus)的练习,试证明 Kiesenhofer,一位名副其实的数学家,她说的关于知道或不知道和说一个人知道或不知道的那两个陈述,彼此乃逆否命题（contrapositive），所以是等价的；而孔子的话是合取命题（conjunction），意思是另外一回事.］

3. 关于数学的教与学

在数学教学中，给学生传达这种反权威态度是很重要的，我们不应该不经自己思考而盲目相信权威. 2021 年 6 月中旬，香港教育局的电视组制作团队来我们的数学系，拍摄了一段三分钟的影片. 在影片中，我发表了以下一段说话："数学有理可循，所以是能理解的. 数学工作者当中不乏博学深思之士，但没有所谓权威. 数学不是一人说了算，不是信口开河，而是以理服人. 探索期间大可天马行空，任凭想象力和创作力翱翔天际；一旦作出断言，便得有根有据，不能马虎，更不要试图蒙混过关."

法国数学家 André Weil（1906—1998）曾在 1931 年 4 月在 Trivandrum 举行的印度数学会会议上发表讲话时说："严谨之于数学家，犹如道德之于人."（[1]，第 23 页）. 俄罗斯数学家和数学教育家 Igor Fedorovich Sharygin（1937—2004）说："学习数学能够树立我们的德行，提升我们的正义感和尊严，增强我们天生的正直和原则. 数学境界内的生活理念，乃基于证明，而这是最崇高的一种道德概念."（[4]，第 45 页）. 1607 年，中国明朝学者徐光启（1562—1633）与意大利耶稣会士利玛窦（Matteo Ricci，1552—1610）合作翻译 *Elements*，乃第一本翻译成中文的西方数学书籍. 在前言中他们对这本书发表了以下评论："此书为益，能令学理者祛其浮气，练其精心，学事者资其定法，发其巧思，故举世无一人不当学.［……］此书有五不可学：躁心人不可学，粗心人不可学，满心人不可学，妒心人不可学，傲心人不可学. 故学此者不止增才，亦德基也."（[5]，卷 1，第 76-78 页）

4. 结束语

数学作为一门学校科目，就其本质而言，应该远离专权主义的影子. 数学这门科目，是可以通过个人自己的独立思考来理解的. 非常可惜，也是对这门学科造成的极大不公平，数学经常以一种方式教授给学生，令他们得到很不同的印象，有如美国教育家 Magdalene Lampert 描绘的一幅错误的图画："这种文化习惯是由学校经验养成. 做数学等同按照教师订下的规则逐步去做；认识数学等同硬背规则，碰到教师出题时便依样画葫芦;至于数学上的对错等同教师颁布答案是对是错."([2],第 32 页). Anna Kiesenhofer 的成就向我们揭示了故事的另一面,以及更真实的故事.

参考文献

[1] Joseph Dauben, Rohit Parikh, "Beginnings of modern mathematics in India [印度现代数学的开端]", Current Science (Supplement), Volume 99 Number 3 (2010), 15-37.

[2] Magdelene Lampert, When the problem is not the question and the solution is not the answer: Mathematical knowing and teaching [当问题不是习题而解决方案不是答案时:数学知识和教学], American Educational Research Journal, Volume 27 (1990), 29-63.

[3] 理雅各 (James Legge), The Chinese Classics, Volume I: Confucian Analects, The Great Learning, The Doctrine of the Mean [《论语》《大学》《中庸》], Clarendon Press, Oxford, 1893; reprinted (3rd Edition), Hong Kong University Press, Hong Kong, 1960.

[4] Igor F. Sharygin, On the concepts of school geometry [论中学几何的概念], 刊于 Trends and Challenges in Mathematics Education [数学教育的趋势与挑战], 王建盘 (Wang Jianpan), 徐斌艳 (Xu Binyan) 主编, 43-51, 华东师范大学出版社, 上海, 2004.

[5] 徐光启,《徐光启集》, 第 1、2 卷, 王重民 (Wang Chongmin) 主编, 上海古籍出版社, 上海, 1984.

[原英文本刊于: Man-Keung Siu, A note on a mathematician-cyclist: Anna Kiesenhofer, Journal of Humanistic Mathematics, 12 (1) (2022), 256-259.]

后 记

读毕这十章后，读者会不会有种感觉，好像我说了不少关于数学的“坏话”？证明不可靠啦！证明乃人为啦！逻辑帮不了忙啦！甚至数学作茧自缚证明自己不能自圆其说啦！当然，我完全不是“存心不良”，我只是基于数学经验与数学历史如实地描述了数学是怎样一种文化活动. 特别地，数学证明在数学里是怎么样的活动. 曾经有人为数学下了一个这样的定义：数学是数学家做的事情. 这个定义接近开玩笑，而且说了等于不说，但就某种意义而言，却是十分贴切的.

罗素在他的《回忆录》(*Portraits From Memory*，1958 年)说：“如同有些人追求宗教信念，我追求对知识的确实信念. 我一向以为在数学比在别的学科里更有可能找着这种确实信念. ……经过二十年艰辛苦干，我已明白，要使数学知识确凿无疑，我是无能为力了.”虽然数学有这“先天的缺陷”，但几千年来，它一直蓬勃健康地生长着，在未来的日子里，它还是要向前迈进. 一代一代的数学家继往开来，使数学成为人类文化长河中一条富有生命力的支流. 我喜欢 19 世纪数学奇才伽罗瓦说过的一句话：“这门科学(指数学)是人类思维的结晶，注定是用以探讨真理而不是用以知悉它，是用以寻求真理而不是得到它.”

为了写作本书，我参考了不少书本文章，尽录的话，说不定那名单比本书还长！在此我谨向这些书本文章的作者道谢，也向他们致歉，我没有依循学术工作惯例，把参考文献逐一列明.

人名中外文对照表

阿贝尔/N. H. Abel
阿达玛/J. Hadamard
阿蒂亚/M. Atiyah
阿基米德/Archimedes
阿佩尔/K. Appel
阿廷/E. Artin
埃尔布朗/J. Herbrand
埃尔米特/C. Hermite
埃皮门尼德/Epimenides
爱尔迪希/P. Erdös
爱森斯坦/F. G. M. Eisenstein
爱因斯坦/A. Einstein
奥迪斯高/A. Odlyzko
奥斯特洛斯基/A. Ostrowski
巴拿赫/S. Banach
柏拉图/Plato
贝克/A. Baker
贝利肯普/E. R. Berlekamp
比伯巴赫/L. Bieberbach
毕达哥拉斯/Pythagoras
波尔约(父)/F. Bolyai
波尔约(子)/J. Bolyai
波利亚/G. Pólya
玻色/R. C. Bose
泊松/S. D. Poisson
博尔/W. W. R. Ball
博尔夏特/C. W. Borchardt
博雷尔/E. Borel
博苏克/K. Borsuk
布尔巴基/N. Bourbaki
布莱克韦尔/D. Blackwell
布鲁克/R. H. Bruck
策梅洛/E. Zermelo
查保/A. Szabó
达布/G. Darboux
达尔文/C. Darwin
达朗贝尔/J. L. d'Alembert
戴德金/R. Dedekind
戴维斯/M. Davis
戴维斯/P. J. Davis
德布朗斯/L. De Branges
德恩/M. Dehn
德拉瓦莱普森/C. J. de la Vallée Poussin
德摩根/A. De Morgan
狄根/C. F. Degen
狄拉克/P. A. M. Dirac
狄利克雷/P. G. L. Dirichlet
狄尼/U. Dini
笛卡儿/R. Descartes
地利尔/H. Te Riele
丢番图/Diophantus
厄里亚/Eleatic
斐波那契/L. Fibonacci
费马/P. Fermat
费特/W. Feit
弗里德曼/M. Freedman
弗伦克尔/A. A. Fraenkel
伏尔泰拉/V. Volterra
傅里叶/J. Fourier
伽利略 /Galileo Galilei
伽罗瓦/E. Galois
盖尔丰德/A. O. Gelfond
盖斯顿哈巴/M. Gerstenhaber
高斯/C. F. Gauss
戈伦斯坦/D. Gorenstein
哥德巴赫/C. Goldbach
哥德尔/K. Gödel
哥温/P. Gerwien
格雷夫斯/B. Graves
格林/G. Green
格思里/F. Guthrie
宫冈洋一/Miyaoka Yoichi
哈代/G. H. Hardy
哈密顿/R. Hamilton
哈密顿/W. R. Hamilton
哈塞格罗夫/C. B. Haselgrove
海尔布伦/H. Heilbronn
海浩查尔/C. Hierholzer
汉克尔/H. Hankel
和赖瑟/H. J. Ryser
赫尔德/O. Hölder
赫克/E. Hecke
赫拉克利特/Heraclitus
赫什/R. Hersh
黑肯/W. Haken
花拉子米/Al-Khowarizmi

怀尔斯/A. Wiles
怀特黑德/A. N. Whitehead
惠特曼/W. Whitman
霍布斯/T. Hobbes
霍尔姆伯/B. M. Holmboe
霍纳/W. G. Horner
基希霍夫/G. R. Kirchhoff
吉尔伯特/G. Gilbert
吉拉尔/A. Girard
继麦克斯韦/J. C. Maxwell
加德纳/M. Gardner
嘉当/Cartan
杰斐逊/T. Jefferson
居锡克/A. Girshick
卡尔达诺/G. Cardano
凯莱/A. Cayley
康德/E. Kant
康托尔/G. Cantor
柯西/A. L. Cauchy
科恩/P. J. Cohen
科尔/F. N. Cole
科赫/H. von Koch
科赫/J. Koch
克莱因/F. Klein
克莱因/M. Kline
克兰金/M. S. Klamkin
肯普/A. B. Kempe
库恩/H. W. Kuhn
库默尔/E. E. Kummer
拉德马赫/H. Rademacher
拉格朗日/J. L. Lagrange
拉卡托斯/I. Lakatos
拉马努金/S. Ramanujan
拉梅/G. Lamé
拉姆齐/F. P. Ramsey
莱布尼茨/G. W. Leibniz
莱曼/R. S. Lehman
兰伯特/J. H. Lambert
兰道/E. Landau
兰斯特拉/A. Lenstra
勒贝格/H. Lebesgue
勒卡/M. Lecat
勒让德/A. M. Legendre
雷哥/E. Rego
黎曼/G. F. B. Riemann
李密士/C. L. Lehmus
李特尔伍德/J. E. Littlewood
李约瑟/J. Needham
利玛窦/Matteo Ricci
列别塔夫/N. A. Lebedev
林德曼/F. Lindemann
林富特/E. H. Linfoot
林尼克/Yu. Linnik
林永康/Clement Lam
刘维尔/J. Liouville
卢米斯/E. S. Loomis
鲁宾逊/J. Robinson
鲁尔克/C. Rourke
鲁菲尼/P. Ruffini
吕利耶/S. A. J. L'Huilier
罗巴切夫斯基/N. I. Lobachevsky
罗素/B. A. W. Russell
马蒂塞维奇/J. V. Matyasevich
马蒂斯/G. B. Mathews
马尔萨斯/T. R. Malthus
马宁/Yuri I. Manin
麦克尼什/H. F. Macneish
麦克唐奈/D. MacDonnell
芒德布罗/B. Mandelbrot
梅尔滕斯/F. Mertens
米尔诺/J. Milnor
米林/I. M. Milin
闵可夫斯基/H. Minkowski
莫德尔/L. J. Mordell
麦比乌斯/A. F. Möbius
纳格尔/E. Nagel
纽曼/J. R. Newman
欧多克索斯/Eudoxus
欧几里得/Euclid
帕克/E. T. Parker
帕普斯/Pappus
庞加莱/H. Poincaré
佩尔/J. Pell
佩雷尔曼/G. Perelman
佩龙/O. Perron
佩亚诺/G. Peano
彭赛列/J. V. Poncelet
皮尔斯/B. Peirce
皮治/L. J. Paige
婆罗摩笈多/Brahmagupta
婆什迦罗/Bhaskara
普罗克洛斯/Proclus
普特南/H. Putnam
齐曼/E. C. Zeeman
萨蒙/G. Salmon
塞尔伯格/A. Selberg
赛德尔/P. L. von Seidel
瑟斯顿/W. Thurston
舍恩伯格/I. J. Schoenberg
舍恩菲尔德/A. H. Schoenfeld
施里克汉德/S. S. Shrikhande
施奈德/T. Schneider
施坦豪斯/H. Steinhaus
施坦纳/J. Steiner
施陶特/K. G. C. von Staudt
斯宾诺莎/B. Spinoza
斯蒂尔切斯/T. J. Stieltjes
斯梅尔/S. Smale
斯塔克/H. M. Stark
斯特灵/J. Stalling
斯图尔特/I. Stewart
苏格拉底/Socrates
塔利/G. Tarry
塔利 H. Tarry
塔斯基/A. Tarski
泰勒/R. Taylor

数学高端科普出版书目

数学家思想文库	
书　名	作　者
创造自主的数学研究	华罗庚著;李文林编订
做好的数学	陈省身著;张奠宙,王善平编
埃尔朗根纲领——关于现代几何学研究的比较考察	[德]F. 克莱因著;何绍庚,郭书春译
我是怎么成为数学家的	[俄]柯尔莫戈洛夫著;姚芳,刘岩瑜,吴帆编译
诗魂数学家的沉思——赫尔曼·外尔论数学文化	[德]赫尔曼·外尔著;袁向东等编译
数学问题——希尔伯特在 1900 年国际数学家大会上的演讲	[德]D. 希尔伯特著;李文林,袁向东编译
数学在科学和社会中的作用	[美]冯·诺伊曼著;程钊,王丽霞,杨静编译
一个数学家的辩白	[英]G. H. 哈代著;李文林,戴宗铎,高嵘编译
数学的统一性——阿蒂亚的数学观	[英]M. F. 阿蒂亚著;袁向东等编译
数学的建筑	[法]布尔巴基著;胡作玄编译

数学科学文化理念传播丛书·第一辑	
书　名	作　者
数学的本性	[美]莫里兹编著;朱剑英编译
无穷的玩艺——数学的探索与旅行	[匈]罗兹·佩特著;朱梧槚,袁相碗,郑毓信译
康托尔的无穷的数学和哲学	[美]周·道本著;郑毓信,刘晓力编译
数学领域中的发明心理学	[法]阿达玛著;陈植荫,肖奚安译
混沌与均衡纵横谈	梁美灵,王则柯著
数学方法溯源	欧阳绛著
数学中的美学方法	徐本顺,殷启正著
中国古代数学思想	孙宏安著
数学证明是怎样的一项数学活动?	萧文强著
数学中的矛盾转换法	徐利治,郑毓信著
数学与智力游戏	倪进,朱明书著
化归与归纳·类比·联想	史久一,朱梧槚著

数学科学文化理念传播丛书·第二辑	
书　名	作　者
数学与教育	丁石孙,张祖贵著
数学与文化	齐民友著
数学与思维	徐利治,王前著
数学与经济	史树中著
数学与创造	张楚廷著
数学与哲学	张景中著
数学与社会	胡作玄著

走向数学丛书	
书　名	作　者
有限域及其应用	冯克勤,廖群英著
凸性	史树中著
同伦方法纵横谈	王则柯著
绳圈的数学	姜伯驹著
拉姆塞理论——入门和故事	李乔,李雨生著
复数、复函数及其应用	张顺燕著
数学模型选谈	华罗庚,王元著
极小曲面	陈维桓著
波利亚计数定理	萧文强著
椭圆曲线	颜松远著